MODÉLISATION, ANALYSE ET COMMANDE DES SYSTÈMES LINÉAIRES

Dans la même collection

UNE INTRODUCTION AUX TÉLÉCOMMUNICATIONS
Jean-Marie Dilhac

DU LANGAGE C AU C++
Thierry Monteil, Vincent Nicomette,
François Pompignac et Saturnino Hernando

MODÉLISATION, ANALYSE ET COMMANDE DES SYSTÈMES LINÉAIRES

Bernard Pradin et Germain Garcia

PRESSES UNIVERSITAIRES DU MIRAIL

Illustration de couverture :
© Fotolia.com : Sébastien Kaulitzki, Pixel man, James Thew, Maciej Robak, nfr Pictures.

Couverture : Paula Marques (PUM)

ISBN : 978-2-8107-0056-1
ISSN : 2105-8466

Université de Toulouse-Le Mirail
5 allées Antonio Machado
31058 - Toulouse cedex 9

AVANT-PROPOS

Cet ouvrage est destiné aux étudiants de licence (L1, L2 et L3), de master première année (M1) et des écoles d'ingénieurs. L'objectif est de présenter les bases de la modélisation, l'analyse et la commande des systèmes linéaires invariants à temps continu. Seuls les systèmes mono entrée, mono sortie sont considérés, exception faite d'un petit nombre de passages dans lesquels les aspects multivariables n'introduisent pas de difficultés particulières. Le contenu de l'ouvrage correspond, en gros, à un certain nombre de cours dispensés en premier et second cycles à l'Institut national des sciences appliquées de Toulouse.

Le livre est organisé en 7 chapitres et quatre annexes. Le premier chapitre introduit l'essentiel sur la modélisation des systèmes linéaires. L'équation différentielle, la fonction de transfert, l'espace d'état ainsi que les relations entre ces différents modèles sont présentés. Le deuxième chapitre traite les réponses des systèmes linéaires à partir des trois modèles. L'étude des réponses des systèmes des premier et second ordres est particulièrement développée. Le chapitre III s'intéresse aux notions de stabilité, primordiales en pratique. Le critère de Routh, le lieu d'Evans ainsi que les éléments essentiels de la théorie de Lyapunov font partie des principales techniques introduites. Le quatrième chapitre présente les indicateurs nécessaires pour la spécification d'un système de commande. On y trouve des éléments sur la précision, la stabilité et le régime transitoire en boucle fermée déclinés dans les domaines temporel et fréquentiel. Les propriétés structurelles de commandabilité, d'observabilité avec leurs extensions à la stabilisabilité et la détectabilité et les principaux critères permettant de les tester, constituent les points forts du chapitre V. Elles sont, en particulier, mises en relation avec les capacités de représentation des différents modèles des systèmes linéaires. Enfin, les méthodes de synthèse de lois de commande sont contenues dans les chapitres VI et VII. Le chapitre VI s'intéresse aux méthodes s'appuyant sur un modèle entrée-sortie. On y trouve notamment les techniques de type PID, d'avance et retard de phase, de placement de pôles et de commande optimale. Le chapitre VII développe les méthodes de synthèse dans l'espace d'état. On commence par les techniques de placement de pôles et de commande optimale par retour d'état. L'état n'étant pas mesurable dans de nombreux cas pratiques, la notion d'observateur est introduite et développée en détails à travers toutes ses variantes (ordre réduit, optimal). L'association retour d'état-observateur au centre de l'approche dite moderne est également présentée. Enfin, quelques extensions importantes concernant le retour de sortie statique, la commande par compensation dynamique et la commande des systèmes représentés par un modèle entrée-sortie à l'aide des techniques de synthèse dans l'espace d'état, terminent le chapitre.

La majorité des résultats sont présentés sans démonstration. Pour l'approfondissement de certains paragraphes, le lecteur est invité à consulter une liste d'ouvrages proposée en références avec un bref commentaire pour chacun d'eux. Parmi les livres qui existent sur le sujet et qui traitent de thèmes similaires, on peut citer sans que cette liste soit exhaustive : [25], [39], [19], [14], [3], [15], [33], [20] et [30].

Certains passages nous semblent originaux, en particulier la présentation des observateurs optimaux (filtre de Kalman) ou la commande retour d'état-observateur optimale (commande LQG) présentées ici dans un cadre déterministe, c'est à dire ne nécessitant pas de connaissance particulière sur les processus aléatoires et très similaire à la commande H_2 optimale. Bien que l'exposé conduise à des méthodes de synthèse identiques, le lien direct avec le filtre de Kalman ou la commande LQG reste à approfondir. L'objectif n'est pas de remplacer la présentation du filtre de Kalman ou de la commande LQG dans un cadre stochastique qui reste importante et présente un intérêt pédagogique indiscutable, mais plutôt de commencer à initier les étudiants aux techniques optimales qui, sans aucun doute, ont un rôle majeur dans la commande des systèmes linéaires. L'autre partie qui nous semble originale concerne l'utilisation des techniques de synthèse de lois de commande dans l'espace d'état (retour d'état) pour résoudre le problème de synthèse de correcteur à deux degrés de liberté.

Une liste d'exercices est proposée après chaque chapitre. Ils permettent d'illustrer les principales notions développées dans chacun d'eux. Les corrections succinctes figurent dans l'annexe D. Les trois premières annexes apportent des compléments, notamment sur les schémas-blocs, la transformation de Laplace ou l'algèbre linéaire (calcul matriciel), nécessaires pour suivre l'exposé.

Nous espérons que cet ouvrage aidera les étudiants et - pourquoi pas - ? les enseignants. D'ailleurs par avance, nous remercions tout lecteur pour les éventuels retours le concernant.

Toulouse, Août 2009

Bernard PRADIN
pradin@laas.fr
pradin@insa-toulouse.fr

Germain GARCIA
garcia@laas.fr
garcia@insa-toulouse.fr

TABLE DES MATIÈRES

Principales notations

$\mathbb{N}$: ensemble des entiers naturels

$\mathbb{Z}$: ensemble des entiers relatifs

$\mathbb{R}$: ensemble des nombres réels

$\mathbb{C}$: ensemble des nombres complexes

s : variable de Laplace

$\bar{z}$ ou z^* : nombre complexe conjugué de z

j : racine de -1

t : désigne en général le temps

f' ou $\dot{f}$: dérivée de f

e^x : exponentielle de x

$\mathrm{Re}\,(s)$: partie réelle de s

$\mathrm{Im}\,(s)$: partie imaginaire de s

$\deg(P(s))$: degré du polynôme $P(s)$

$A,\ B,\ \cdots,\Gamma,\ \Delta,\cdots$: les matrices sont notées en lettres majuscules

$a,\ b,\ \cdots,\ \alpha,\ \beta,\cdots$: les scalaires ou les vecteurs sont notés en lettres minuscules

a_{ij} : élément $i^{ème}$ ligne, $j^{ème}$ colonne de la matrice A

$dim(A)$: ordre de la matrice carrée A

A^T ou A' : matrice transposée de A

$A > 0$: A matrice symétrique définie positive

$A \geq 0$: A matrice symétrique semi-définie positive

$A > B$: $A - B$ définie positive

I : matrice identité de dimension dépendant du contexte

e^A : exponentielle de la matrice A

det A : déterminant de la matrice A

$\Gamma(t)$: désigne l'échelon de position unitaire

CNS : Condition Nécessaire et Suffisante

chapitre I

MODÈLES DES SYSTÈMES MONOVARIABLES

Nous nous intéressons ici aux problèmes de modélisation dans la perspective de la commande des systèmes. L'accent est mis sur les systèmes linéaires.

Les systèmes physiques sont généralement de nature continue et non linéaire. Une première étape de la modélisation concerne alors la linéarisation, comme indiqué au paragraphe I-1.

Une présentation synthétique des modèles linéaires est donnée pour le cas des systèmes à temps continu (paragraphe I-2 et I-3). Les méthodes de passage entre ces différents modèles sont exposées en I-4, I-5 et I-6.

Enfin, à titre d'exemples, la modélisation d'un certain nombre de systèmes physiques est effectuée en I-7.

Le lecteur peut consulter par exemple [39], [33] ou [30] pour avoir plus de détails, en particulier la preuve de certains résultats présentés.

I-1. LINÉARISATION DES SYSTÈMES À TEMPS CONTINU

I-1.1 ~ Modèle d'état général non linéaire

Un modèle de connaissance est obtenu en appliquant les lois et principes fondamentaux de la physique. Il s'agit souvent d'un ensemble d'équations différentielles non linéaires d'ordre un :

$$\boxed{\dot{x}(t) = \frac{dx}{dt} = f(t, x, u)} \qquad (I.1)$$

$$x = \begin{bmatrix} x_1(t) \\ \vdots \\ x_n(t) \end{bmatrix} \qquad u = \begin{bmatrix} u_1(t) \\ \vdots \\ u_m(t) \end{bmatrix} \qquad f(t, x, u) = \begin{bmatrix} f_1(t, x, u) \\ \vdots \\ f_n(t, x, u) \end{bmatrix}$$

$x =$ vecteur d'état $\qquad u =$ vecteur d'entrée

Dans le cas stationnaire considéré dans la suite, f ne dépend pas explicitement de t. La notion d'état est présentée dans [28] ou [39].

I-1.2 ~ Modèle linéaire

Un modèle linéaire peut être obtenu pour de petites variations autour d'un point d'équilibre. Les états d'équilibre (pour $u = u_e$ constant) sont donnés par :

$$\dot{x} = 0 \longrightarrow f(t, x, u_e) = 0$$

Dans le cas particulier d'un système autonome ($u_e = 0$), les états d'équilibre sont donnés par (cela sera justifié plus tard) :

$$f(t, x, 0) = 0$$

On appelle système linéarisé tangent l'approximation au premier ordre du système dynamique non linéaire (I.1) au voisinage d'un point d'équilibre x_e :

$$\dot{\xi} = A\xi + Bv$$

$$\xi = x - x_e \qquad v = u - u_e$$

A : matrice jacobienne des dérivées partielles de f par rapport à x évaluée en (x_e, u_e)

$$A = \begin{bmatrix} \frac{\partial f_1}{\partial x_1}(x_e, u_e) & \cdots & \frac{\partial f_1}{\partial x_n}(x_e, u_e) \\ \vdots & \ddots & \vdots \\ \frac{\partial f_n}{\partial x_1}(x_e, u_e) & \cdots & \frac{\partial f_n}{\partial x_n}(x_e, u_e) \end{bmatrix} \qquad (I.2)$$

B : matrice jacobienne des dérivées partielles de f par rapport à u évaluée en (x_e, u_e)

$$B = \begin{bmatrix} \frac{\partial f_1}{\partial u_1}(x_e, u_e) & \cdots & \frac{\partial f_1}{\partial u_m}(x_e, u_e) \\ \vdots & \ddots & \vdots \\ \frac{\partial f_n}{\partial u_1}(x_e, u_e) & \cdots & \frac{\partial f_n}{\partial u_m}(x_e, u_e) \end{bmatrix} \tag{I.3}$$

Dans le cas particulier où l'origine de l'espace d'état est point d'équilibre x_e du système autonome $(u_e = 0)$, le modèle d'état s'écrit :

$$\dot{x} = Ax + Bu \tag{I.4}$$

Exemple

Considérons le pendule constitué d'une masse m suspendue à un fil rigide de longueur l, soumise à l'action du champ de gravité.

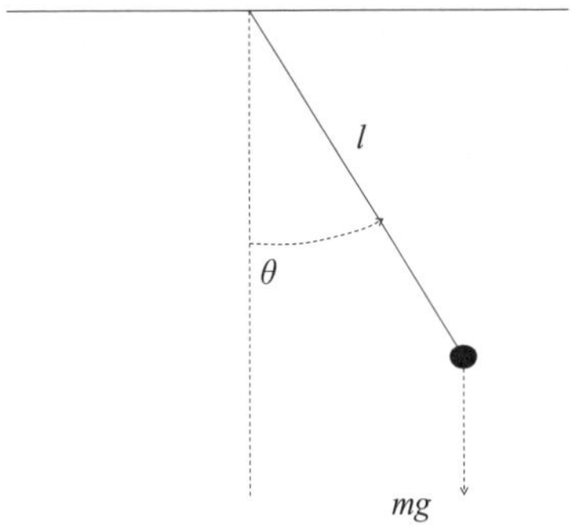

En négligeant tous les frottements, on obtient :

$$ml^2 \frac{d^2\theta}{dt^2} = -mgl \sin\theta$$

équivalent à :

$$\frac{d}{dt}\begin{bmatrix} \theta \\ \dot{\theta} \end{bmatrix} = \begin{bmatrix} \dot{\theta} \\ -\frac{g}{l}\sin\theta \end{bmatrix} \tag{I.5}$$

Un modèle d'état de la forme (I.1) est obtenu en choisissant comme variables d'état la position $x_1 = \theta$ et la vitesse $x_2 = \dot{\theta}$. Il s'agit ici d'un système autonome (pas de variable externe) :

$$\begin{cases} \dot{x}_1 & = & \dfrac{dx_1}{dt} & = & x_2 & = & f_1(t, x_1, x_2) \\ \dot{x}_2 & = & \dfrac{dx_2}{dt} & = & -\dfrac{g}{l}\sin x_1 & = & f_2(t, x_1, x_2) \end{cases}$$

Les états d'équilibre sont obtenus en faisant $\dot{x}_1 = \dot{x}_2 = 0$, soit :

$$\begin{cases} x_{1e} = \theta = k\pi, k \in \mathbb{Z} \\ x_{2e} = \dot{\theta} = 0 \end{cases}$$

2 points d'équilibre physiquement, une infinité mathématiquement.

La matrice d'évolution du modèle linéarisé tangent au voisinage de l' état d'équilibre $x_e = (2\beta\pi, 0)^T$, $\beta \in \mathbb{Z}$, s'écrit :

$$A_1 = \begin{bmatrix} \dfrac{\partial\dot{\theta}}{\partial\theta} & \dfrac{\partial\dot{\theta}}{\partial\dot{\theta}} \\ -\dfrac{g}{l}\dfrac{\partial\sin\theta}{\partial\theta} & -\dfrac{g}{l}\dfrac{\partial\sin\theta}{\partial\dot{\theta}} \end{bmatrix}_{(2\beta\pi,\ 0)^T} = \begin{bmatrix} 0 & 1 \\ -\dfrac{g}{l}\cos\theta & 0 \end{bmatrix}_{(2\beta\pi,\ 0)^T}$$

d'où le modèle linéarisé tangent au voisinage de l'état d'équilibre :

$$\dot{x} = \begin{bmatrix} 0 & 1 \\ -\dfrac{g}{l} & 0 \end{bmatrix} x$$

La matrice d'évolution du modèle linéarisé tangent au voisinage de l' état d'équilibre $x_e = ((2\beta+1)\pi, 0)^T$, $\beta \in \mathbb{Z}$, s'écrit :

$$A_2 = \begin{bmatrix} \dfrac{\partial\dot{\theta}}{\partial\theta} & \dfrac{\partial\dot{\theta}}{\partial\dot{\theta}} \\ -\dfrac{g}{l}\dfrac{\partial\sin\theta}{\partial\theta} & -\dfrac{g}{l}\dfrac{\partial\sin\theta}{\partial\dot{\theta}} \end{bmatrix}_{((2\beta+1)\pi,\ 0)^T} = \begin{bmatrix} 0 & 1 \\ -\dfrac{g}{l}\cos\theta & 0 \end{bmatrix}_{((2\beta+1)\pi,\ 0)}$$

d'où le modèle linéarisé tangent au voisinage de l'état d'équilibre :

$$\dot{x} = \begin{bmatrix} 0 & 1 \\ \dfrac{g}{l} & 0 \end{bmatrix} x$$

I-2. MODÈLES DES SYSTÈMES LINÉAIRES À TEMPS CONTINU

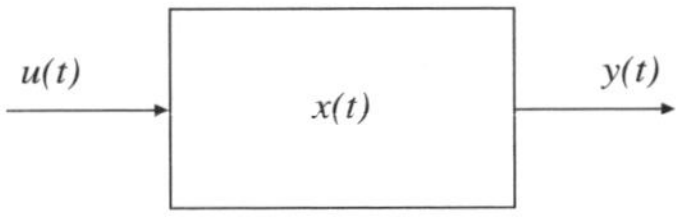

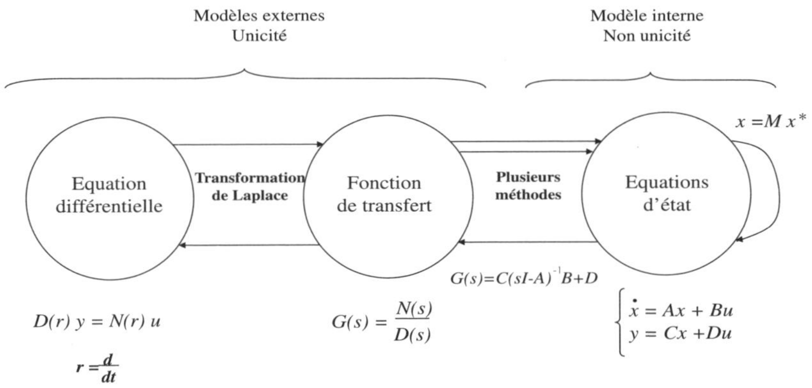

Équation différentielle

$$a_n y^{(n)} + \cdots + a_1 y' + a_0 y = b_m u^{(m)} + \cdots + b_1 u' + b_0 u$$

$$D(r)y = N(r)u$$

$$m \leq n$$

Équation caractéristique :

$$a_n r^n + \cdots + a_1 r + a_0 = 0$$

Ordre du système

n

Modes du système $\equiv$ racines de l'équation caractéristique

$$r_i \qquad i = 1, \ldots, n$$

Fonction de transfert

$$G(s) = \frac{N(s)}{D(s)}$$

$$G(s) = \frac{b_m s^m + \cdots + b_1 s + b_0}{a_n s^n + \cdots + a_1 s + a_0}$$

$$m \leq n$$

Équation caractéristique :

$$a_n s^n + \cdots + a_1 s + a_0 = 0$$

Ordre du système

n

Modes du système $\equiv$ pôles

$$G(s) = \frac{b_m}{a_n} \frac{\prod_{j=1}^{m} (s - z_j)}{\prod_{i=1}^{n} (s - p_i)}$$

Équations d'état

$$\begin{cases} \dot{x} = Ax + Bu \\ y = Cx + Du \end{cases}$$

Polynôme caractéristique :

$$P(\lambda) = \det(\lambda I - A)$$

Ordre du système

$n = \dim(A)$

Modes du système $\equiv$ valeurs propres de $A \equiv$ racines du polynôme caractéristique

$$\lambda_i \quad i = 1, \ldots, n$$

I-3. ÉQUATION DIFFÉRENTIELLE ET FONCTION DE TRANSFERT

I-3.1 ~ Expression générale de l'équation différentielle

$$\begin{array}{c} a_n y^{(n)} + \cdots + a_1 y' + a_0 y \\ = b_m u^{(m)} + \cdots + b_1 u' + b_0 u \\ \updownarrow \\ N(r)\, y = D(r)\, u \end{array}$$

avec :

$$N(r) = a_n r^n + \cdots + a_1 r + a_0 \qquad D(r) = b_m r^m + \cdots + b_1 r + b_0 \qquad m \leq n$$

où r représente l'opérateur de dérivation.

I-3.2 ~ Obtention de la fonction de transfert

L'application de la transformation de Laplace à l'équation différentielle conduit à :

$$\begin{aligned} & [a_n s^n + \cdots + a_1 s + a_0]\, Y(s) - y(0) \left[a_n s^{n-1} + \cdots + a_2 s + a_1\right] \\ & -y'(0) \left[a_n s^{n-2} + \cdots + a_3 s + a_2\right] - \cdots \\ & = [b_m s^m + \cdots + b_1 s + b_0]\, U(s) - u(0) \left[b_m s^{m-1} + \cdots + b_2 s + b_1\right] \\ & -u'(0) \left[b_m s^{m-2} + \cdots + b_3 s + b_2\right] - \cdots \end{aligned}$$

soit :

$$[a_n s^n + \cdots + a_1 s + a_0]\, Y(s) = [b_m s^m + \cdots + b_1 s + b_0]\, U(s) + \underbrace{I(s)}_{\text{Polynôme nul si conditions initiales nulles}}$$

d'où la définition de la fonction de transfert $G(s)$:

$$D(s)\, Y(s) = N(s)\, U(s) + I(s) \quad \longrightarrow \quad \boxed{Y(s) = \underbrace{\boxed{\frac{N(s)}{D(s)}}}_{G(s)} U(s) + \frac{I(s)}{D(s)}}$$

I-3.3 ~ Relation équation différentielle - fonction de transfert

Équation différentielle	$\rightleftarrows$	Fonction de transfert
$N(r)\,y = D(r)\,u$	$\rightleftarrows$	$G(s) = \dfrac{N(s)}{D(s)}$

Remarque

L'écriture courante :

$$Y(s) = G(s)\,U(s)$$

suppose implicitement que les conditions initiales sont nulles : $I(s) = 0$.

I-3.4 ~ Différentes formes de la fonction de transfert

Fonction de transfert : forme polynomiale

$$G(s) = \frac{b_m s^m + b_{m-1}s^{m-1} + \cdots + b_1 s + b_0}{a_n s^n + a_{n-1}s^{n-1} + \cdots + a_1 s + a_0}$$

$$G(s) = \frac{b_0}{a_0}\,\frac{1 + b_1^* s + \cdots + b_{m-1}^* s^{m-1} + b_m^* s^m}{1 + a_1^* s + \cdots + a_{n-1}^* s^{n-1} + a_n^* s^n}$$

$\dfrac{b_0}{a_0}$: gain statique $\qquad \underbrace{b_j^* = b_j/b_0}_{j=1 \text{ à } m} \qquad \underbrace{a_i^* = a_i/a_0}_{i=1 \text{ à } n}$

Fonction de transfert : forme pôles zéros

$$G(s) = k\frac{\prod_{j=1}^{m}(s - z_j)}{\prod_{i=1}^{n}(s - p_i)} = \frac{b_m}{a_n}\,\frac{(s - z_1)(s - z_2)\cdots(s - z_m)}{(s - p_1)(s - p_2)\cdots(s - p_n)}$$

z_j : zéros de $G(s)$ $\qquad j = 1$ à m

p_i : pôles de $G(s)$ $\qquad i = 1$ à n

I-4. PASSAGE FONCTION DE TRANSFERT ⟶ ÉQUATIONS D'ÉTAT

I-4.1 ~ Système strictement propre

Un système défini par une fonction de transfert $G(s)$ telle que $n > m$, est dit strictement propre. Les méthodes présentées ci-après s'appliquent uniquement aux systèmes strictement propres.

I-4.2 ~ Obtention de formes modales

$$G(s) = \frac{b_0 + b_1 s + \cdots + b_m s^m}{a_0 + a_1 s + \cdots + a_n s^n} = \frac{N(s)}{D(s)} \qquad m < n$$

Cas de modes distincts

$$G(s) = \frac{N(s)}{D(s)} = \frac{N(s)}{a_n(s-p_1)(s-p_2)\cdots(s-p_n)}$$

Décomposons en éléments simples :

$$G(s) = \sum_{i=1}^{n} \frac{\alpha_i}{s - p_i} = \frac{Y(s)}{U(s)}$$

Par le choix des variables d'état :

$$X_i(s) = \frac{\beta_i}{s - p_i} U(s), \; i = 1, ..., n$$

on obtient la représentation d'état diagonale associée :

$$\left\{ \begin{array}{ll} A = \begin{bmatrix} p_1 & 0 & \cdots & 0 \\ 0 & p_2 & \cdots & 0 \\ \vdots & \vdots & \ddots & \vdots \\ 0 & 0 & \cdots & p_n \end{bmatrix} & B = \begin{bmatrix} \beta_1 \\ \beta_2 \\ \vdots \\ \beta_n \end{bmatrix} \\ C = \begin{bmatrix} \gamma_1 & \gamma_2 & \cdots & \gamma_n \end{bmatrix} & \alpha_i = \beta_i \gamma_i \end{array} \right.$$

Cas d'un mode multiple

$$G(s) = \frac{N(s)}{D(s)} = \frac{N(s)}{(s-\lambda)^n}$$

Décomposons en éléments simples :

$$G(s) = \frac{\alpha_1}{s-\lambda} + \frac{\alpha_2}{(s-\lambda)^2} + \cdots + \frac{\alpha_n}{(s-\lambda)^n} = \frac{Y(s)}{U(s)}$$

Par le choix des variables d'état :

$$\begin{aligned} X_i(s) &= \frac{X_{i+1}(s)}{s-\lambda}, \; i = 1, ..., n-1 \\ X_n(s) &= \frac{U(s)}{s-\lambda} \end{aligned}$$

on obtient la représentation d'état de Jordan associée :

$$\left\{ \begin{array}{l} A = \begin{bmatrix} \lambda & 1 & & \\ & \lambda & \ddots & \\ & & \ddots & 1 \\ & & & \lambda \end{bmatrix} \qquad B = \begin{bmatrix} 0 \\ \vdots \\ 0 \\ 1 \end{bmatrix} \\ \\ C = \begin{bmatrix} \alpha_n & \alpha_{n-1} & \cdots & \alpha_1 \end{bmatrix} \end{array} \right.$$

I-4.3 ~ Obtention de formes compagnes

$$G(s) = \frac{b_0 + b_1 s + \cdots + b_m s^m}{a_0 + a_1 s + \cdots + a_{n-1} s^{n-1} + s^n} \qquad a_n = 1 \qquad m < n$$

Forme compagne horizontale

$$\left\{\begin{array}{l} A = \begin{bmatrix} 0 & 1 & 0 & \cdots & 0 \\ 0 & & \ddots & \ddots & \\ \vdots & & & \ddots & 0 \\ 0 & & & & 1 \\ -a_0 & -a_1 & \cdots & -a_{n-2} & -a_{n-1} \end{bmatrix} \qquad B = \begin{bmatrix} 0 \\ 0 \\ \vdots \\ 0 \\ 1 \end{bmatrix} \\ C = \begin{bmatrix} b_0 & \ldots & b_m & 0 & \cdots \end{bmatrix} \end{array}\right.$$

Forme compagne verticale

$$\left\{\begin{array}{l} A = \begin{bmatrix} -a_{n-1} & 1 & 0 & \cdots & 0 \\ -a_{n-2} & & \ddots & \ddots & \\ \vdots & & & \ddots & 0 \\ 0 & & & & 1 \\ -a_0 & 0 & \cdots & 0 & 0 \end{bmatrix} \qquad B = \begin{bmatrix} \vdots \\ 0 \\ b_m \\ \vdots \\ b_0 \end{bmatrix} \\ C = \begin{bmatrix} 1 & 0 & \cdots & \cdots & 0 \end{bmatrix} \end{array}\right.$$

I-4.4 ~ Cas d'une fonction de transfert non strictement propre ($m = n$)

Dans le cas où le système n'est pas strictement propre ($n = m$), la division de $N(s)$ par $D(s)$ conduit à :

$$N(s) = N^*(s) + d\,D(s)$$

Le quotient d de cette division donnera le terme de transmission directe des modèles d'état et le reste $N^*(s)$ de la division permet de définir la fonction de transfert strictement propre $G^*(s)$:

$$G(s) = \frac{N(s)}{D(s)} = \frac{N^*(s)}{D(s)} + d = G^*(s) + d$$

La fonction de transfert strictement propre $G^*(s)$ ainsi obtenue permet l'obtention des matrices A, B et C associées à $G(s)$. Le terme d donne le terme de transmission directe. Il vient le modèle d'état :

$$\left\{\begin{array}{lcl} \dot{x} & = & Ax + Bu \\ y & = & Cx + du \end{array}\right.$$

I-5. PASSAGE ÉQUATIONS D'ÉTAT → FONCTION DE TRANSFERT

Soit le modèle d'état :

$$\boxed{\begin{cases} \dot{x} &= Ax + Bu \\ y &= Cx + Du \end{cases}}$$

Par transformation de Laplace :

$$Y(s) = \left[C(sI - A)^{-1}B + D\right] U(s) + C(sI - A)^{-1}x_0$$

on en déduit la fonction de transfert :

$$\boxed{G(s) = C(sI - A)^{-1}B + D}$$

$$Y(s) = G(s)U(s) \quad \text{si l'état initial } x_0 = 0$$

Exemple

Modèle d'état :

$$\begin{cases} \dot{x} = \begin{bmatrix} 0 & 1 \\ -2 & -3 \end{bmatrix} x + \begin{bmatrix} 0 \\ 1 \end{bmatrix} u \\ y = \begin{bmatrix} 1 & 2 \end{bmatrix} x + u \end{cases}$$

Fonction de transfert :

$$\begin{aligned} G(s) &= \begin{bmatrix} 1 & 2 \end{bmatrix} \begin{bmatrix} s & -1 \\ 2 & s+3 \end{bmatrix}^{-1} \begin{bmatrix} 0 \\ 1 \end{bmatrix} + 1 \\ &= \frac{\begin{bmatrix} 1 & 2 \end{bmatrix} \begin{bmatrix} s+3 & 1 \\ -2 & s \end{bmatrix} \begin{bmatrix} 0 \\ 1 \end{bmatrix}}{s^2 + 3s + 2} + 1 = \frac{s^2 + 5s + 3}{s^2 + 3s + 2} \end{aligned}$$

I-6. NON-UNICITÉ DE LA REPRÉSENTATION D'ÉTAT

Soit le modèle d'état :

$$\begin{cases} \dot{x} = Ax + Bu \\ y = Cx + Du \end{cases}$$

Par changement de base (transformation de similarité) :

$$x = Mx^* \longrightarrow \begin{cases} M\dot{x}^* = AMx^* + Bu \\ y = CMx^* + Du \end{cases}$$

il vient le nouveau modèle d'état (à condition que la matrice M soit inversible) :

$$\begin{cases} \dot{x}^* = A^*x^* + B^*u \\ y = C^*x^* + Du \end{cases}$$

$$A^* = M^{-1}AM \qquad B^* = M^{-1}B \qquad C^* = CM$$

En pratique, on utilise cette transformation pour la recherche de matrices $A^* = M^{-1}AM$ de forme particulière : diagonale ou compagne.

Exemple : diagonalisation

$$\begin{cases} \dot{x} = \begin{bmatrix} 0 & 1 \\ -2 & -3 \end{bmatrix} x + \begin{bmatrix} 0 \\ 1 \end{bmatrix} u \\ y = \begin{bmatrix} 1 & 2 \end{bmatrix} x + u \end{cases}$$

Les valeurs propres de A sont :

$$\lambda_1 = -1 \qquad \lambda_2 = -2$$

La matrice modale associée est construite à partir des vecteurs propres :

$$M = \begin{bmatrix} v_1 & v_2 \end{bmatrix} = \begin{bmatrix} 1 & -1 \\ -1 & 2 \end{bmatrix} \qquad M^{-1} = \begin{bmatrix} 2 & 1 \\ 1 & 1 \end{bmatrix}$$

On en déduit le modèle diagonal :

$$\begin{cases} \dot{x} = \begin{bmatrix} -1 & 0 \\ 0 & -2 \end{bmatrix} x + \begin{bmatrix} 1 \\ 1 \end{bmatrix} u \\ \\ y = \begin{bmatrix} -1 & 3 \end{bmatrix} x + u \end{cases}$$

On note que les pôles p_i de la fonction de transfert sont aussi les racines du polynôme caractéristique $D(r)$ de l'équation différentielle. On les appelle souvent les modes du système.

I-7. MODÉLISATION DE SYSTÈMES PHYSIQUES

I-7.1 ~ Éléments de systèmes électriques

a ~ Résistance électrique

La relation entre le courant électrique $i(t)$ passant dans la résistance R et la tension $v(t)$ aux bornes s'écrit :

$$v(t) = Ri(t)$$

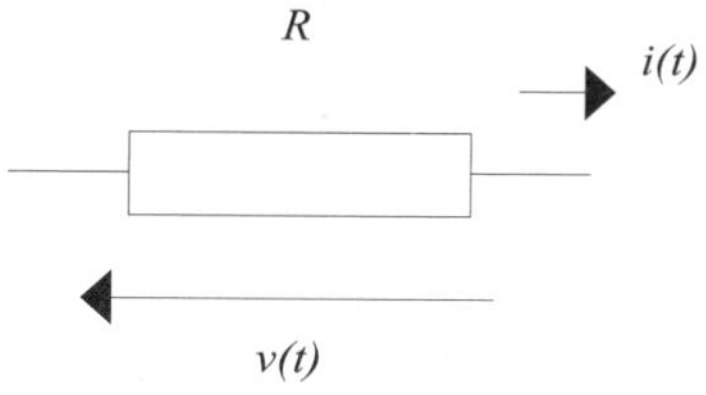

$i(t) =$ courant électrique
$v(t) =$ tension électrique
$R =$ résistance

b ~ Capacité électrique

La relation entre le courant électrique $i(t)$ passant dans la capacité C et la tension $v(t)$ aux bornes s'écrit :

$$C\frac{dv(t)}{dt} = i(t)$$

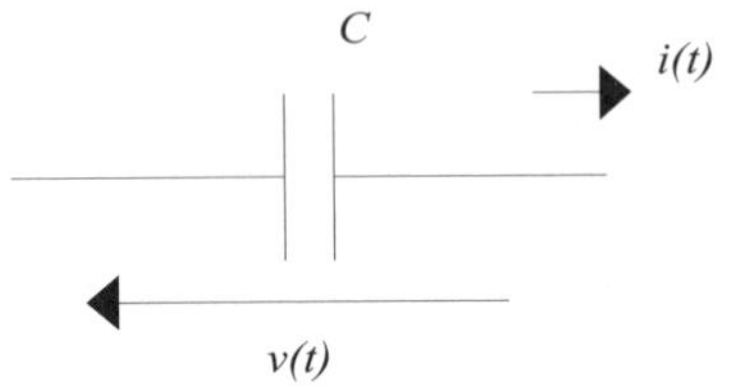

$i\,(t)$ = courant électrique
$v\,(t)$ = tension électrique
C = capacité

I-7.2 ~ Éléments de systèmes mécaniques

a ~ Masse M en translation

$$F = M\,\frac{d^2x}{dt^2} = M\,\frac{dv}{dt}$$

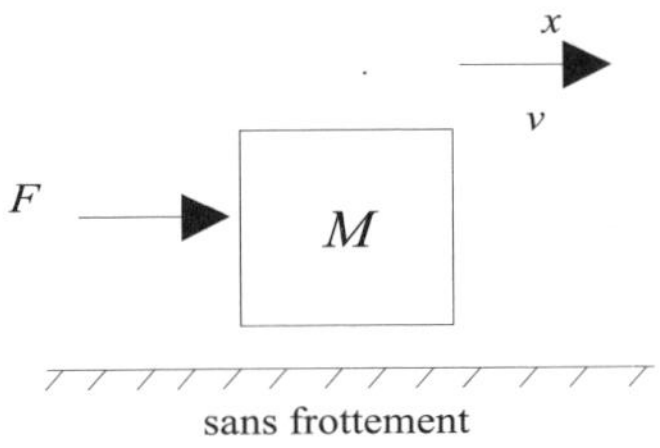

F : force appliquée
x : déplacement
v : vitesse de déplacement

b ~ Inertie J en rotation

$$\Gamma = J\,\frac{d^2\theta}{dt^2} = J\,\frac{d\Omega}{dt}$$

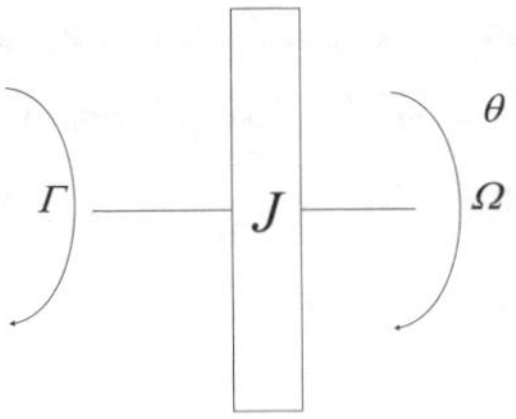

Γ : couple appliqué
θ : rotation angulaire
Ω : vitesse de rotation

c ~ Frottements

Amortisseur de frottement visqueux f

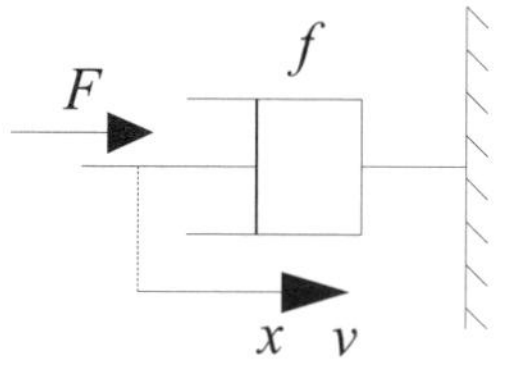

$$F = f\frac{dx}{dt} = f\,v$$

Frottement visqueux f en rotation

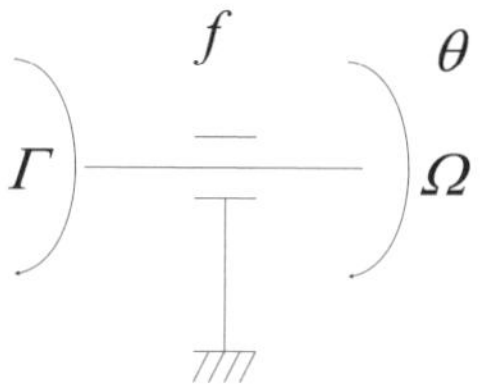

$$\Gamma = f\frac{d\theta}{dt} = f\,\Omega$$

d ~ Ressorts

Ressort linéaire de raideur k

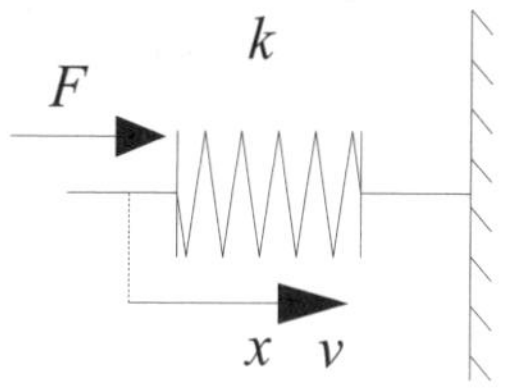

$$F = kx = k\int v\,dt$$

Ressort spiral de raideur k

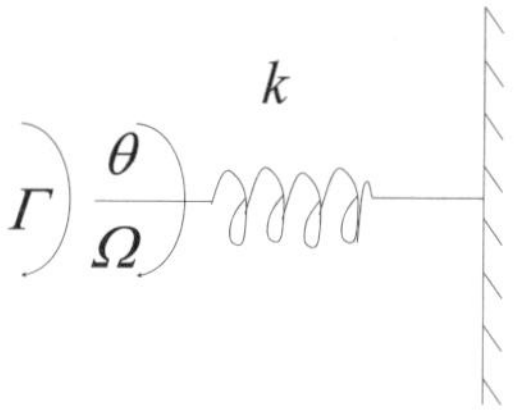

$$\Gamma = k\theta = k\int \Omega\,dt$$

I-7.3 ~ Température d'un corps chauffé

Un corps de capacité thermique C soumis à un flux de chaleur $q(t)$ voit sa température $T(t)$ évoluer selon la loi :

$$C\frac{dT(t)}{dt} = q(t)$$

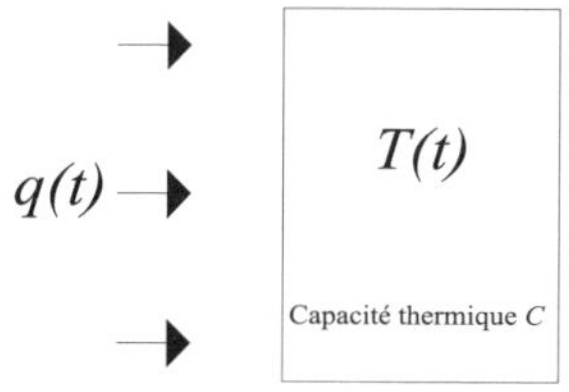

$q(t) =$ flux de chaleur
$T(t) =$ température
$C =$ capacité thermique

I-7.4 ~ Remplissage d'un réservoir

Un réservoir cylindrique de capacitance (section) C soumis à un débit d'alimentation $q_e\,(t)$ voit son niveau $h\,(t)$ évoluer selon la loi :

$$C\frac{dh\,(t)}{dt} = q_e\,(t)$$

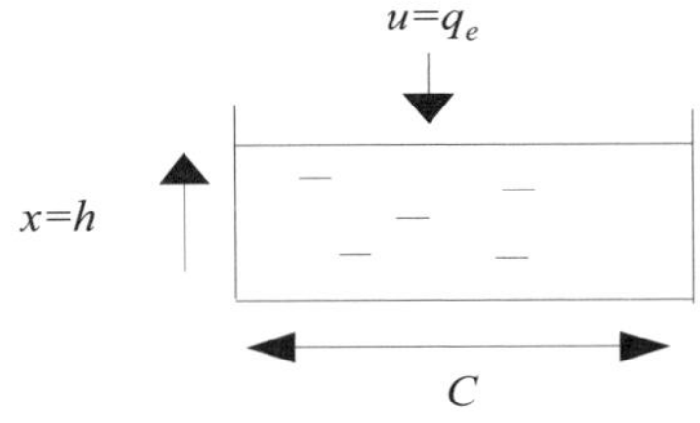

$q_e\,(t) =$ débit entrant
$h\,(t) =$ niveau
$C =$ capacitance

I-7.5 ~ Remplissage et vidange d'un réservoir

Soit un réservoir comportant un robinet de vidange avec une résistance R et un débit d'évacuation $q_s\,(t)$.

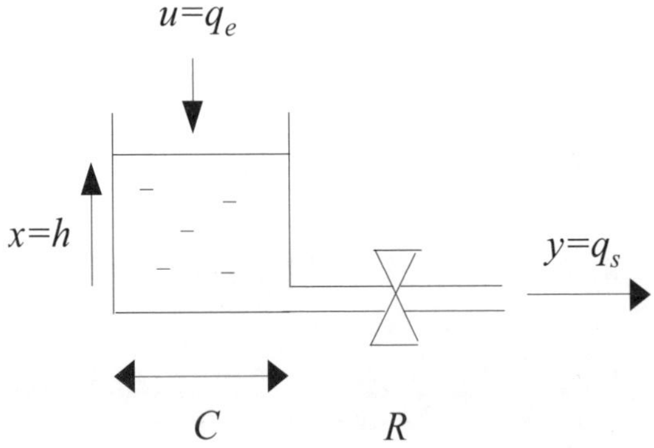

$$\begin{cases} C\dfrac{dh\,(t)}{dt} = q_e\,(t) - q_s\,(t) \\ q_s\,(t) = \dfrac{1}{R}\,h\,(t) \end{cases}$$

Si l'on choisit comme grandeur d'entrée $u(t) = q_e(t)$ et comme grandeur de sortie $y(t) = q_s(t)$, en appelant $x(t) = h(t)$ l'état du système, le système d'équations prend la forme classique d'un modèle d'état :

$$\begin{cases} \dfrac{dx(t)}{dt} = -\dfrac{1}{RC}\,x(t) + \dfrac{1}{C}\,u(t) \\ y(t) = \dfrac{1}{R}\,x(t) \end{cases}$$

I-7.6 ~ Enroulement électrique

La relation entre le courant électrique $i(t)$ parcourant un enroulement électrique de résistance R et d'inductance L, et la tension électrique $u(t)$ aux bornes de l'enroulement, est donnée ci-dessous :

$$u(t) = R\,i(t) + L\,\frac{di(t)}{dt}$$

C'est une équation différentielle linéaire qui peut se mettre sous la forme :

$$\begin{cases} \dfrac{dx(t)}{dt} = -\dfrac{R}{L}\,x(t) + \dfrac{1}{L}\,u(t) \\ y(t) = x(t) \end{cases}$$

avec $y(t) = x(t) = i(t)$.

I-7.7 ~ Modélisation d'un haut-parleur

Le schéma de principe d'un haut-parleur est représenté sur la figure suivante :

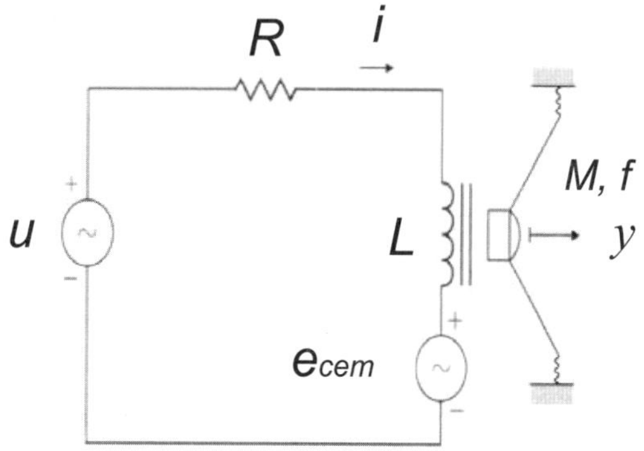

Le cône du haut-parleur se déplace de gauche à droite, provoquant des sons à travers le mouvement de l'air. Le déplacement y est dû au courant électrique parcourant l'aimant permanent, générant une force F proportionnelle au courant i. La relation entre F et y est une relation de mécanique :

$$M\,\frac{d^2y}{dt^2} + f\,\frac{dy}{dt} = F = K_t i$$

Le courant i provient de l'application d'une source u provenant par exemple de la sortie d'un amplificateur audio. L'enroulement provoque une force contre-électromotrice e_{cem} proportionnelle à la vitesse de déplacement dy/dt. Il vient la relation :

$$L\,\frac{di}{dt} + R\,i = u - e_{cem} = u - K_e\,\frac{dy}{dt}$$

En choisissant comme variables d'état :

$$x_1 = y \qquad x_2 = \frac{dy}{dt} \qquad x_3 = i$$

il vient le modèle d'état :

$$\begin{cases} \dot{x} = \begin{bmatrix} 0 & 1 & 0 \\ 0 & -\dfrac{f}{M} & \dfrac{K_t}{M} \\ 0 & -\dfrac{K_e}{L} & -\dfrac{R}{L} \end{bmatrix} x + \begin{bmatrix} 0 \\ 0 \\ \dfrac{1}{L} \end{bmatrix} u \\ y = \begin{bmatrix} 1 & 0 & 0 \end{bmatrix} x \end{cases}$$

I-7.8 ~ Moteur à courant continu à commande d'induit

Les moteurs à courant continu sont des actionneurs fréquemment utilisés en pratique. On trouve des moteurs à courant continu à commande d'induit ou à excitation séparée. Le schéma de principe d'un moteur à courant continu à commande d'induit est le suivant :

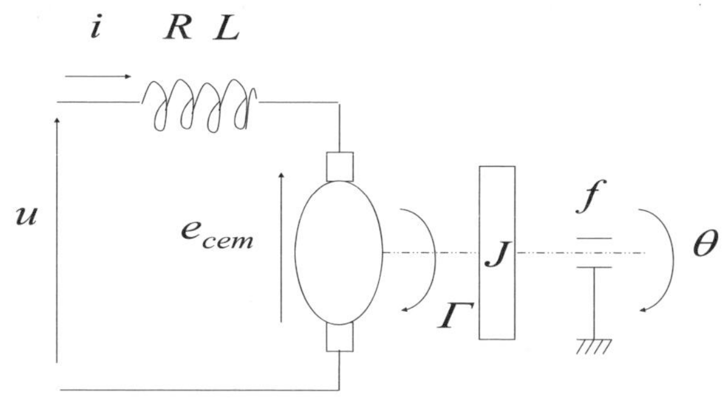

Le stator (partie fixe du moteur) génère, lorsqu'il est parcouru par un courant, un champ magnétique. Sous l'effet de ce champ magnétique, l'enroulement du rotor (partie tournante représentée sur la figure ci-dessus) génère, lorsqu'il est parcouru par un courant i, un couple $\Gamma = K_t i$ sur l'arbre du moteur. Si ce moteur entraîne une charge caractérisée par une inertie J et un coefficient de frottement visqueux f, il vient l'équation :

$$J\,\frac{d^2\theta}{dt^2} + f\,\frac{d\theta}{dt} = \Gamma = K_t\,i$$

Si u est la source de commande du moteur, compte tenu de la force contre-électromotrice $K_e d\theta/dt$ produite par la rotation du moteur, et en supposant que l'enroulement du stator est caractérisé par une résistance R et une inductance L, il vient l'équation électrique :

$$L\,\frac{di}{dt} + R\,i = u - K_e\,\frac{d\theta}{dt}$$

Si l'on pose :

$$x_1 = \theta = y \qquad x_2 = \frac{d\theta}{dt} \qquad x_3 = i$$

il vient le modèle d'état :

$$\left\{\begin{array}{l} \dot{x} = \begin{bmatrix} 0 & 1 & 0 \\ 0 & -\dfrac{f}{J} & \dfrac{K_t}{J} \\ 0 & -\dfrac{K_e}{L} & -\dfrac{R}{L} \end{bmatrix} x + \begin{bmatrix} 0 \\ 0 \\ \dfrac{1}{L} \end{bmatrix} u \\ y = \begin{bmatrix} 1 & 0 & 0 \end{bmatrix} x \end{array}\right.$$

On remarque ici l'analogie totale du modèle avec celui du système précédent (haut-parleur).

I-7.9 ~ Moteur à courant continu à excitation séparée

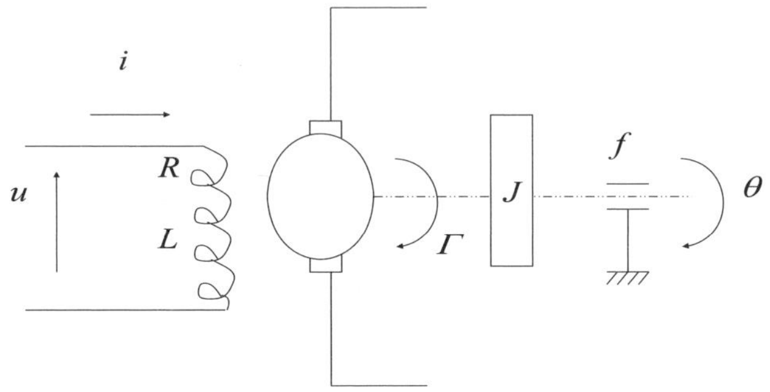

Le stator (partie fixe du moteur), parcouru ici par un courant constant, génère un champ magnétique. Sous l'effet de ce champ magnétique, le courant i produit par l'application d'une tension u aux bornes du circuit inducteur, génère un couple $\Gamma = Ki$ sur l'arbre du moteur. Si ce moteur entraîne une charge caractérisée par une inertie J et un coefficient de frottement visqueux f, il vient l'équation :

$$J\,\frac{d^2\theta}{dt^2} + f\,\frac{d\theta}{dt} = K\,i$$

Si u est la source de commande du moteur, en supposant que l'enroulement du circuit inducteur est caractérisé par une résistance R et une inductance L, il vient l'équation électrique :

$$L\,\frac{di}{dt} + R\,i = u$$

Si l'on pose :

$$x_1 = \theta = y \qquad x_2 = \frac{d\theta}{dt} \qquad x_3 = i$$

il vient le modèle d'état :

$$\begin{cases} \dot{x} = \begin{bmatrix} 0 & 1 & 0 \\ 0 & -\dfrac{f}{J} & \dfrac{K_t}{J} \\ 0 & 0 & -\dfrac{R}{L} \end{bmatrix} x + \begin{bmatrix} 0 \\ 0 \\ \dfrac{1}{L} \end{bmatrix} u \\ y = \begin{bmatrix} 1 & 0 & 0 \end{bmatrix} x \end{cases}$$

I-7.10 ~ Suspension automobile

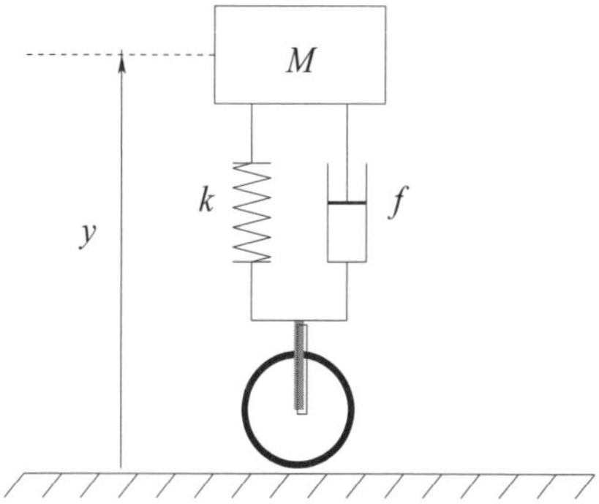

Si M représente la masse du véhicule, k la raideur de l'amortisseur et f son coefficient de frottement visqueux, si y est le mouvement vertical du véhicule (par rapport à la position de référence correspondant au véhicule au repos : équilibre gravitationnel), il vient le modèle :

$$M\ddot{y} + f\dot{y} + ky = 0$$

I-7.11 ~ Mouvement du chariot d'une grue

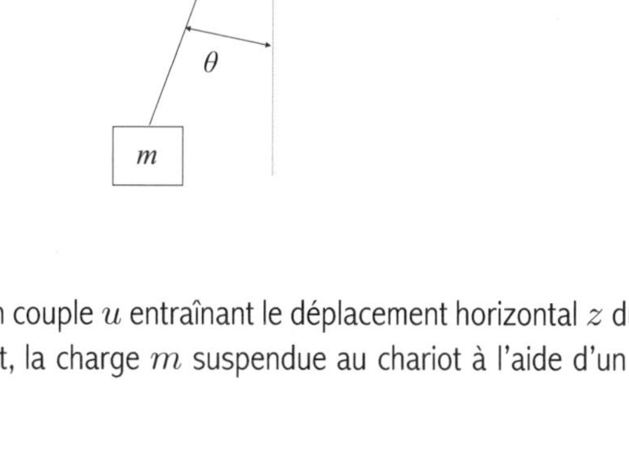

Un moteur exerce un couple u entraînant le déplacement horizontal z du chariot de la grue. Sous l'effet de ce déplacement, la charge m suspendue au chariot à l'aide d'un câble rigide de longueur

l est soumise à un mouvement pendulaire d'angle θ. Le modèle de l'ensemble chariot et charge est constitué des équations suivantes :

$$\left(I + ml^2\right)\ddot{\theta} + mgl\sin\theta = -ml\ddot{z}\cos\theta$$

$$(M+m)\,\ddot{z} + b\dot{z} + ml\ddot{\theta}\cos\theta - ml\dot{\theta}^2\sin\theta = u$$

I-8. EXERCICES

Exercice 1 : On considère le circuit électrique suivant :

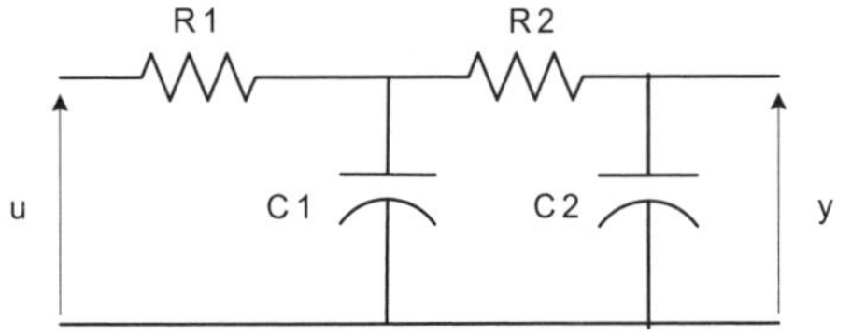

1. Donner l'équation différentielle qui lie u et y.
2. Calculer la fonction de transfert $G(s)$.
3. Quel est l'ordre du système ? Quels sont ses pôles et ses zéros ?

Exercice 2 : On considère le circuit électrique de la figure suivante :

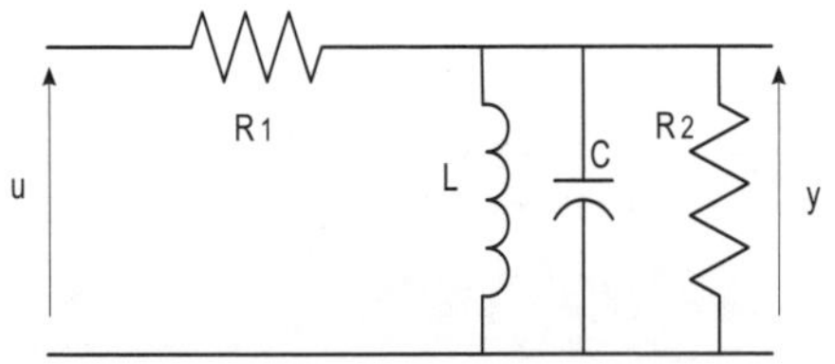

1. Écrire l'équation différentielle liant y et u. On prendra tous les coefficients égaux à 1.
2. Donner les caractéristiques de ce système (ordre, mode...).
3. Donner une représentation d'état de ce système.
4. En déduire la fonction de transfert $G(s) = Y(s)/U(s)$.

Exercice 3 : Soit le système mécanique suivant :

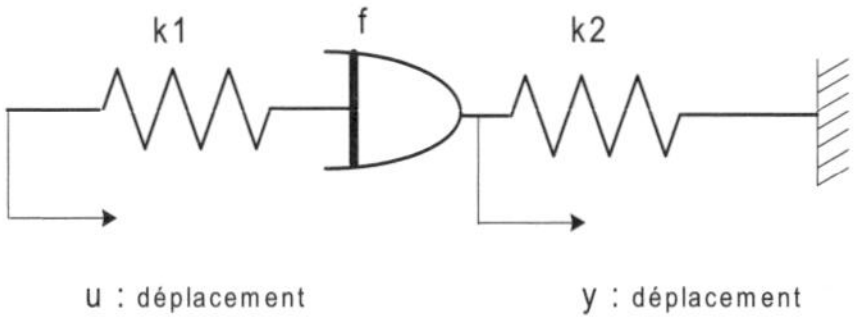

1. Donner l'équation différentielle qui lie u et y. Quel est l'ordre du système ?
2. Calculer la fonction de transfert $G(s)$ entre u et y.

Exercice 4 : Soit le système mécanique suivant :

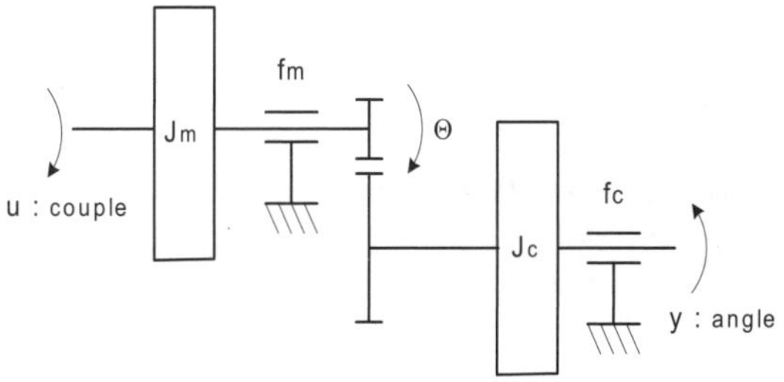

avec $\alpha = \dfrac{\Theta}{y} > 0.$

1. À quoi peut servir ce système ?
2. Donner l'équation différentielle qui lie u et y.
3. Calculer la fonction de transfert $G(s)$ entre u et y.

Exercice 5 : On considère un moteur à courant continu commandé par l'induit. Soit i le courant traversant l'induit qui est lui-même caractérisé par un coefficient de résistance R et d'inductance L. Le couple Γ délivré par le moteur est proportionnel au courant i et permet d'entraîner une charge d'inertie J et de frottement visqueux f. Soient u la tension appliquée à l'induit qui constitue le signal de commande, et θ la position de l'arbre de la charge. Les équations décrivant le comportement du moteur sont les suivantes :

$$u = Ri + L\frac{di}{dt}, \quad \Gamma = Ki, \quad \Gamma = J\frac{d^2\theta}{dt^2} + f\frac{d\theta}{dt}$$

1. Donner une représentation d'état de ce système.
2. En déduire la fonction de transfert $G(s)$.

3. Mêmes questions lorsque le coefficient d'inductance L est négligeable.

Exercice 6 : On considère le système décrit par la fonction de transfert suivante :

$$G(s) = \frac{Y(s)}{U(s)} = \frac{N(s)}{(s-\alpha)^r}, \quad \deg(N(s)) < r$$

Donner une représentation d'état de ce système.

Exercice 7 : Soient les systèmes décrits par les fonctions de transfert suivantes :

$$G(s) = \frac{s+1}{s(s+2)(s-1)}, \quad G(s) = \frac{s+1}{s(s-1)^3}, \quad G(s) = \frac{1}{s^3(s-1)^2}$$

Pour chacun d'eux, donner une représentation d'état sous forme diagonale et des représentations d'état sous forme compagne.

Exercice 8 : Soit le système décrit par :

$$y''' + y'' - 2y' = u + u'$$

1. Donner une représentation d'état de ce système.
2. En déduire la fonction de transfert.

Exercice 9 : Soit le système décrit par :

$$\begin{aligned} \dot{x} &= Ax + Bu \\ y &= Cx \end{aligned}$$

1. Donner le changement de représentation d'état en fonction de A et B permettant d'obtenir une forme compagne horizontale.
2. Donner le changement de représentation d'état en fonction de A et B permettant d'obtenir une forme compagne verticale.

Exercice 10 : Soit le système décrit par la représentation d'état suivante :

$$\begin{cases} \dot{x}_1 = x_1 + x_2 - 3x_3(x_1+1) + 2u \\ \dot{x}_2 = x_2 - 2x_3(x_2+1) + 2u \\ \dot{x}_3 = -x_3(x_1+1) + (x_1+1)u \\ y = x_1 + (x_1-1)x_2 + x_3 \end{cases}$$

1. Calculer les points d'équilibre qui, on le rappelle, sont définis par $u = \dot{x}_1 = \dot{x}_2 = \dot{x}_3 = 0$.
2. Linéariser la représentation d'état autour de $x_1^* = x_2^* = x_3^* = u^* = 0$.

3. Calculer le changement de vecteur d'état qui conduit à la forme diagonale ou de Jordan pour le modèle linéarisé. Quelle est la représentation d'état correspondante ?
4. Calculer la fonction de transfert.

Exercice 11 : Soit le système décrit par les équations suivantes :

$$\begin{cases} \dot{x}_1 = (x_1 - 1)x_1 - (x_2 + 1)x_2 + x_3 + \dfrac{x_1^2 - 2}{2}u \\ \dot{x}_2 = -(x_2 + 2)x_1 - x_2 + 2x_3 + \dfrac{x_3^2 - 4}{2}u \\ \dot{x}_3 = -(x_3 + 2)x_1 + (x_3 - 1)x_2 + 2x_3 \\ y = x_1^2 + x_2^2 + x_3 \end{cases}$$

1. Donner la représentation d'état obtenue par linéarisation des équations précédentes autour du point d'équilibre $x_1 = 0,\ x_2 = 0$ et $x_3 = 0$.
2. Calculer alors la fonction de transfert. Quels sont l'ordre, les pôles et les zéros du système ?
3. Donner une représentation d'état sous forme diagonale. On donnera la matrice de passage permettant de l'obtenir.
4. Donner des représentations d'état sous forme compagne.

Exercice 12 : Considérons le système décrit par l'équation différentielle suivante :

$$y''' + 5y'' + 7y' + 2y = u' + 2u$$

1. Choisir des variables d'état et donner une représentation d'état de ce système.
2. Donner un vecteur d'état conduisant à une représentation d'état avec matrice dynamique diagonale.
3. Calculer la fonction de transfert.

Exercice 13 : On considère le pendule inverse décrit par les équations suivantes :

$$\begin{cases} (M + m)\dfrac{d^2 z}{dt^2} + k_2 z + ml\cos\theta\dfrac{d^2\theta}{dt^2} = ml\left(\dfrac{d\theta}{dt}\right)^2 \sin\theta + u \\ ml\cos\theta\dfrac{d^2 z}{dt^2} + \dfrac{4}{3}ml^2\dfrac{d^2\theta}{dt^2} = mgl\sin\theta - k_1\theta \end{cases}$$

1. En prenant comme variables d'état $x_1 = z,\ x_2 = \dfrac{dz}{dt},\ x_3 = \theta,\ x_4 = \dfrac{d\theta}{dt}$, montrer que l'on peut écrire la représentation d'état correspondante $\dfrac{dx}{dt} = f(x,u)$ avec :

$$f(x,u) = \begin{bmatrix} x_2 \\ \dfrac{4k_2x_1 - 3k_1x_3\cos x_3 - 4x_4^2\sin x_3 + 3g\cos x_3\sin x_3 - 4u}{3\cos^2 x_3 - 8} \\ x_4 \\ \dfrac{-3k_2x_1\cos x_3 + 6k_1x_3 - 6g\sin x_3 + 3x_4^2\cos x_3\sin x_3 + 3u\cos x_3}{3\cos^2 x_3 - 8} \end{bmatrix}$$

On considèrera la sortie $y = \theta$. On prendra $M = m = l = 1,\ k_1 = g = 10,\ k_2 = 5$.

2. Linéariser les équations d'état autour de la position $x_* = 0$ et $u_* = 0$. Donner alors la représentation d'état linéarisée sous la forme :

$$\begin{cases} \dot{\Delta x} &= A\Delta x + B\Delta u \\ \Delta y &= C\Delta x \end{cases},\ \Delta x = x - x_*,\ \Delta u = u - u_*,\ \Delta y = y - y_*$$

3. Calculer la fonction de transfert $G(s) = \dfrac{\Delta Y(s)}{\Delta U(s)}$.

Exercice 14 : Soit le système décrit par la représentation d'état suivante :

$$\begin{aligned} \dot{x} &= \begin{bmatrix} 1 & 1 & 2 \\ 0 & 0 & -1 \\ 0 & 0 & 1 \end{bmatrix} x + \begin{bmatrix} 1 \\ 0 \\ 1 \end{bmatrix} u \\ y &= \begin{bmatrix} 1 & 0 & 0 \end{bmatrix} x \end{aligned}$$

1. Donner une représentation d'état avec matrice d'évolution sous forme diagonale. On donnera en particulier la matrice de passage M permettant de l'obtenir.
2. Calculer la fonction de transfert $G(s)$. En déduire une représentation d'état avec matrice d'évolution sous forme diagonale.

Exercice 15 : Soit le système dont le schéma de principe est représenté sur la figure suivante :

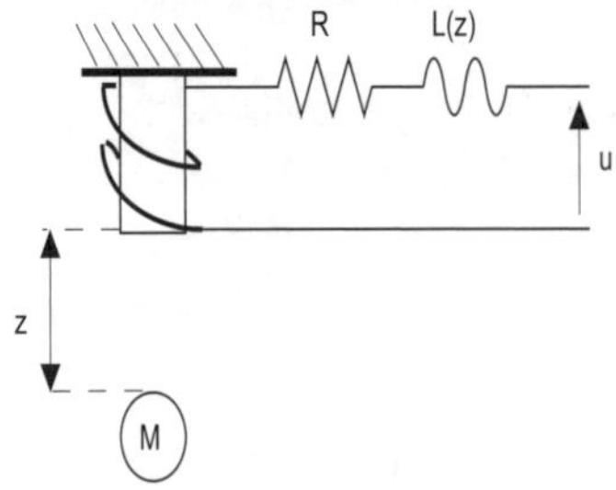

Il s'agit d'une bille maintenue en suspension à l'aide d'un électro-aimant. L'objectif est de contrôler la position de la bille à l'aide de la tension u. L'électro-aimant est modélisé par une résistance R et une inductance $L(z) = \dfrac{L}{z}$ où $L \geq 0$ est une constante. La force produite par l'électro-aimant sur la bille est d'intensité $\dfrac{Ki^2}{z^2}$ où $K > 0$ est une constante. g est l'accélération due à la gravitation.

1) Écrire les équations différentielles régissant le comportement de ce système.
2) En déduire une représentation d'état. Le système est-il linéaire ?
3) Linéariser les équations d'état autour d'une position d'équilibre caractérisée par $z = z_0 =$ Constante, $u = u_0 =$ Constante. On prendra $K = R = L = 1, M = 1/10$ et $g = 10$.
4) On prend $z_0 = 1$. Calculer la fonction de transfert. Donner une représentation d'état avec matrice d'évolution sous forme diagonale obtenue à partir de de la fonction de transfert et à partir de la représentation d'état obtenue en 3.

Exercice 16 : On souhaite contrôler la température dans un container. Pour cela, on peut agir sur une valve qui permet de faire entrer une certaine quantité de chaleur dans le container et on mesure la température à l'aide d'un thermomètre à mercure en verre. La première étape consiste à modéliser le tout. Pour cela, on introduit les notations suivantes : u : ouverture de la valve (commande), T_a : température ambiante constante, T_c : température dans le container, h : niveau de mercure dans le thermomètre.

L'application des lois de la physique permet d'écrire les équations suivantes :

$$\frac{dT_c}{dt} = b_1(q_a + q), \quad \frac{dT_g}{dt} = b_2(q_g - q_{Hg}), \quad \frac{dT_{Hg}}{dt} = b_3 q_{Hg}$$

avec :

$$q = a_0 u, \; q_a = a_1(T_a - T_c), \; q_g = a_2(T_c - T_g), \; q_{Hg} = a_3(T_g - T_{Hg})$$

où q et q_a sont respectivement les quantités de chaleur transmises au container par la commande et par l'environnement, q_g celle transmise au verre du thermomètre par le container et q_{Hg} celle transmise par le verre du thermomètre au mercure. T_g et T_{Hg} sont respectivement les températures du verre et du mercure. La sortie du système est h qui s'écrit :

$$h = \frac{c_3 T_{Hg}^3 - c_2 T_g^3}{c_1 T_g^2}$$

$a_i, \; b_i$ et $c_i, \; i = 1, ..., 3,$ sont des paramètres positifs dépendant de la géométrie et des propriétés des matériaux des éléments constituant le système.

1. Donner la représentation d'état du système correspondant à $x_1 = T_c, \; x_2 = T_g, x_3 = T_{Hg}$ et $y = h$. Quelle remarque peut-on faire ?
2. Linéariser le système autour de $x_1^* = T_c^*, \; x_2^* = T_g^*, x_3 = T_{Hg}^*$ et $u = u^*$. Montrer que l'on peut mettre le modèle linéarisé sous la forme :

$$\begin{cases} \dfrac{d\Delta x}{dt} = \begin{bmatrix} -\alpha_1 & 0 & 0 \\ \alpha_2 & -\alpha_2 - \alpha_3 & \alpha_3 \\ 0 & \alpha_4 & -\alpha_4 \end{bmatrix} \Delta x + \begin{bmatrix} \beta_1 \\ 0 \\ 0 \end{bmatrix} \Delta u \\ \Delta y = \begin{bmatrix} 0 & -\gamma_2 & \gamma_1 \end{bmatrix} \Delta x \end{cases}$$

On donnera les expressions littérales de $\alpha_1,\ \alpha_2,\ \alpha_3,\ \beta_1,\ \gamma_1$ et γ_2. Pour la suite, on considèrera $\alpha_1 = \alpha_3 = \beta_1 = \gamma_1 = \gamma_2 = 1$ et $\alpha_2 = \alpha_4 = 2$.

3. Calculer la fonction de transfert $G(s) = \dfrac{\Delta Y(s)}{\Delta U(s)}$. Quel est l'ordre du système ? Donner ses pôles et ses zéros. Donner l'équation différentielle qui lie Δu et Δy.

4. Donner des représentations d'état sous forme compagne. Donner une représentation d'état sous forme diagonale obtenue par diagonalisation de la matrice dynamique de la représentation d'état de la question 2. À titre indicatif, on donne :

$$\begin{bmatrix} 0 & 0 & 3/2 \\ 1 & 1 & 1 \\ -1 & 2 & 0 \end{bmatrix}^{-1} = \begin{bmatrix} -4/9 & 2/3 & -1/3 \\ -2/9 & 1/3 & 1/3 \\ 2/3 & 0 & 0 \end{bmatrix}$$

Exercice 17 : Soient les systèmes représentés sur les figures suivantes :

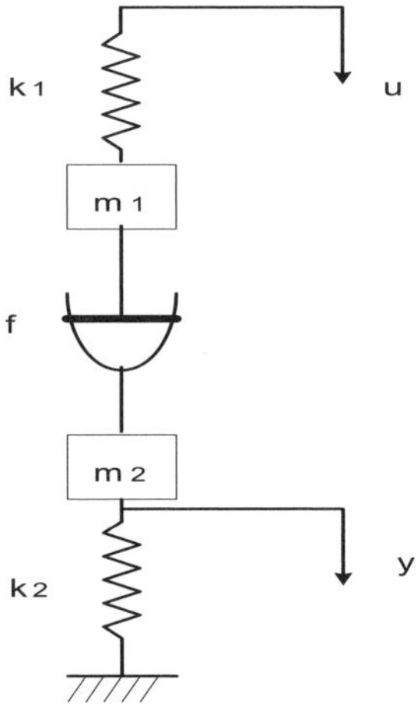

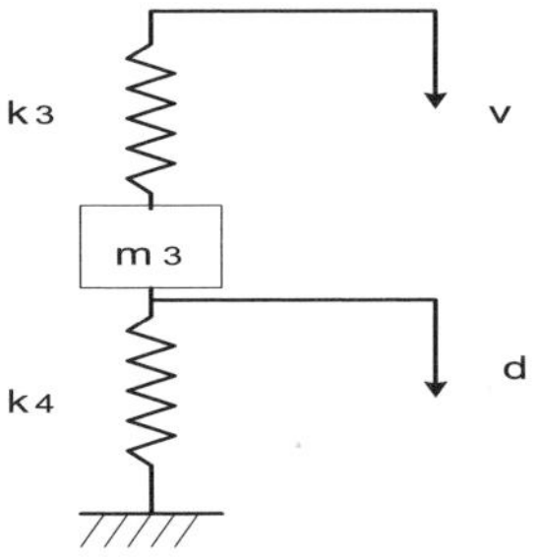

avec $k_1 = k_2 = k_3 = k_4 = m_1 = m_2 = m_3 = f = 1$. On négligera les effets de la pesanteur et on supposera que les structures se déforment dans l'axe des déplacements.

1. Calculer les fonctions de transfert $G_1(s) = Y(s)/U(s)$ et $G_2(s) = D(s)/V(s)$.
2. Donner pour chacun de ces systèmes une représentation d'état avec matrice d'évolution sous forme compagne.
3. On considère maintenant la combinaison des deux systèmes mécaniques de telle sorte que $u = d$. Calculer alors la fonction de transfert $G_3(s) = Y(s)/D(s)$. On supposera que la structure se déforme de manière symétrique.
4. A-t-on $G_3(s) = G_1(s)G_2(s)$? Justifier votre réponse à partir d'arguments physiques.

Exercice 18 : Soit le système représenté sur la figure suivante :

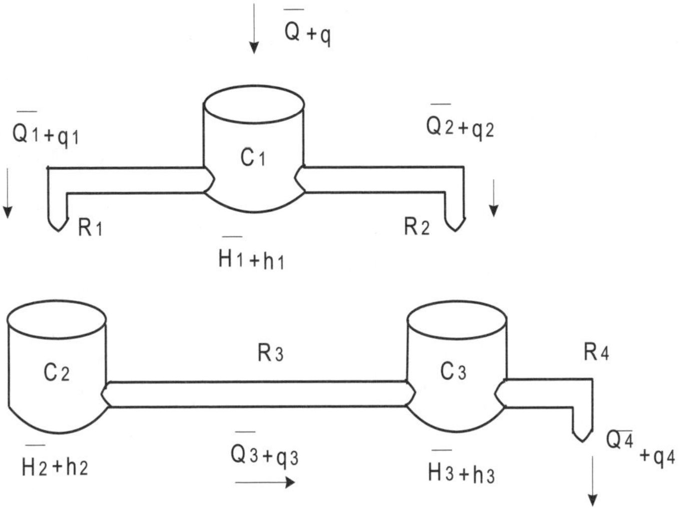

On suppose que tous les réservoirs sont de section constante ($S_1 = 2m^2,\ S_2 = 1m^2,\ S_3 = 2m^2$) et que les débits sont de type turbulent, soit :

$$Q_i^2 = K_i^2 \Delta H_i,\ \ i = 1, ..., 4 \text{ avec } K_i^2 = 1,\ \ i = 1, ..., 3 \text{ et } K_4^2 = 2$$

1. Calculer les niveaux $\overline{H}_1,\ \overline{H}_2, \overline{H}_3$ et les débits $\overline{Q}_1, \overline{Q}_2, \overline{Q}_3$ et $\overline{Q}_4$ en régime permanent lorsque le débit d'entrée (en régime permanent) est $\overline{Q} = 1m^3/s$.
2. Calculer pour ce régime permanent, les résistances $R_i,\ i = 1, ..., 4$ et les capacités $C_i,\ i = 1, ..., 3$.
3. On perturbe le débit d'entrée autour du régime permanent. Cette perturbation q induit des variations de niveau dans les réservoirs et de débit dans les canalisations notées respectivement $h_i,\ i = 1, ..., 3$ ct $q_i, i = 1, ..., 4$. Donner les équations régissant le comportement du système autour du régime permanent lorsque la perturbation est faible.
4. En déduire une représentation d'état avec l'entrée q et calculer la fonction de transfert lorsque la sortie est $y = h_3$.
5. Écrire une représentation d'état avec matrice d'évolution sous forme diagonale.
6. Donner l'équation différentielle liant u à y et écrire des représentations d'état avec matrice d'évolution sous forme compagne.
7. On considère maintenant la sortie $y = h_1$. Calculer la fonction de transfert et donner l'équation différentielle liant u à y. Écrire des représentations d'état avec matrice d'évolution sous forme compagne.

chapitre II

RÉPONSES DES SYSTÈMES LINÉAIRES

Dans ce chapitre sont exposées les méthodes de calcul des réponses des systèmes à temps continu.

Dans la continuité du chapitre sur les modèles, on indique comment calculer la réponse d'un système à temps continu à partir de l'équation différentielle en II-1.1, d'un modèle d'état en II-1.2 ou de la fonction de transfert en II-1.3.

Tout système d'ordre élevé peut s'exprimer sous la forme d'une combinaison de sous-systèmes du premier et/ou du deuxième ordre. On étudie donc de manière détaillée les réponses des systèmes du premier ordre en II-3 et du deuxième ordre en II-4. La notion de mode dominant est introduite en II-5.

Pour plus de détails sur le contenu de ce chapitre, le lecteur peut consulter [33].

II-1. FORME GÉNÉRALE DE LA RÉPONSE

II-1.1 ~ Réponses à partir de l'équation différentielle

La solution de l'équation différentielle est égale à la somme de la solution générale de l'équation homogène (faisant intervenir des termes exponentiels relatifs aux racines de l'équation caractéristique) et d'une solution particulière de l'équation complète (dépendant de l'entrée).

Exemple

Soit le système représenté par l'équation différentielle du second ordre :

$$y'' + a_1 y' + a_0 y = u$$

qui a pour équation caractéristique :

$$r^2 + a_1 r + a_0 = (r - \lambda_1)(r - \lambda_2) = 0$$

La réponse à une entrée u s'écrit, pour λ_1 et λ_2 distincts :

$$y(t) = \underbrace{C_1 e^{\lambda_1 t} + C_2 e^{\lambda_2 t}}_{\text{solution générale}} + \underbrace{C_3(t)}_{\text{solution particulière}}$$

Si $\lambda_1 = \lambda_2 = \lambda$, alors elle s'écrit :

$$y(t) = \underbrace{(C_1 t + C_2) e^{\lambda t}}_{\text{solution générale}} + \underbrace{C_3(t)}_{\text{solution particulière}}$$

II-1.2 ~ Réponses à partir des équations d'état

a ~ Expression générale

Soit le système décrit par :

$$\begin{cases} \dot{x} = Ax + Bu \\ y = Cx + Du \end{cases}$$

L'expression de la réponse est :

$$\boxed{\begin{array}{c} x(t) = e^{At}x_0 + \int_0^t e^{A(t-\tau)}Bu(\tau)\,d\tau \\ \\ x(t) = \text{Régime libre} + \text{Régime forcé} \end{array}}$$

$$\boxed{y(t) = Ce^{At}x_0 + \int_0^t Ce^{A(t-\tau)}Bu(\tau)\,d\tau + Du(t)}$$

avec :

$$\boxed{e^{At} = \sum_{i=0}^{\infty} \frac{A^i t^i}{i!}}$$

Pour le calcul de e^{At}, voir annexe C.

b ~ Vérification

1. Considérons le système autonome ($u = 0$) :

$$\dot{x} = Ax \qquad x(0) = x_0$$

Il admet la solution :

$$x(t) = e^{At}x_0$$

En effet :

$$\begin{cases} \dot{x}(t) = Ae^{At}x_0 = Ax \\ \\ x(0) = e^0 x_0 = x_0 \end{cases}$$

2. Considérons l'équation complète :

$$\dot{x} = Ax + Bu \qquad x(0) = x_0$$

Si l'on recherche sa solution sous la forme $x(t) = e^{At}w(t)$, il vient :

$$\dot{x}(t) = Ae^{At}w(t) + e^{At}\dot{w}(t)$$

Par identification avec :

$$\dot{x} = Ax + Bu$$

il vient :

$$e^{At}\dot{w}(t) = Bu(t) \quad \longrightarrow \quad \dot{w}(t) = e^{-At}Bu(t)$$

d'où :

$$w(t) = w(0) + \int_0^t e^{-A\tau}Bu(\tau)\,d\tau$$

En remarquant que $w(0) = x_0$, on obtient l'expression générale :

$$x(t) = e^{At}x_0 + \int_0^t e^{A(t-\tau)}Bu(\tau)\,d\tau$$

II-1.3 ~ Réponses à partir de la fonction de transfert

La transformée de Laplace de la réponse établie à partir du modèle d'état s'écrit :

$$Y(s) = C(sI - A)^{-1}x_0 + \left[C(sI - A)^{-1}B + D\right]U(s)$$

$$\boxed{Y(s) = C(sI - A)^{-1}x_0 + G(s)U(s)}$$

Le calcul, à partir de la fonction de transfert, de la réponse d'un système n'est, en pratique intéressant que dans le cas d'un système initialement au repos ($x_0 = 0$) où il se réduit à :

$$Y(s) = G(s)U(s)$$

Calcul de l'original par décomposition en éléments simples qui est composé :
- de termes relatifs aux pôles de $G(s)$ (régime transitoire si ces pôles sont à partie réelle négative)
- de termes relatifs aux pôles de $U(s)$ (régime permanent).

Exemple 1

$$G(s) = \frac{1}{(s - \lambda_1)(s - \lambda_2)},\ \lambda_1 \neq \lambda_2$$

Réponse du système initialement au repos à un échelon unitaire $U(s) = 1/s$:

$$Y(s) = \frac{1}{(s - \lambda_1)(s - \lambda_2)s}$$

Décomposition en éléments simples :

$$Y(s) = \frac{C_1}{(s - \lambda_1)} + \frac{C_2}{(s - \lambda_2)} + \frac{C_3}{s} \quad \rightarrow \quad y(t) = C_1e^{\lambda_1 t} + C_2e^{\lambda_2 t} + C_3$$

Exemple 2

$$G(s) = \frac{1}{(s - \lambda)^2}$$

Réponse du système initialement au repos à un échelon unitaire $U(s) = 1/s$:

$$Y(s) = \frac{1}{(s-\lambda)^2 s}$$

Décomposition en éléments simples :

$$Y(s) = \frac{C_1}{(s-\lambda)} + \frac{C_2}{(s-\lambda)^2} + \frac{C_3}{s} \quad \rightarrow \quad y(t) = C_1 e^{\lambda t} + C_2 t e^{\lambda t} + C_3$$

II-2. RÉPONSE FRÉQUENTIELLE

II-2.1 ~ Calcul général de la réponse

Soit le système strictement propre (sans perte de généralité), caractérisé par le modèle d'état et la fonction de transfert :

$$\boxed{\left\{\begin{array}{rcl} \dot{x} & = & Ax + Bu \\ y & = & Cx \end{array}\right. \quad \longleftrightarrow \quad G(s) = C(sI - A)^{-1}B}$$

Supposons qu'il est soumis à une entrée sinusoïdale de pulsation ω :

$$u(t) = u_0 \sin \omega t = u_0 \operatorname{Im}(e^{j\omega t})$$

Sa réponse peut être calculée à partir du modèle d'état :

$$y(t) = Ce^{At}x_0 + \int_0^t Ce^{A(t-\tau)}Bu(\tau)\,d\tau = Ce^{At}x_0 + \int_0^t Ce^{A(t-\tau)}Bu_0 \operatorname{Im}(e^{j\omega\tau})d\tau$$

$$y(t) = Ce^{At}x_0 + \operatorname{Im}\left[\int_0^t Ce^{At}e^{(j\omega I - A)\tau}Bu_0 d\tau\right]$$

$$y(t) = Ce^{At}x_0 + \operatorname{Im}\left[Ce^{At}e^{(j\omega I - A)\tau}(j\omega I - A)^{-1} Bu_0\Big|_0^t\right]$$

$$y(t) = Ce^{At}x_0 + \operatorname{Im}\left[Ce^{At}\left[e^{(j\omega I - A)t} - I\right](j\omega I - A)^{-1} Bu_0\right]$$

$$y(t) = Ce^{At}\left\{x_0 - \operatorname{Im}\left[(j\omega I - A)^{-1} Bu_0\right]\right\} + \operatorname{Im}\left[C(j\omega I - A)^{-1} Bu_0 e^{j\omega t}\right]$$

$$\boxed{y(t) = Ce^{At}\left\{x_0 - \operatorname{Im}\left[(j\omega I - A)^{-1} Bu_0\right]\right\} + \operatorname{Im}\left[G(j\omega)\, u_0 e^{j\omega t}\right]}$$

II-2.2 ~ Régime permanent. Lien avec la fonction de transfert

Si le système est asymptotiquement stable, c'est-à-dire si ses modes (valeurs propres de A = pôles de $G(s)$) sont à partie réelle strictement négative), alors $\lim_{t\to\infty} e^{At} = 0$ et le régime permanent est donné par :

$$y_{R.P.}(t) = \mathrm{Im}\left[C(j\omega I - A)^{-1} B u_0 e^{j\omega t}\right] = \mathrm{Im}\left[G(j\omega)\, u_0 e^{j\omega t}\right]$$

que l'on peut encore écrire :

$$\boxed{y_{R.P.}(t) = \rho(\omega)\, u_0 \sin\left[\omega t + \varphi(\omega)\right]}$$

$$\boxed{\rho(\omega) = |G(j\omega)| \qquad \varphi(\omega) = \arg\left[G(j\omega)\right]}$$

$\rho(\omega)$: gain harmonique $\qquad$ $\varphi(\omega)$: déphasage harmonique

La réponse fréquentielle en régime permanent est donc étroitement liée à la fonction de transfert. Le calcul analytique du gain harmonique et du déphasage devient rapidement laborieux lorsque la fonction de transfert possède plusieurs pôles et zéros. On préfère utiliser des représentations graphiques approchées. Des outils numériques comme Matlab permettent d'obtenir ces tracés avec précision.

II-2.3 ~ Représentations graphiques

a ~ Lieu de Nyquist

C'est le lieu, dans le plan complexe, du point d'affixe $G(j\omega)$, lorsque la pulsation ω varie de 0 à $+\infty$. Le lieu doit obligatoirement être gradué en fonction de ω, pulsation du signal d'entrée.

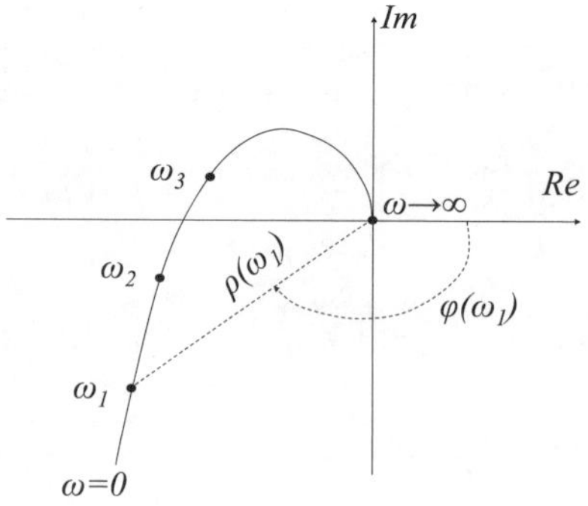

b ~ Diagramme de Bode

La réponse fréquentielle dans le plan de Bode est caractérisée par deux courbes :

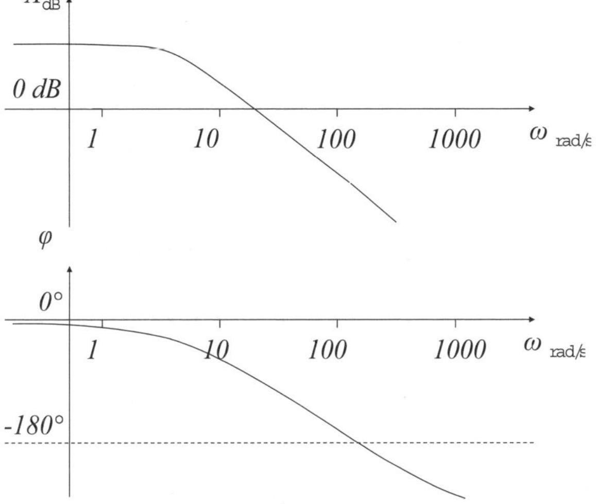

Courbe de gain en amplitude :
$A(\omega)_{dB} = 20\log\rho(j\omega) = 20\log|G(j\omega)|$ en fonction de $\omega_{rd/s}$

Courbe de phase :
$\varphi(\omega) = \arg[G(j\omega)]$ en fonction de $\omega_{rd/s}$

La pulsation est portée en abscisses, en coordonnées logarithmiques pour les deux courbes. Le gain en amplitude $A(\omega)$, porté en ordonnées de la première courbe, s'exprime en décibels (dB). La phase (ou déphasage harmonique) $\varphi(\omega)$, portée en ordonnées de la deuxième courbe, s'exprime en degrés, radians ou grades. Ces choix de représentation permettent de tracer rapidement la réponse fréquentielle dans le plan de Bode d'une fonction de transfert, par somme graphique des réponses des fonctions de transfert élémentaires issues de la factorisation de la fonction de transfert initiale. En effet, si :

$$G(s) = G_1(s)\,G_2(s)\cdots G_q(s)$$

alors :

$$A(\omega) = A_1(\omega) + A_2(\omega) + \cdots + A_q(\omega)$$
$$\varphi(\omega) = \varphi_1(\omega) + \varphi_2(\omega) + \cdots + \varphi_q(\omega)$$

Si par exemple :

$$G(j\omega) = k\frac{(j\omega - z_1)(j\omega - z_2)\cdots(j\omega - z_m)}{(j\omega - p_1)(j\omega - p_2)\cdots(j\omega - p_n)} \qquad k \text{ réel}$$

$$20\log|G(j\omega)| = 20\log k + \sum_{i=1}^{m} 20\log|j\omega - z_i| - \sum_{i=1}^{n} 20\log|j\omega - p_i|$$

$$\arg G(j\omega) = \sum_{i=1}^{m} \arg(j\omega - z_i) - \sum_{i=1}^{n} \arg(j\omega - p_i)$$

II-2.4 ~ Diagramme de Black (diagramme de Nichols)

Il est obtenu par composition des courbes du plan de Bode : le gain en amplitude $A(\omega)_{dB}$ est porté en ordonnées et la phase $\varphi(\omega)$ en abscisses. Le diagramme est gradué en valeurs de la pulsation $\omega_{rd/s}$ du signal d'entrée.

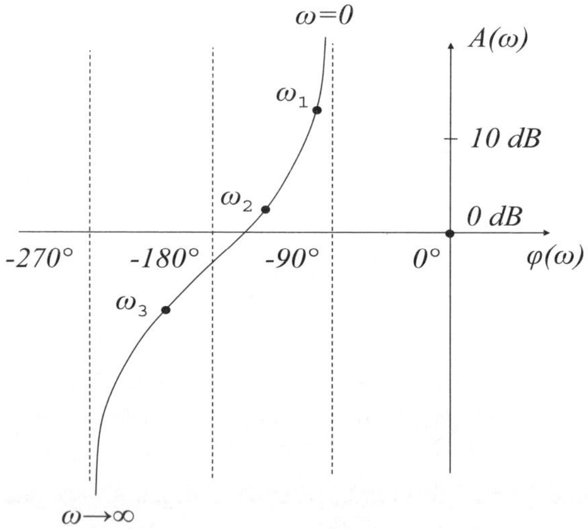

II-3. RÉPONSE D'UN SYSTÈME DU PREMIER ORDRE

Soit la fonction de transfert d'un système du premier ordre de gain statique unitaire :

$$G(s) = \frac{1}{1+Ts} = \frac{a}{s+a} \qquad a = \frac{1}{T}$$

Ce système est entièrement caractérisé par la constante de temps T. On lui associe parfois un gain multiplicatif K (gain statique) :

$$G(s) = \frac{K}{1+Ts}$$

II-3.1 ~ Réponse indicielle d'un système du premier ordre

1. À partir de l'équation différentielle.

$$y + Ty' = Ku \quad \rightarrow \quad y' + \frac{1}{T}y = \frac{K}{T}u$$

Elle a pour solution :

$$y = C_1 e^{-\frac{t}{T}} + K$$

$$\boxed{y = (y_0 - K)\,e^{-\frac{t}{T}} + K = K\left(1 - e^{-\frac{t}{T}}\right)\Gamma(t) + y_0 e^{-\frac{t}{T}}}$$

La pente de la tangente à l'origine est donnée par :

$$y'(0) = \frac{K - y_0}{T}$$

2. À partir de la fonction de transfert. Si les conditions initiales sont nulles, il vient :

$$Y(s) = G(s)\,U(s) = \frac{K}{(1+Ts)}\frac{1}{s}$$

$$Y(s) = \frac{K/T}{(s+1/T)}\frac{1}{s} = \frac{K}{s} - \frac{K}{(s+1/T)}$$

$$\boxed{y = K\left(1 - e^{-\frac{t}{T}}\right)\Gamma(t)}$$

La réponse est identique à celle obtenue à partir de l'équation différentielle, mais sans terme y_0. Ceci résulte de l'utilisation de la fonction de transfert qui suppose implicitement que la condition initiale est nulle.

Dans le cas d'un gain $K = 1$ et pour $t > 0$, la réponse s'écrit :

$$y(t) = 1 - e^{-\frac{t}{T}}$$

Elle peut être caractérisée par les paramètres :

Tangente à l'origine	$1/T$
Temps de montée à $90\,\%$	$t_m \simeq t_2 - t_1$
Temps de réponse à $2\,\%$	t_r
Amplitude de la réponse pour $t = T$	$0,63$

visualisés sur le tracé de la figure suivante :

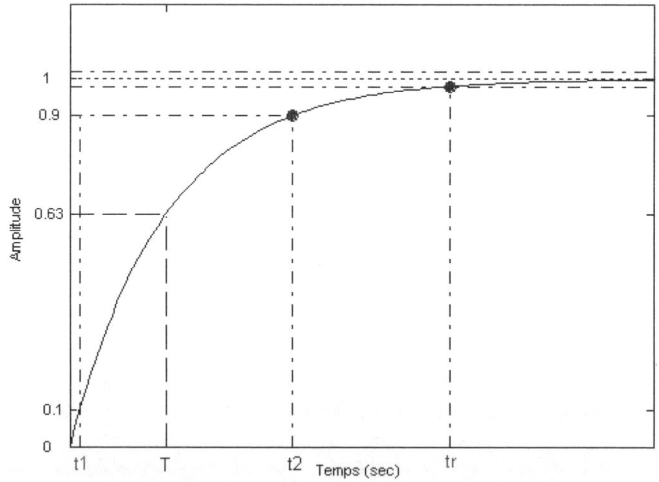

Réponse indicielle d'un système du premier ordre

II-3.2 ~ Réponse fréquentielle d'un système du premier ordre

Soit le système :

$$G(s) = \frac{1}{1 + Ts}$$

Dans le cas d'une entrée sinusoïdale $u(t) = \sin \omega t$, le régime permanent de la sortie s'écrit :

$$y(t)_{R.P.} = \rho(\omega) \sin[\omega t + \varphi(\omega)]$$

avec :

$$\rho(\omega) = \frac{1}{\sqrt{1 + T^2\omega^2}} = |G(j\omega)|, \ \varphi(\omega) = -Arc\,\mathrm{tg}\, T\omega = \arg[G(j\omega)].$$

Ses courbes de réponse fréquentielle dans le plan de Bode sont données ci-après :

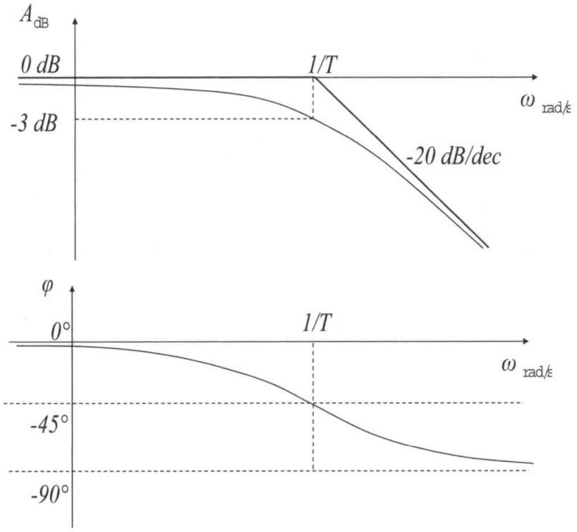

II-3.3 ~ Influence de la constante de temps d'un système du premier ordre

Faisons une étude comparée des deux systèmes :

$$G_1(s) = \frac{1}{1 + 0,2s} \quad \text{et} \quad G_2(s) = \frac{1}{1 + 2s}$$

On constate sur les courbes de réponse indicielle que plus la constante de temps est faible, plus le système répond rapidement et reproduit fidèlement le signal d'entrée.

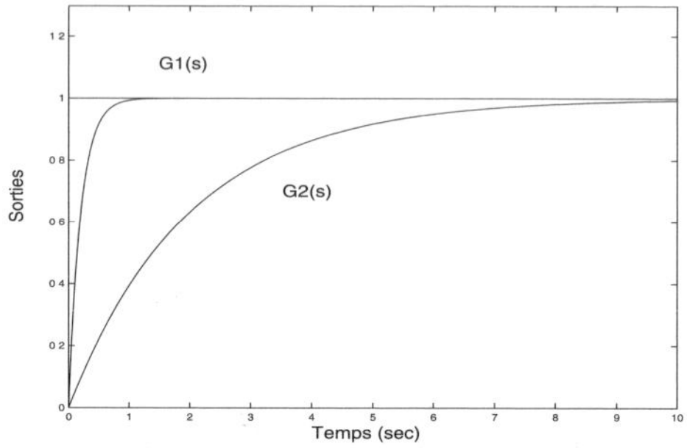

Par contre, une faible constante de temps conduit à une grande sensibilité aux bruits (courbes de réponse indicielle au même signal bruité) et à une grande bande passante (courbes de réponse fréquentielle).

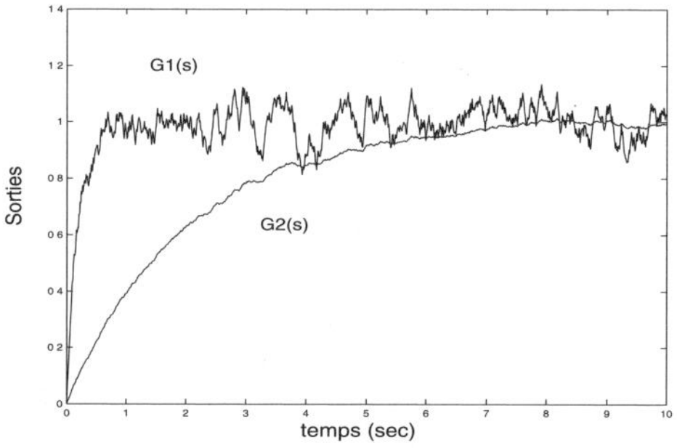

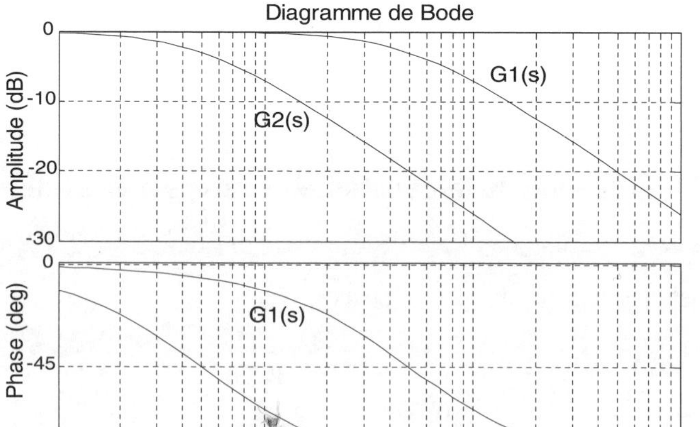

II-4. RÉPONSE D'UN SYSTÈME DU SECOND ORDRE

Soit la fonction de transfert d'un système du second ordre de gain statique unitaire :

$$G(s) = \frac{\omega_n^2}{s^2 + 2\zeta\omega_n s + \omega_n^2}$$

Ce système est entièrement caractérisé par deux paramètres : le coefficient d'amortissement ζ et la pulsation propre non amortie ω_n.

II-4.1 ~ Réponse indicielle d'un système du second ordre

1. Si $\zeta > 1$, les deux pôles $s = p_1$ et $s = p_2$ sont réels et la réponse est apériodique :

$$y = C_1 e^{-p_1 t} + C_2 e^{-p_2 t} + 1$$

2. Si $\zeta < 1$, la réponse indicielle est donnée par :

$$y = 1 - \frac{1}{\sqrt{1-\zeta^2}} \exp(-\zeta\omega_n t) \sin\left(\omega_n\sqrt{1-\zeta^2}t + \arctan\frac{\sqrt{1-\zeta^2}}{\zeta}\right)$$

Elle est de type oscillatoire amorti de pulsation propre $\omega_p = \omega_n\sqrt{1-\zeta^2}$. L'amortissement est d'autant plus faible que le coefficient d'amortissement ζ est petit comme indiqué sur la figure ci-dessous, pour une pulsation propre non amortie $\omega_n = 1$ rd/s (système normalisé).

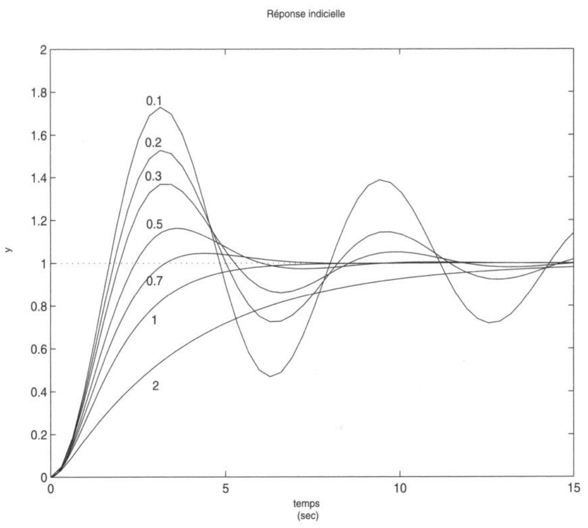

Elle peut être caractérisée par les paramètres :

Temps de montée :	$t_m \simeq \dfrac{2,16\zeta + 0,6}{\omega_n}$
Temps de pic :	$t_p = \dfrac{\pi}{\omega_n\sqrt{1-\zeta^2}}$
Dépassement :	$D = e^{-\dfrac{\zeta\pi}{\sqrt{1-\zeta^2}}}$
Tps. de réponse à $2\,\%$:	$t_r = \dfrac{4}{\zeta\omega_n}$

visualisés sur le tracé de la figure suivante :

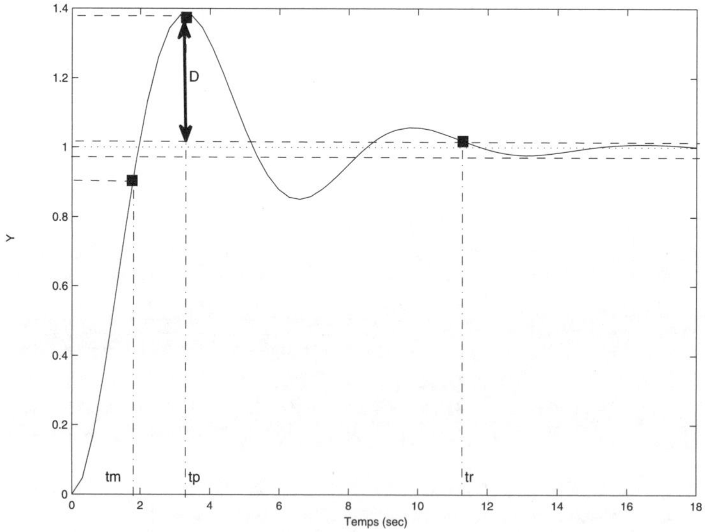

Réponse d'un système du second ordre

II-4.2 ~ Réponse fréquentielle d'un système du second ordre

Soit le système de fonction de transfert :

$$G(s) = \frac{\omega_n^2}{s^2 + 2\zeta\omega_n s + \omega_n^2}$$

Dans le cas d'une entrée sinusoïdale $u(t) = \sin \omega t$, le régime permanent de la sortie s'écrit :

$$y(t)_{R.P.} = \rho(\omega) \sin[\omega t + \varphi(\omega)]$$

avec :

$$\rho(\omega) = \frac{\omega_n^2}{\sqrt{(\omega^2 - \omega_n^2)^2 + 4\zeta^2\omega_n^2\omega^2}} = |G(j\omega)|$$

$$\varphi(\omega) = -Arc\,\mathrm{tg}\,\frac{2\zeta\omega_n\omega}{(\omega^2 - \omega_n^2)} = \arg[G(j\omega)]$$

Ces expressions analytiques sont rarement utilisées en pratique. On en tire les représentations asymptotiques des courbes de réponse fréquentielle :

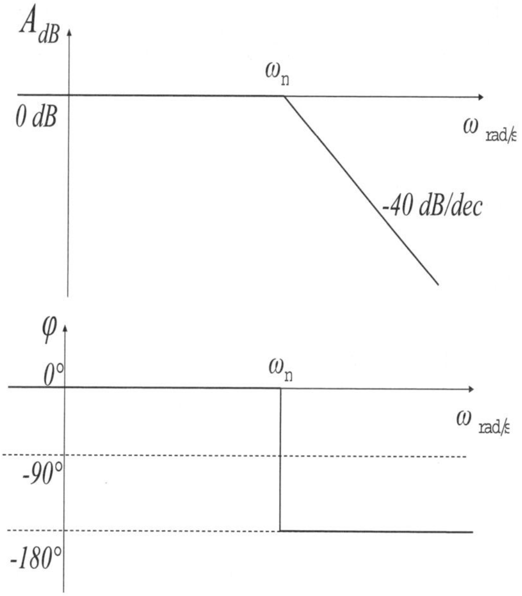

Autour de cette représentation asymptotique, la forme des courbes de réponse fréquentielle dépend du coefficient d'amortissement ζ :

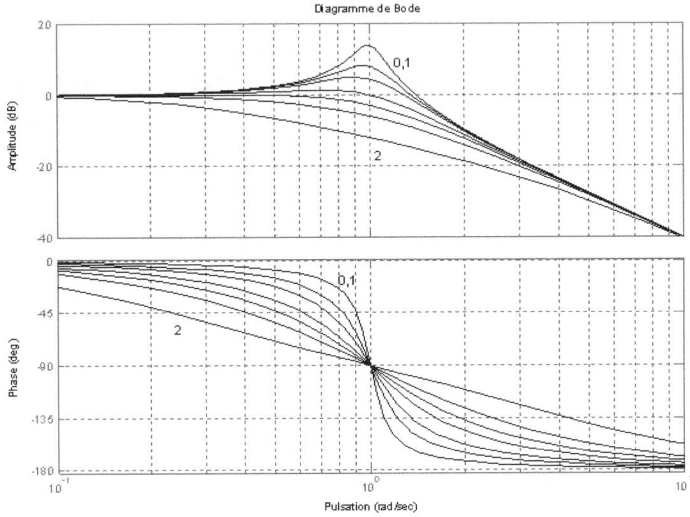

Réponse fréquentielle en fonction de ζ

Pour $\zeta < \sqrt{2}/2$, il existe une résonance que l'on peut caractériser par :

Pulsation de résonance $\omega_R = \omega_n\sqrt{1-2\zeta^2}$
Coefficient de surtension $Q = A(\omega_R) = \dfrac{1}{2\zeta\sqrt{1-\zeta^2}}$
Surtension en db $Q_{db} = 20\log Q$

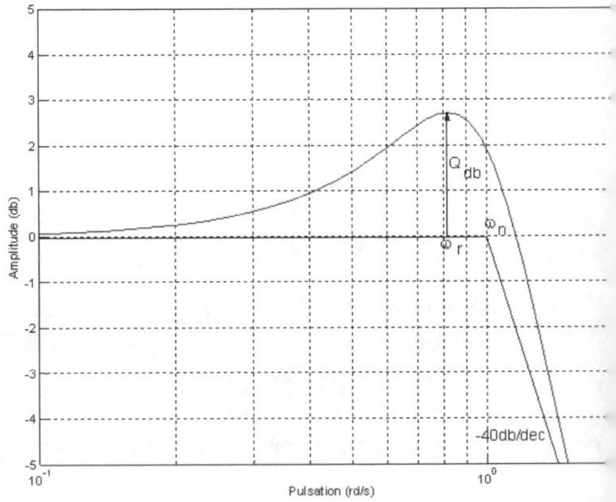

Réponse en amplitude d'un système du second ordre (coeff. amortissement : 0,4)

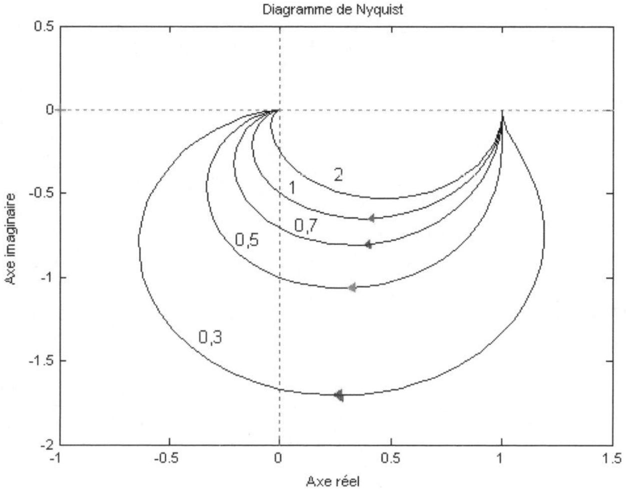

Diagramme de Nyquist en fonction de ζ

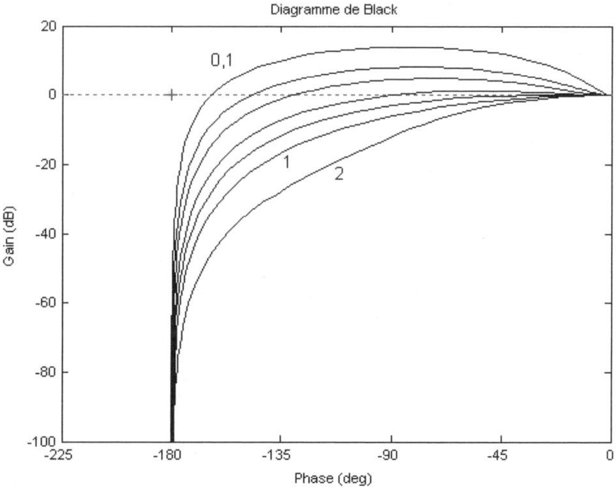

Diagramme de Black en fonction de ζ

II-4.3 ~ Ajout d'un zéro à un système du second ordre

Soit le système du second ordre de gain unitaire présentant un zéro $s = -a$:

$$G_a(s) = \frac{(s+a)\,\omega_n^2/a}{s^2 + 2\zeta\omega_n s + \omega_n^2}$$

Sa réponse indicielle est donnée par :

$$y = 1 - \frac{1}{\sqrt{1-\zeta^2}}\sqrt{1 + 2\zeta\frac{\omega_n}{a} + \left(\frac{\omega_n}{a}\right)^2}\exp\left(-\zeta\omega_n t\right) \sin\left(\omega_n\sqrt{1-\zeta^2}t + \arctan\frac{\sqrt{1-\zeta^2}}{\zeta + \frac{\omega_n}{a}}\right)$$

On peut constater l'effet déstabilisant dû au zéro supplémentaire qui entraîne une augmentation de l'amplitude de la composante sinusoïdale d'autant plus importante que a est faible, c'est-à-dire que le zéro devient dominant. Ceci est visible sur les réponses indicielle et fréquentielle :

$$G(s) = \frac{1}{s^2 + s + 1}$$

$$G_a(s) = \frac{(s+a)/a}{s^2 + s + 1}$$

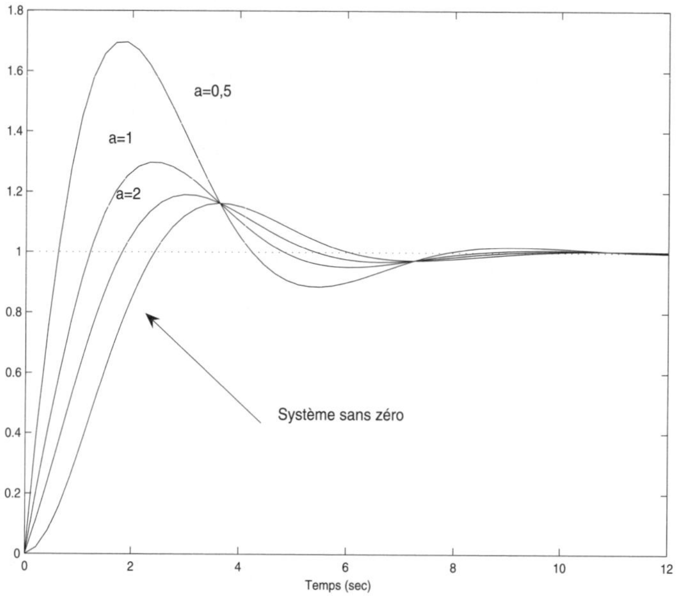

Réponse indicielle avec un zéro

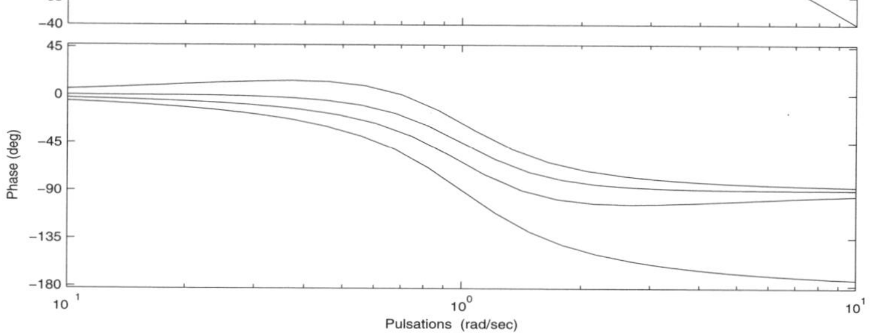

Réponse fréquentielle avec un zéro

II-4.4 ~ Ajout d'un pôle supplémentaire à un système du second ordre

Soit le système du second ordre de gain unitaire présentant un pôle supplémentaire $s = -b$:

$$G_b(s) = \frac{b\omega_n^2}{(s^2 + 2\zeta\omega_n s + \omega_n^2)(s+b)}$$

Sa réponse indicielle est donnée par :

$$\begin{aligned} y = {} & 1 - \frac{1}{\sqrt{1-\zeta^2}} \frac{1}{\sqrt{1 - 2\zeta\frac{\omega_n}{b} + \frac{\omega_n^2}{b^2}}} \exp(-\zeta\omega_n t) \\ & \sin\left(\omega_n\sqrt{1-\zeta^2}t + \arctan\frac{\sqrt{1-\zeta^2}}{\zeta + \frac{\omega_n}{b - 2\zeta\omega_n}}\right) \\ & -\frac{\omega_n^2}{b^2 - 2\zeta\omega_n b + \omega_n^2}\exp(-bt) \end{aligned}$$

On peut constater l'effet amortisseur dû au pôle supplémentaire $s = -b$, effet d'autant plus marqué que b est faible, c'est-à-dire que le pôle est dominant. Ceci est visible sur les réponses indicielle et fréquentielle :

$$G(s) = \frac{1}{(s^2 + s + 1)} \qquad G_b(s) = \frac{b}{(s^2 + s + 1)(s+b)}$$

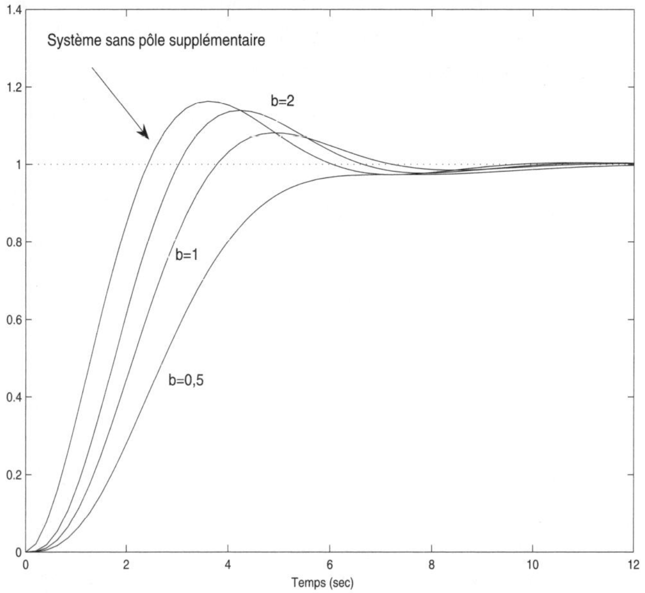

Réponse indicielle avec un pôle supplémentaire

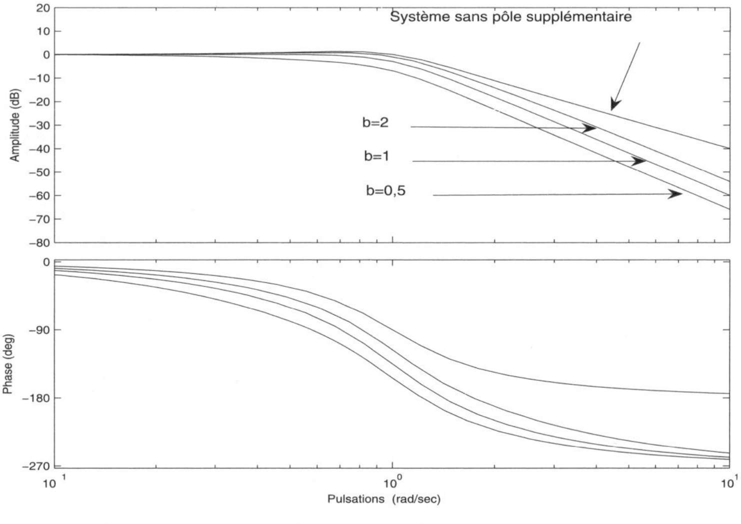

Réponse fréquentielle avec un pôle supplémentaire

II-5. MODES DOMINANTS

Les modes dominants ont un effet prépondérant sur le comportement d'un système : ce sont les modes proches de l'axe imaginaire et les modes associés à des résidus importants. On les obtient en négligeant les pôles les plus éloignés de l'axe imaginaire et les pôles proches des zéros.

Exemple : soit le système de fonction de transfert $G(s)$:

$$\frac{1+0,48s}{(1+0,2s+0,1s^2)(1+0,5s)(1+0,32s+0,04s^2)(1+0,2s)}$$

Il possède six pôles $p=-1\pm 3i, \quad p=-2, \quad p=-4\pm 3i, \quad p=-5$ et un zéro $z=-2,08$ proche de l'un des pôles.

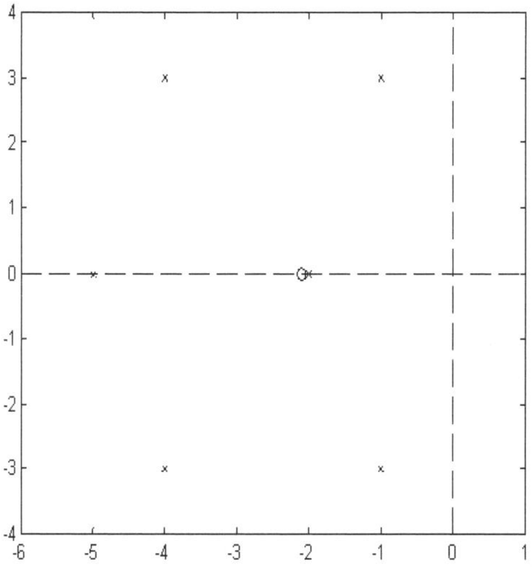

Pôles et zéros du système

Les modes dominants sont les pôles $s=-1\pm 3i$. Ils induisent donc un comportement de type second ordre.

Les réponses indicielle $y(t)$ exacte (trait continu) :

$$1+0.637e^{-t}\cos 3t-1.096e^{-t}\sin 3t-0.128e^{-2t}$$
$$-0.575e^{-4t}\cos 3t-1.100e^{-4t}\sin 3t-0.933\,e^{-5t}$$

et tronquée (traits pointillés) :

$$y_t(t)=1+0.637e^{-t}\cos 3t-1.096e^{-t}\sin 3t$$

montrent l'atténuation rapide des termes négligés, illustrée sur la figure suivante :

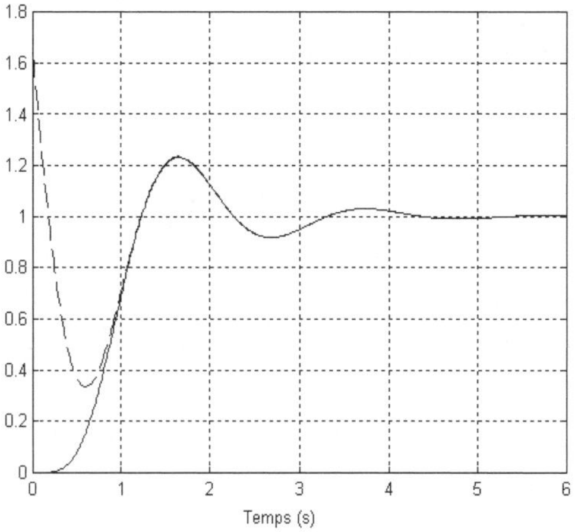

Réponse exacte et réponse tronquée

La réponse indicielle $y_s\left(t\right)$ du modèle simplifié (traits pointillés) :

$$G_s\left(s\right)=\frac{1}{\left(1+0,2s+0,1s^2\right)}$$
$$y_s\left(t\right)=1-e^{-t}\cos 3t-\frac{1}{3}e^{-t}\sin 3t$$

reste qualitativement comparable à celle du modèle complet en trait continu :

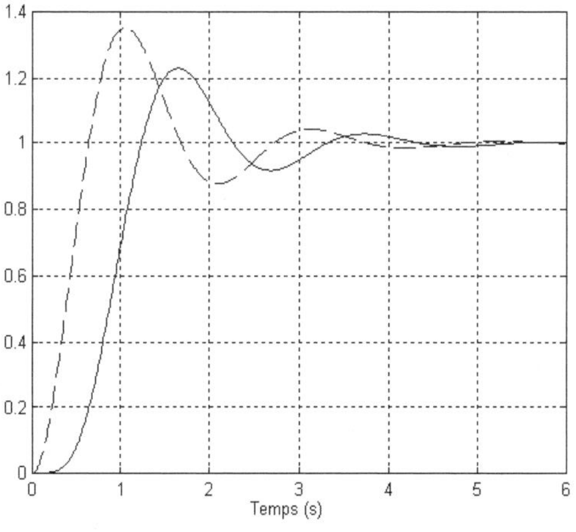

Réponse indicielle du modèle simplifié

II-6. EXERCICES

Exercice 1 : Soit le système représenté sur le schéma suivant :

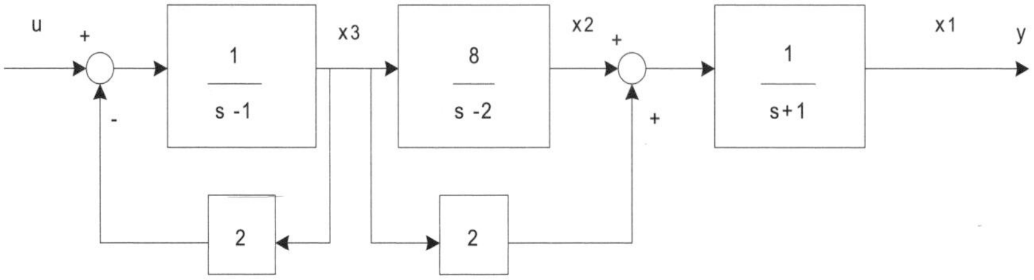

1. Établir les équations d'état de ce système associées aux variables d'état indiquées.
2. Calculer la fonction de transfert de deux manières différentes.
3. Trouver une représentation d'état du système avec matrice d'évolution sous forme diagonale (Jordan)
4. Calculer de deux manières différentes l'évolution du système en régime libre ($y_c = 0$) à partir de l'état initial $y(0) = 1,\ y'(0) = 2$ et $y''(0) = 0$.
5. Tracer schématiquement les courbes de réponse en fréquence (Bode, Black et Nyquist) de la fonction de transfert $Y(s)/U(s)$ en indiquant les valeurs remarquables.

Exercice 2 : Esquisser la réponse fréquentielle dans les plans de Bode et Black pour les systèmes suivants :

$$G_1(s) = \frac{s+1}{s+10},\ G_2(s) = \frac{1}{1-s},\ G_3(s) = \frac{1}{(s+1)(s+10)}$$

$$G_4(s) = \frac{s^2+2s+2}{s(s+2)(s+1)^3},\ G_5(s) = \frac{10(1-s)}{s(1+0.01s)}$$

En déduire pour chacun d'eux la réponse en régime permanent pour une entrée $u(t) = \sin t$.

Exercice 3 : Soit le système décrit par :

$$\dot{x} = \begin{bmatrix} 0 & 1 \\ 1 & 0 \end{bmatrix} x + \begin{bmatrix} 0 \\ 1 \end{bmatrix} u$$

$$y = \begin{bmatrix} 1 & 0 \end{bmatrix} x \qquad\qquad x(0) = \begin{bmatrix} 1 & 1 \end{bmatrix}^T$$

1. Donner une représentation d'état avec matrice d'évolution sous forme diagonale.
2. Calculer la fonction de transfert et en déduire la réponse du système pour une entrée en échelon de position unitaire.

Exercice 4 : Soient les systèmes à minimum de phase dont les courbes d'amplitude dans le plan de Bode sont représentées sur les figures suivantes :

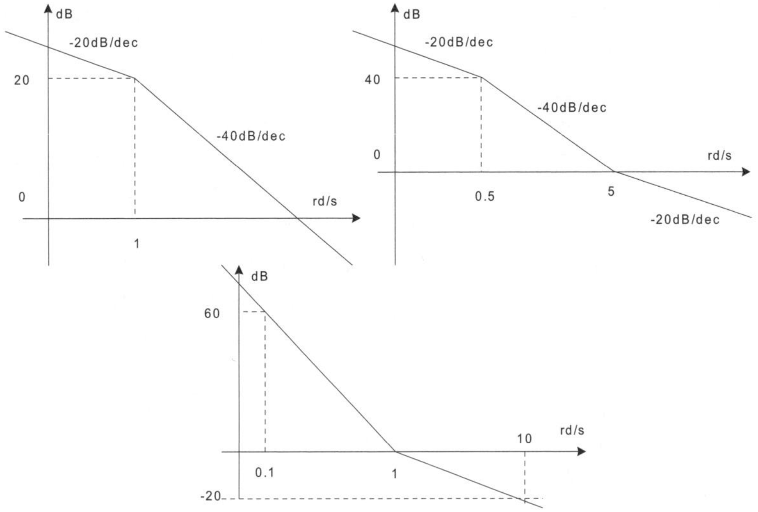

1. Déterminer pour chacun d'eux la fonction de transfert, la courbe de phase dans les plans de Bode, le diagramme de Black et le lieu de Nyquist.
2. Déterminer pour chacun d'eux la réponse à un échelon de position unitaire pour des conditions initiales nulles.

Exercice 5 : Soit le système décrit par la représentation d'état suivante :

$$\dot{x} = \begin{bmatrix} 0 & 1 & 0 \\ 0 & 0 & b \\ 0 & -a & -(a+b) \end{bmatrix} x + \begin{bmatrix} 0 \\ 0 \\ 1 \end{bmatrix} u$$
$$y = \begin{bmatrix} b & 1 & 0 \end{bmatrix} x$$

où a et b sont deux paramètres réels.

1. Calculer la fonction de transfert.
2. Donner le changement de représentation d'état qui conduit à une représentation d'état avec matrice d'évolution sous forme diagonale. On donnera la représentation d'état correspondante.
3. Calculer alors la réponse du système à un échelon de position pour des conditions initiales nulles.
4. En supposant que a est strictement positif, calculer la réponse en régime permanent lorsque l'entrée est donnée par $u(t) = \sin t$. On expliquera soigneusement le résultat.

Exercice 6 : Soit le système décrit par :

$$y'' + y' + y = u$$

1. Calculer la fonction de transfert $G(s)$.

2. Quels sont les pôles, les zéros ?
3. On choisit une commande du type :

$$u = k_1 y + k_2 y' + k_3 y_c$$

où y_c est la consigne. Calculer k_1 et k_2 de telle sorte que l'amortissement du système bouclé $\zeta = \frac{\sqrt{2}}{2}$ et la pulsation propre non amortie $\omega_n = 1rd/s$.

4. Calculer k_3 pour avoir un gain statique en boucle fermée égal à l'unité.
5. Esquisser la réponse à un échelon de position pour des conditions initiales nulles en précisant les valeurs remarquables (Dépassement, temps de pic, temps de réponse à 5%).

Exercice 7 : On considère un système de contrôle de la pression y dans un réservoir par l'intermédiaire d'une servovalve. La commande est une tension électrique u proportionnelle à la pression désirée, appliquée à la servovalve. La fonction de transfert entre u et y a pour expression :

$$G(s) = \frac{0,6}{(1 + 0,01s)} \frac{100}{(s^2 + 10s + 100)}$$

1. Calculer la réponse en régime permanent du système pour une entrée :

$$u(t) = \sin 10t$$

2. Représenter de manière approchée (modes dominants) la réponse indicielle de ce système en précisant les valeurs remarquables.

chapitre III

STABILITÉ

On étudie dans un premier temps les conditions de stabilité des états d'équilibre des systèmes à temps continu en III-1.

La stabilité des systèmes à temps continu peut être étudiée grâce au critère de Routh en III-2, en particulier dans le cas de paramètres variables [35].

La connaissance de l'emplacement des modes d'un système dans le plan de Laplace renseigne sur la stabilité d'un système et son comportement en régime transitoire. Le lieu d'Evans (paragraphe III-3) est un outil particulièrement intéressant pour étudier l'évolution de ces modes dans le cas d'un paramètre variable [18].

Une introduction à la stabilité des systèmes non linéaires (paragraphe III-4) termine le chapitre [26], [29].

III-1. STABILITÉ DES SYSTÈMES LINÉAIRES À TEMPS CONTINU

III-1.1 ~ États d'équilibre

Définition d'un état d'équilibre : on appelle état d'équilibre un état non modifié lorsque le système est abandonné à lui-même (c'est à dire $u = 0$).

Soit le système décrit par :

$$\dot{x} = Ax + Bu$$

Les états d'équilibre sont les points fixes de l'application :

$$\boxed{\dot{x} = Ax}$$

c'est-à-dire les solutions du système linéaire :

$$\boxed{Ax = 0}$$

Si A régulière : $\det A \neq 0 \longrightarrow$ **Une seule solution $x_e = 0$: un état d'équilibre à l'origine**.

Si A singulière : $\det A = 0 \longrightarrow$ **Infinité de solutions : infinité d'états d'équilibre.**

Exemple 1

$$\dot{x} = Ax = \begin{bmatrix} 2 & 1 \\ 1 & 1 \end{bmatrix} x$$

$$\det A = 1$$

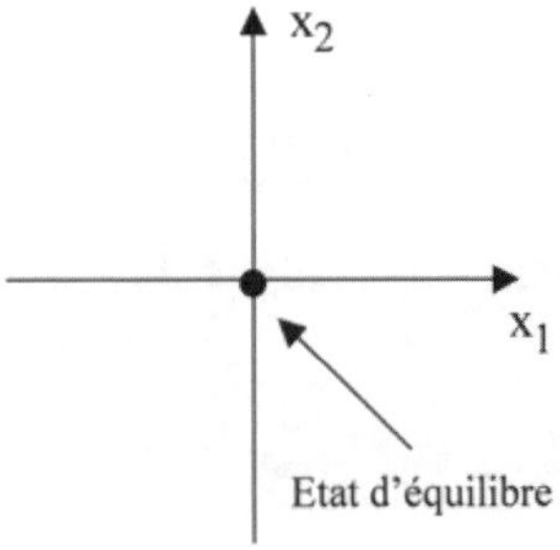

Un seul état d'équilibre : origine de l'espace d'état.

Exemple 2

$$\dot{x} = Ax = \begin{bmatrix} 1 & 0 \\ 1 & 0 \end{bmatrix} x$$

$\det A = 0 \longrightarrow$ États d'équilibre :

$$Ax = \begin{bmatrix} 1 & 0 \\ 1 & 0 \end{bmatrix} x = 0 \longrightarrow x_e = \begin{bmatrix} 0 \\ \alpha \end{bmatrix}$$

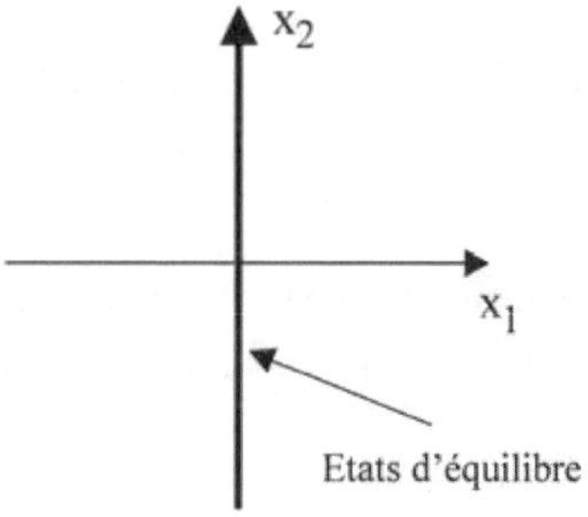

III-1.2 ~ Stabilité : définitions

Pour plus de détails sur les définitions présentées dans ce qui suit, le lecteur peut consulter [26].

Définition : Le point d'équilibre $x_e = 0$ est **stable** si $\forall \rho > 0$, il existe $r > 0$ tel que :

si $\| x(0) \| < r$ alors $\| x(t) \| < \rho, \forall t \geq 0.$

Sinon le point d'équilibre est **instable**.

Un système sera stable si, partant d'un voisinage de l'origine, sa trajectroire reste dans un voisinage de l'origine. On peut affiner la définition précédente en introduisant les concepts [26] de :

- stabilité asymptotique
- stabilité exponentielle
- stabilité globale

Définition : Le point d'équilibre $x_e = 0$ est **asymptotiquement stable** si :
- il est stable
- il existe $r > 0$ tel que :

si $\| x(0) \| < r$ alors $\lim_{t \to \infty} \| x(t) \| \to 0.$

On peut se demander pourquoi le premier point de la définition est imposé. Il existe des systèmes "pathologiques" dont le comportement satisfait le deuxième point de la définition, mais pas le premier (voir l'exemple de Vinograd présenté en détails dans [26]).

On peut également définir le domaine d'attraction d'un point d'équilibre.

Définition : Le domaine d'attraction est l'ensemble maximal des conditions initiales pour lesquelles on a stabilité asymptotique.

Dans le cas général (systèmes non linéaires), cet ensemble est strictement inclus dans l'espace d'état. Pour les systèmes linéaires, lorsque le point d'équilibre est stable asymptotiquement, le domaine d'attraction est tout l'espace d'état. On dit que la stabilité est globale.

Définition : Le point d'équilibre $x_e = 0$ est **exponentiellement stable** s'il existe deux scalaires strictement positifs k et α tels que :

$$\forall t \geq 0, \parallel x(t) \parallel < k \parallel x(0) \parallel e^{-\alpha t}$$

dans un voisinage autour de l'origine.

On verra que pour les systèmes linéaires, lorsque la stabilité est asymptotique, elle est obligatoirement exponentielle. On peut conclure que l'étude de la stabilité s'appuyant sur les définitions précédentes, nécessite l'expression de la trajectoire en régime libre. Fort heureusement, pour les systèmes linéaires invariants, on peut la calculer analytiquement. C'est certainement ce qui rend l'étude de la stabilité bien plus facile pour cette classe de systèmes.

III-1.3 ~ Régime libre (évolution depuis l'état initial x_0)

$$\boxed{\dot{x} = Ax \qquad x_0 \neq 0 \qquad \longrightarrow \qquad x(t) = e^{At}x_0}$$

a ~ Cas de valeurs propres de A distinctes

On a (cf. Annexe C) :

$$\boxed{x(t) = e^{At}x_0 = Me^{\Lambda t}M^{-1}x_0}$$

$$M = [v_1 \cdots v_n] \qquad M^{-1} = \begin{bmatrix} w_1^T \\ \vdots \\ w_n^T \end{bmatrix} \qquad e^{\Lambda t} = \begin{bmatrix} e^{\lambda_1 t} & & \\ & \ddots & \\ & & e^{\lambda_n t} \end{bmatrix}$$

$$\boxed{\begin{aligned} x(t) &= \sum_{i=1}^{n} v_i e^{\lambda_i t} w_i^T x_0 = \sum_{i=1}^{n} N_i x_0 e^{\lambda_i t} \\ &= \text{somme des modes} \end{aligned}}$$

b ~ Cas de valeurs propres de A multiples

On a (cf. Annexe C) :

$$\boxed{x(t) = e^{At}x_0 = Me^{Jt}M^{-1}x_0}$$

A possède r valeurs propres différentes. M : matrice modale et J : matrice de Jordan (L_j bloc de Jordan associé à une valeur propre multiple λ).

$$J = \begin{bmatrix} L_1 & & \\ & \ddots & \\ & & L_s \end{bmatrix} \qquad L_j = \begin{bmatrix} \lambda & 1 & & \\ & \ddots & \ddots & \\ & & \ddots & 1 \\ & & & \lambda \end{bmatrix}$$

$$e^{Jt} = \begin{bmatrix} e^{L_1 t} & & \\ & \ddots & \\ & & e^{L_s t} \end{bmatrix} \qquad e^{L_j t} = e^{\lambda t} \begin{bmatrix} 1 & \dfrac{t}{1!} & \dfrac{t^2}{2!} & \cdots \\ & 1 & \dfrac{t}{1!} & \ddots \\ & & \ddots & \ddots \end{bmatrix}$$

Le régime libre est alors donné par :

$$\boxed{\begin{aligned} x\,(t) &= \sum_{i=1}^{r} N_i(t) x_0 e^{\lambda_i t} \\ &= \text{somme des modes} \end{aligned}}$$

III-1.4 ~ Stabilité des états d'équilibre

Par une analyse du comportement du système en régime libre, on peut déduire les critères suivants :

1. Si $\exists j \in \{1, \cdots, r\}$ tel que $\mathrm{Re}(\lambda_j) > 0$, alors l'état d'équilibre $x_e = 0$ est instable.
2. Si $\forall j = 1, \cdots, r, \mathrm{Re}(\lambda_j) \leq 0$, alors
   (a) si $\forall j = 1, \cdots, r$, $\mathrm{Re}(\lambda_j) < 0$, alors l'état d'équilibre $x_e = 0$ est asymptotiquement stable,
   (b) si $\exists j \in \{1, \cdots, r\}$ tel que $\mathrm{Re}(\lambda_j) = 0$ et l'ordre de multiplicité de λ_j est égal à 1, alors l'état d'équilibre $x_e = 0$ est simplement stable,
   (c) si $\exists j \in \{1, \cdots, r\}$ tel que $\mathrm{Re}(\lambda_j) = 0$ et l'ordre de multiplicité de λ_j est supérieur à 1,
      (α) si les blocs de Jordan associés à λ_j sont scalaires, alors l'état d'équilibre $x_e = 0$ est simplement stable,
      (β) si $\exists$ des blocs de Jordan associés à λ_j non scalaires, l'état d'équilibre $x_e = 0$ est instable.

Exemple 1

$$\dot{x} = Ax = \begin{bmatrix} 0 & 0 \\ 0 & -1 \end{bmatrix} x$$

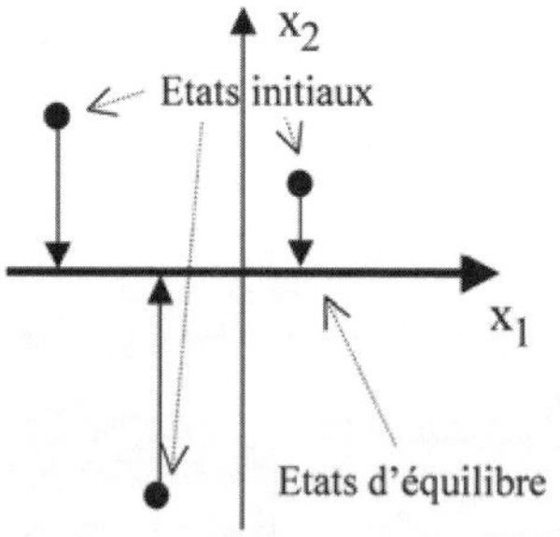

Etats d'équilibre stables

Exemple 2

$$\dot{x} = Ax = \begin{bmatrix} 0 & 1 \\ 0 & 0 \end{bmatrix} x$$

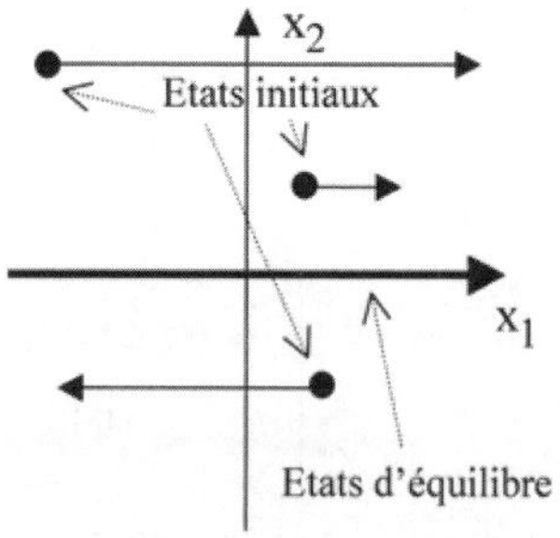

Etats d'équilibre instables

III-2. CRITÈRE DE ROUTH

Le critère de Routh apporte des indications sur l'existence de racines à partie réelle positive d'un polynôme à coefficients réels, sans avoir à calculer explicitement les racines [35], par exemple le polynôme caractéristique d'un système :

$$\boxed{P(\lambda) = a_n\lambda^n + a_{n-1}\lambda^{n-1} + \cdots + a_1\lambda + a_0}$$

III-2.1 ~ Règle générale

Construction de la table de Routh :

λ^n	a_n	a_{n-2}	a_{n-4}	$\cdots$
λ^{n-1}	a_{n-1}	a_{n-3}	a_{n-5}	$\cdots$
λ^{n-2}	b_1	b_2	b_3	$\cdots$
λ^{n-3}	c_1	c_2	c_3	$\cdots$
$\cdots$	$\cdots$	$\cdots$	$\cdots$	$\cdots$
λ^0	$\cdots$	$\cdots$	$\cdots$	$\cdots$

$$b_1 = \frac{a_{n-1}a_{n-2} - a_n a_{n-3}}{a_{n-1}}$$

$$b_2 = \frac{a_{n-1}a_{n-4} - a_n a_{n-5}}{a_{n-1}}$$

$$b_3 = \cdots$$

$$c_1 = \frac{b_1 a_{n-3} - b_2 a_{n-1}}{b_1}$$

$$c_2 = \frac{b_1 a_{n-5} - b_3 a_{n-1}}{b_1}$$

$$c_3 = \cdots$$

C.N.S. pour que les racines de $P(\lambda)$ soient toutes à partie réelle négative = C.N.S. pour que le système soit asymptotiquement stable : Les coefficients $a_i, i = 1$ à n, du polynôme caractéristique $P(\lambda)$ sont tous de même signe ET les éléments de la première colonne du tableau de Routh sont tous de même signe.

Remarque : En pratique, le polynôme caractéristique se présente souvent sous la forme :

$$P(\lambda) = \lambda^n + a_{n-1}\lambda^{n-1} + \cdots + a_1\lambda + a_0 \quad \text{avec} \quad a_n = 1$$

La C.N.S. de stabilité asymptotique s'exprime alors :

Les coefficients $a_i, i = 1$ à n, du polynôme caractéristique $P(\lambda)$ sont tous > 0 **ET** les éléments de la première colonne du tableau de Routh sont tous > 0.

Exemple 1

$$P(\lambda) = \lambda^3 + 6\lambda^2 + 11\lambda + 6$$

λ^3	1	11
λ^2	6	6
λ^1	10	
λ^0	6	

Système asymptotiquement stable. Vérification : les racines de $P(\lambda)$ sont toutes négatives (-1, -2 et -3).

Remarque : les éléments d'une même ligne peuvent être multipliés par une constante positive sans que cela modifie le résultat. Par exemple, ici :

λ^3	1	11
λ^2	1	1
λ^1	1	
λ^0	1	

III-2.2 ~ Règles particulières

a ~ Racines à partie réelle positive

Lorsque le système n'est pas asymptotiquement stable, le nombre de racines à partie réelle > 0 est égal au nombre de changements de signe dans la première colonne de la table de Routh.

Exemple 2

$$P(\lambda) = \lambda^4 + 2\lambda^3 + 2\lambda^2 + 10\lambda + 25$$

λ^4	1	2	25
λ^3	2	10	
λ^2	-3	25	
λ^1	$80/3$		
λ^0	25		

Deux changements de signe dans la première colonne $\longrightarrow$ le polynôme possède deux racines à partie réelle positive.

Vérification : les racines du polynôme sont : $1 \pm 2j$ et $-2 \pm j$.

b ~ Elément nul dans la première colonne

Lorsqu'un élément de la première colonne est nul, on le remplace par $\varepsilon > 0$ pour continuer la construction de la table. Si l'élément au-dessous du 0 (ε) est positif, il n'y a pas de changement de signe et l'on se trouve dans le cas limite de racine à partie réelle nulle (racine nulle ou paire de racines imaginaires conjuguées). Si l'élément au-dessous du 0 (ε) est négatif, il y a donc changement de signe, ce qui traduit l'existence d'une racine à partie réelle positive.

Exemple 3

$$P(\lambda) = \lambda^3 + 2\lambda^2 + \lambda + 2$$

λ^3	1	1
λ^2	2	2
λ^1	$0 = \varepsilon$	
λ^0	2	

Pas de changement de signe. Vérification : les racines du polynôme sont : $\pm j$ et -2. Il y a une paire de racines imaginaires conjuguées.

Exemple 4

$$P(\lambda) = \lambda^3 - 3\lambda + 2$$

λ^3	1	-3
λ^2	$0 = \varepsilon$	2
λ^1	$-3 - 2/\varepsilon$	
λ^0	2	

Deux changements de signe. Vérification : les racines du polynôme sont : 1 double et -2. Il y a deux racines à partie imaginaire positive.

c ~ Existence d'une ligne nulle

Lorsque tous les éléments d'une ligne sont nuls, cela signifie l'existence de racines de signes opposés $(\lambda = \pm\alpha$ ou $\lambda = \pm j\omega)$. Ces racines sont les racines du polynôme auxiliaire $Q(\lambda)$ construit à partir des éléments de la ligne précédant la ligne nulle. La construction de la table se poursuit en remplaçant les éléments de la ligne nulle par les coefficients de $dQ(\lambda)/d\lambda$.

Exemple 5

$$P(\lambda) = \lambda^5 + 2\lambda^4 + 24\lambda^3 + 48\lambda^2 - 25\lambda - 50$$

λ^5	1	24	-25		
λ^4	2	48	-50	$\longrightarrow$	$Q(\lambda) = 2\lambda^4 + 48\lambda^2 - 50$
λ^3	0	0			

Le polynôme auxiliaire possède les racines ± 1 et $\pm 5j$ qui sont aussi racines de $P(\lambda)$. La dérivée du polynôme auxiliaire permet de construire la table complète :

λ^5	1	24	-25	
λ^4	2	48	-50	
λ^3	8	96	$\longleftarrow$	$dQ(\lambda)/d\lambda = 8\lambda^3 + 96$
λ^2	24	-50		
λ^1	$112,7$			
λ^0	-50			

Un changement de signe dans la première colonne $\longrightarrow$ le polynôme possède une racine à partie réelle positive.

Vérification : les racines du polynôme sont : $\pm 1, \pm 5j$ et -2.

d ~ Existence de paramètres variables

Le critère de Routh est particulièrement intéressant dans le cas de paramètres variables. On peut ainsi établir des conditions de stabilité en fonction des paramètres.

Exemple 6

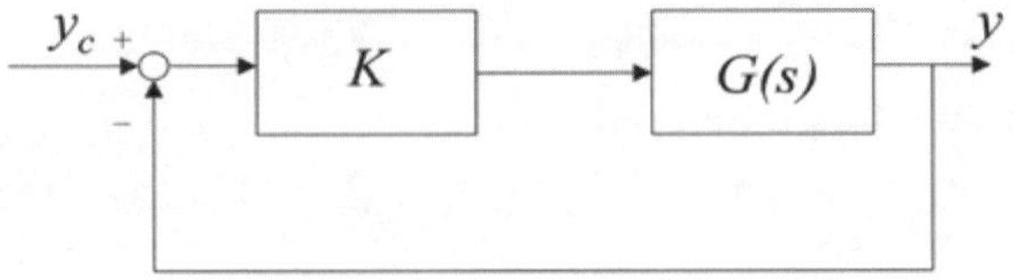

Système bouclé à retour unitaire de fonction de transfert en boucle ouverte :

$$G(s) = \frac{1}{(s+1)(s+2)(s+3)} \qquad K > 0$$

Équation caractéristique :

$$1 + KG(s) = 0$$

$$s^3 + 6s^2 + 11s + 6 + K = 0$$

Table de Routh :

s^3	1	11
s^2	6	$6+K$
s^1	$60-K$	
s^0	$6+K$	

Condition de stabilité asymptotique :

$$\boxed{0 < K < 60}$$

III-3. LIEU D'EVANS

Définition [18] : C'est le tracé dans le plan de la variable de Laplace $s = \sigma + j\omega$, du lieu des racines de l'équation caractéristique d'un système linéaire en fonction d'un paramètre k. Cette équation peut toujours se mettre sous la forme :

$$1 + kg(s) = 0 \qquad \text{ou} \qquad 1 + kg(\lambda) = 0$$

$g(s)$ (resp. $g(\lambda)$) est le rapport de deux polynômes en s (resp. λ) de la forme :

$$g(s) = \frac{N(s)}{D(s)} = \frac{(s-z_1)(s-z_2)\cdots(s-z_m)}{(s-p_1)(s-p_2)\cdots(s-p_n)} \qquad n \geqslant m$$

III-3.1 ~ Construction du lieu d'Evans

a ~ Équation caractéristique :

L'équation caractéristique s'écrit :

$$1 + kg(s) = 0 \qquad k \geqslant 0$$

La fraction $g(s)$ peut être assimilée à une fonction de transfert de pôles p_i et zéros z_j.

L'équation caractéristique est de degré égal à $n \longrightarrow$ Le lieu des racines possède n branches.

b ~ Interprétation géométrique :

$$1 + kg(s) = 0 \qquad \text{ou} \qquad kg(s) = -1$$

condition des modules : $|kg(s)| = 1$

condition des angles $\angle kg(s) = \pi \bmod 2\pi = \pm\pi\,(1 + 2\mu)$

Exemple

Soit le système $(k > 0)$ **:**

$$1+k\frac{(s-z_1)(s-z_2)}{(s-p_1)(s-p_2)(s-p_3)(s-p_4)} = 0$$

M point courant du lieu

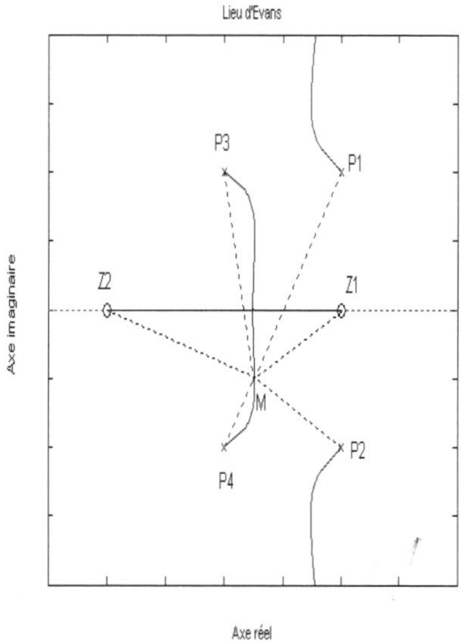

Condition des modules :

$$k\frac{Z_1M.Z_2M}{P_1M.P_2M.P_3M.P_4M} = 1$$

Condition des angles :

$$\angle\overrightarrow{Z_1M} + \angle\overrightarrow{Z_2M} - \angle\overrightarrow{P_1M} - \angle\overrightarrow{P_2M}$$
$$-\angle\overrightarrow{P_3M} - \angle\overrightarrow{P_4M} = \pm\pi\,(1 + 2\mu)$$

c ~ Règles de construction :

Points de départ $(k = 0)$ **:**

les n pôles de $g(s)$

$$k = 0 \longrightarrow D(s) + kN(s) = 0 \longrightarrow D(s) = 0$$

Points d'arrivée $(k \longrightarrow \infty)$ **:**

les m zéros de $g(s)$ + $(n-m)$ points à l'infini

$$\frac{(s-z_1)(s-z_2)\cdots(s-z_m)}{(s-p_1)(s-p_2)\cdots(s-p_n)} = -\frac{1}{k} \longrightarrow 0$$

Asymptotes des branches infinies (cas $k > 0$**) :** Si M est un point du lieu à l'infini, les vecteurs Z_jM et P_iM sont colinéaires et de même argument Φ (direction asymptotique).

$$\sum_{j=1}^{m} \angle Z_jM - \sum_{i=1}^{n} \angle P_iM = \pm\pi\,(1+2\mu)$$

$$m\Phi - n\Phi = \pm\pi\,(1+2\mu) \qquad \Phi = \frac{\pm\pi\,(1+2\mu)}{m-n}$$

Portions de l'axe réel appartenant au lieu d'Evans (cas $k > 0$**) :** Si M est un point du lieu appartenant à l'axe réel, on a :

- pour tout pôle (ou zéro) sur l'axe réel à gauche de M : $\angle P_iM = 0$
- pour tout pôle (ou zéro) sur l'axe réel à droite de M : $\angle P_iM = \pi$
- pour toute paire complexe P_i' et P_i" : $\angle P_i'M + \angle P_i"M = 0$

La condition des angles s'écrit :

$$m_D\pi - n_D\pi = \pm\pi\,(1+2\mu)$$

m_D : nombre de zéros à droite de M. n_D : nombre de pôles à droite de M. $\longrightarrow m_D - n_D$ impair $\longrightarrow m_D + n_D$ impair.

Points de séparation de l'axe réel : Ils correspondent à l'existence d'une racine double (réelle) de l'équation $g(\sigma) = -1/k$, donc à un extrêmum de $g(\sigma)$, soit :

$$\frac{dg(\sigma)}{d\sigma} = 0 \longrightarrow \frac{\frac{dN(\sigma)}{d\sigma}}{N(\sigma)} = \frac{\frac{dD(\sigma)}{d\sigma}}{D(\sigma)}$$

Graduation du lieu d'Evans : En tout point M du lieu d'Evans :

$$|k| = \frac{P_1M.P_2M\cdots P_nM}{Z_1M.Z_2M\cdots Z_mM}$$

III-3.2 ~ Résumé des règles

Points de départ $(k = 0)$ **:**

n points $=$ pôles p_i de $g(s)$

Points d'arrivée $(k \longrightarrow \infty)$ **:**

$$\begin{array}{lcl} m \text{ points} & = & \text{zéros } z_j \text{ de } g(s) \\ & & + \\ n-m \text{ points} & = & \text{à l'infini} \\ & & (\text{si } n > m) \end{array}$$

Directions asymptotiques :

$$\Phi = \pm \frac{\pi\,(1+2\mu)}{n-m}$$

Intersection asymptotes / axe réel :

$$\alpha = \frac{\left(\sum_i p_i - \sum_j z_j\right)}{n-m}$$

Portions de l'axe réel appartenant au lieu :

Un point de l'axe réel appartient au lieu si le nombre de pôles et de zéros situés à sa droite est impair.

Points de séparation de l'axe réel :

Racines de l'équation

$$\frac{\dfrac{dN(\sigma)}{d\sigma}}{N(\sigma)} = \frac{\dfrac{dD(\sigma)}{d\sigma}}{D(\sigma)}$$

Intersection avec axe imaginaire :

2 possibilités de calcul

1. Résoudre l'équation caractéristique avec $s = j\omega \quad \longrightarrow \quad \omega$ et K.
2. Utiliser le critère de Routh :

- chercher la valeur de k annulant une ligne de la table
- ω est racine du polynôme auxiliaire

Angles de départ ou d'arrivée en un point complexe :

Écrire la condition des angles en un point du lieu que l'on fait tendre vers le point en question.

III-3.3 ~ Exemples de lieux d'Evans

Exemple 1

Équation caractéristique :

$$\lambda^4 + 5\lambda^3 + 10\lambda^2 + 10\lambda + 4 + k = 0 \qquad \text{soit :}$$

$$1 + k\frac{1}{(\lambda+1)(\lambda+2)(\lambda+1+j)(\lambda+1-j)} = 0$$

Points de départ :

$$\lambda = -1 \quad \lambda = -2 \quad \lambda = -1 \pm j$$

Points d'arrivée :

$n = 4$ points à l'infini $(m = 0)$ de directions asymptotiques :

$$\Phi = \frac{(1+2\mu)\pi}{4} \qquad \alpha = \frac{-1-2-1-j-1+j}{4} = -1,25$$

Points de séparation :

$$\frac{dD(\lambda)}{d\lambda} = 4\lambda^3 + 15\lambda^2 + 20\lambda + 10 = 0$$

Une des racines $\lambda = -1,6$ appartient au lieu.

Intersection avec l'axe imaginaire :

1. On remplace $\lambda = j\omega$ dans l'équation du lieu et on obtient en séparant partie réelle et partie imaginaire :

$$-5\omega^2 + 10 = 0 \longrightarrow \omega = \pm\sqrt{2}$$
$$\omega^4 - 10\omega^2 + 4 + k = 0 \longrightarrow k = 12$$

2. Critère de Routh

λ^4	1	10	$4+k$	
λ^3	1	2		
λ^2	8	$4+k$	$\longrightarrow$	$8\lambda^2+16=0$
				$\downarrow$
			$\uparrow$	$\lambda = \pm\sqrt{2}$
λ^1	$12-k$	$\longrightarrow$	$k=12$	

Tangente aux points de départ complexes :

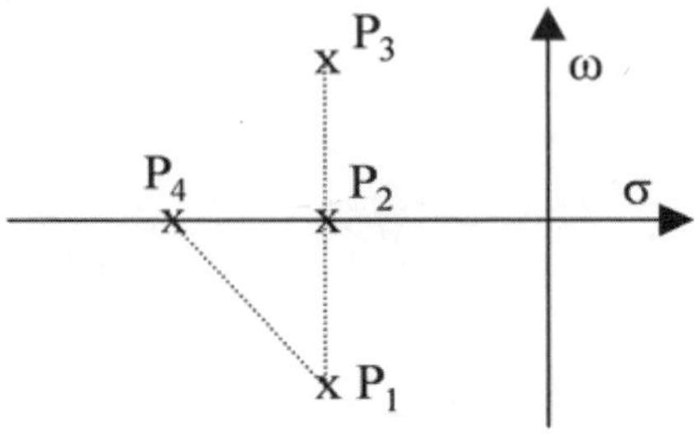

$$\angle\overrightarrow{P_1M} + \angle\overrightarrow{P_2M} + \angle\overrightarrow{P_3M} + \angle\overrightarrow{P_4M} = \pi \bmod 2\pi$$

Angle en P_1 : $M \longrightarrow P_1$ $\quad \Phi + \angle\overrightarrow{P_2P_1} + \angle\overrightarrow{P_3P_1} + \angle\overrightarrow{P_4P_1} = \pi \bmod 2\pi$. D'où :

$$\Phi = \pi/4$$

Le lieu est représenté sur la figure suivante :

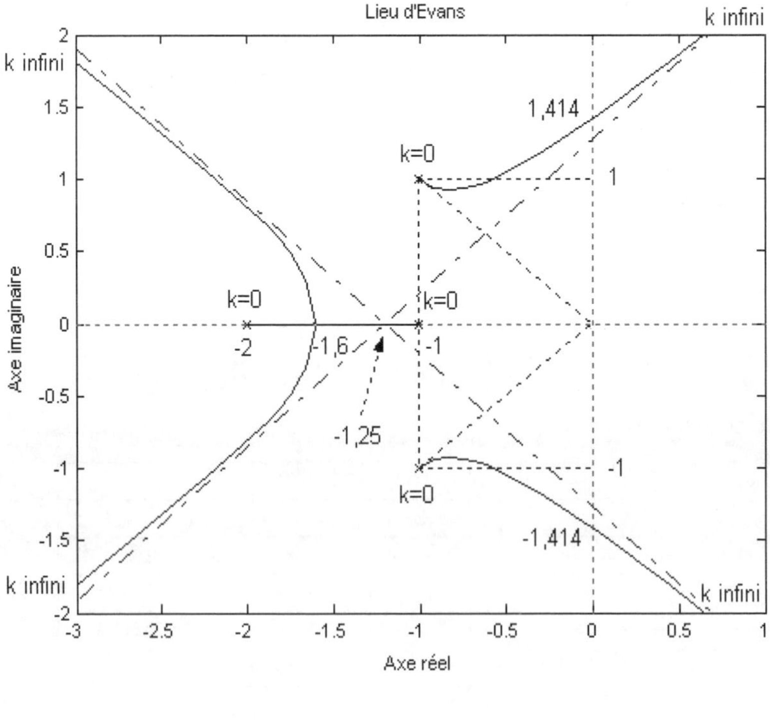

Exemple 2

$$\begin{cases} \dot{x} = \begin{bmatrix} 0 & -1 & 0 \\ 1 & -K & -10 \\ 0 & 1 & -6 \end{bmatrix} x + \begin{bmatrix} 1 \\ 2 \\ 3 \end{bmatrix} u \\ \\ y = \begin{bmatrix} 1 & 0 & 1 \end{bmatrix} x \end{cases}$$

Équation caractéristique :

$$\lambda^3 + (K+6)\,\lambda^2 + (6K+11)\,\lambda + 6 = 0$$

$$\left(\lambda^3 + 6\lambda^2 + 11\lambda + 6\right) + K\left(\lambda^2 + 6\lambda\right) = 0$$

$$1 + K\frac{\left(\lambda^2 + 6\lambda\right)}{\left(\lambda^3 + 6\lambda^2 + 11\lambda + 6\right)} = 0, \quad k = K, \qquad g(\lambda) = \frac{(\lambda+6)\,\lambda}{(\lambda+1)\,(\lambda+2)\,(\lambda+3)}$$

Points de départ :

$$\lambda = -1 \quad \lambda = -2 \quad \lambda = -3$$

Points d'arrivée :

$\lambda = 0 \quad \lambda = -6 \quad n - m = 1$ point à l'infini

directions asymptotiques : $\Phi = (1 + 2\mu)\,\pi$

Points de séparation :

$$\frac{3\lambda^2 + 12\lambda + 11}{\lambda^3 + 6\lambda^2 + 11\lambda + 6} = \frac{2\lambda + 6}{\lambda^2 + 6\lambda} \longrightarrow \lambda = -2,56 \quad \lambda = -9,18$$

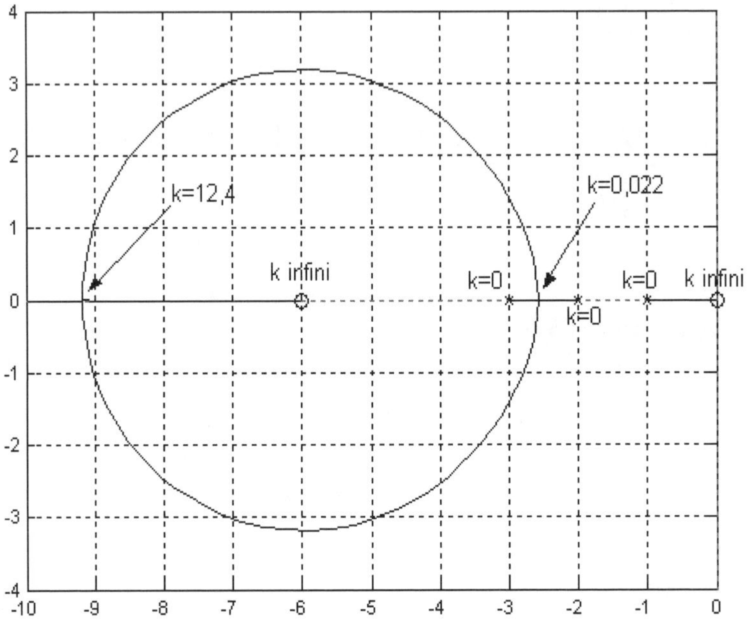

Exemple 3

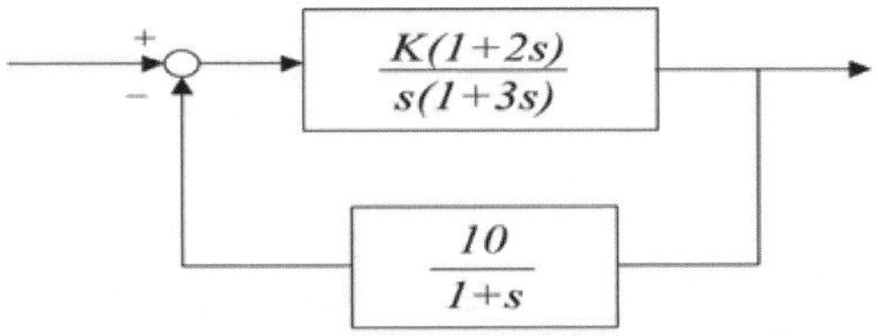

Équation caractéristique :

$$1 + 10K \frac{1+2s}{s(1+s)(1+3s)} = 0$$

$$k = \frac{20K}{3} \qquad g(\lambda) = \frac{(s+1/2)}{s(s+1)(s+1/3)}$$

Points de départ :

$$\lambda = -1 \quad \lambda = -2 \quad \lambda = -1 \pm j$$

Points d'arrivée :

$$n = 4 \text{ points à l'infini } (m = 0)$$

$$\text{directions asymptotiques : } \Phi = \frac{(1+2\mu)\pi}{4} \qquad \alpha = -1,25$$

Points de séparation :

$$\frac{9\lambda^2 + 8\lambda + 1}{3\lambda^3 + 4\lambda^2 + \lambda} = \frac{2}{2\lambda + 1} \longrightarrow \lambda = -0,26$$

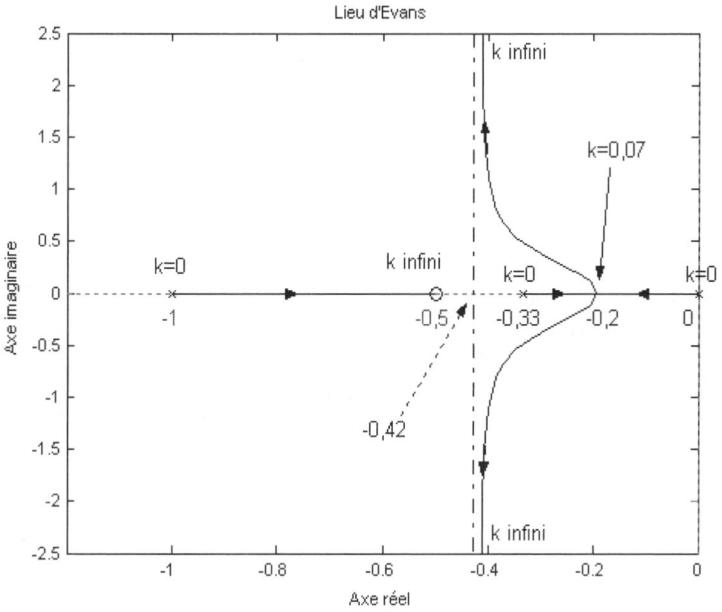

Exemple 4

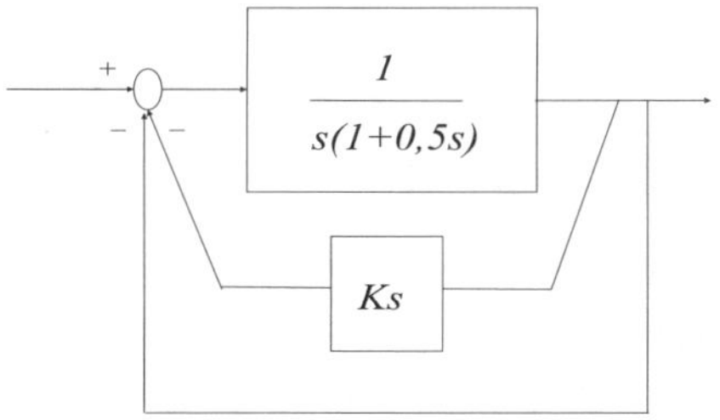

Équation caractéristique :

$$1 + K\frac{1 + Ks}{s\,(1 + 0,5s)} = 0$$

$$s\,(1 + 0,5s) + 1 + Ks = 0$$

$$1 + K\frac{s}{0,5s^2 + s + 1} = 0$$

$$k = 2K \qquad g\,(s) = \frac{s}{(s + 1 + j)\,(s + 1 - j)}$$

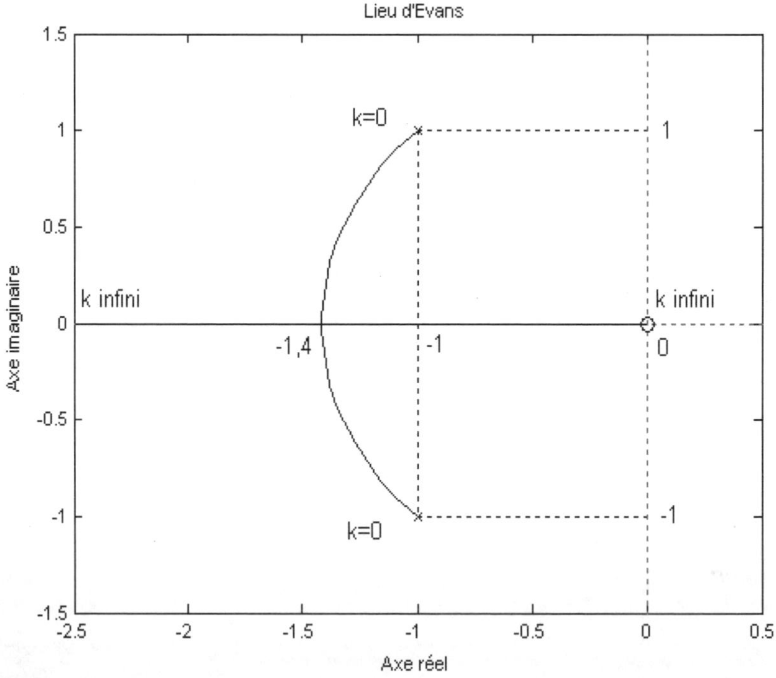

III-4. STABILITÉ DES SYSTÈMES NON LINÉAIRES

À quelle condition peut-on étendre à un système non linéaire les résultats relatifs à la stabilité de son système linéarisé tangent (on parle alors de systèmes topologiquement équivalents) ? Ce paragraphe tente de répondre à cette question et présente quelques éléments sur la théorie de Lyapunov [29], [26].

III-4.1 ~ Définition et théorèmes

Soit le système décrit par le modèle suivant :

$$\dot{x}(t) = f(t, x) \tag{III.1}$$

Le modèle linéarisé tangent au voisinage d'un point d'équilibre x_e s'écrit :

$$\dot{\xi} = A\xi = \frac{\partial f}{\partial x}(x_e)\,\xi \tag{III.2}$$

avec :

$$\xi = x - x_e$$

Le point x_e est dit point hyperbolique si le système linéarisé tangent n'a pas de valeur propre à partie réelle nulle.

Théorème : Le système dynamique non linéaire (III.1) est topologiquement équivalent à son linéarisé tangent (III.2) en tout point d'équilibre hyperbolique.

Théorème : Soit x_e un point d'équilibre hyperbolique du système dynamique non linéaire (III.1).

1. Si x_e est asymptotiquement stable pour le système linéarisé tangent (III.2), il est asymptotiquement stable pour le système non linéaire (III.1).
2. Si x_e est instable pour le système linéarisé tangent (III.2), il est instable pour le système non linéaire (III.1).

Si le point d'équilibre x_e n'est pas hyperbolique, l'étude du système linéarisé tangent (III.2) ne permet pas a priori de conclure sur la stabilité du système non linéaire (III.1).

III-4.2 ~ Fonctions de Lyapunov

Les fonctions de Lyapunov permettent d'étudier la stabilité des états d'équilibre des systèmes non linéaires. Elles permettent en particulier de conclure en présence d'un point non hyperbolique d'un système linéarisé tangent.

a ~ Fonctions scalaires définies dans une région Ω incluant l'origine

On s'intéresse dans ce paragraphe aux fonctions scalaires $V(x)$ dépendant d'un vecteur x et à un certain nombre de leurs propriétés.

Signe de définition : Une propriété importante pour la suite concerne le signe.

Fonction définie positive : $V(x) > 0$ est définie positive si :

$$\boxed{V(x) > 0, \forall x \in \Omega, x \neq 0 \text{ et } V(0) = 0}$$

$$\text{Exemple : } V(x) = x_1^2 + \frac{2x_2^2}{1+x_2^2}, \qquad \Omega = \mathbb{R}^2$$

Fonction définie négative : $V(x) > 0$ est définie négative si :

$$\boxed{V(x) \text{ est telle que } -V(x) \text{ définie positive}}$$

$$\text{Exemple : } V(x) = -x_1^2 - (3x_1 + 2x_2)^2, \qquad \Omega = \mathbb{R}^2$$

Fonction semi-définie positive : $V(x) > 0$ est semi-définie positive si :

$$\boxed{V(x) \geq 0, \forall x \in \Omega, x \neq 0 \text{ et } V(0) = 0}$$

$$\text{Exemple : } V(x) = (x_1 + x_2)^2, \qquad \Omega = \mathbb{R}^2$$
$$V(x) = 0 \text{ pour } x_1 = -x_2$$

Fonction semi-définie négative : $V(x) > 0$ est semi-définie négative si :

$$\boxed{V(x) \text{ est telle que } -V(x) \text{ semi-définie positive}}$$

Fonction indéfinie : $V(x) > 0$ est indéfinie si :

$$\boxed{V(x) \text{ prend des valeurs } > 0 \text{ et } < 0 \text{ pour } x \in \Omega}$$

$$\text{Exemple : } V(x) = -x_1^2 + x_2^2, \qquad \Omega = \mathbb{R}^2$$

Formes quadratiques : Une forme quadratique est une fonction scalaire, polynôme réel de variables réelles $x_1, x_2, \ldots, x_n$ ne comprenant que des termes de la forme $a_{ij}x_ix_j$, soit :

$$\boxed{V(x) = \sum_{i=1}^{n}\sum_{j=1}^{n} a_{ij}x_ix_j}$$

Toute forme quadratique peut se mettre sous la forme d'un produit interne, soit :

$$\boxed{V(x) = x^TQx}$$

$$Q = Q^T = \{q_{ij}\} = \begin{cases} \dfrac{a_{ij} + a_{ji}}{2} & \text{pour } i \neq j \\ a_{ij} & \text{pour } i = j \end{cases}$$

Critère de positivité (critère de Sylvester) : Il s'exprime comme suit :

$V(x)$ est dite définie positive (ou bien Q est dite définie positive), si et seulement si, tous les mineurs principaux de Q sont positifs.

Exemple 1

$$Q = \begin{bmatrix} 5 & 1 & -2 \\ 1 & 4 & 0 \\ -2 & 0 & 5 \end{bmatrix}$$

$$\Delta_1 = 5 > 0 \quad \Delta_2 = 19 > 0 \quad \Delta_3 = 79 > 0 \Longrightarrow Q \text{ définie positive}$$

$V(x)$ est dite semi-définie positive (ou bien Q est dite semi-définie positive), si et seulement si, Q est singulière et tous les mineurs principaux de Q sont non négatifs.

Exemple 2

$$Q = \begin{bmatrix} 1 & 1 & 0 \\ 1 & 2 & 1 \\ 0 & 1 & 1 \end{bmatrix}$$

$$\Delta_1 = 1 > 0 \quad \Delta_2 = 1 > 0 \quad \Delta_3 = 0 \Longrightarrow Q \text{ semi-définie positive}$$

b ~ Condition suffisante de stabilité (théorèmes)

Soit le système $\dot{x} = f(t, x)$ possédant un état d'équilibre à l'origine x_e. On a [29] :

Théorème : L'état d'équilibre x_e est **asymptotiquement stable** dans un domaine convexe Ω incluant l'origine si on peut lui associer une fonction $V(x)$ définie positive telle que $\dot{V}(x) = dV(x)/dx$ soit **définie négative** dans Ω (c'est-à-dire $V(x)$ et $\dot{V}(x)$ de signes différents).

Théorème : L'état d'équilibre x_e est **instable** dans un domaine convexe Ω incluant l'origine si on peut lui associer une fonction $V(x)$ définie positive telle que $\dot{V}(x) = dV(x)/dx$ soit **définie positive** dans Ω (c'est-à-dire $V(x)$ et $\dot{V}(x)$ de même signe).

Théorème : Si il existe une fonction $V(x)$ définie positive telle que $\dot{V}(x) = dV(x)/dx$ soit **semi-définie négative** dans Ω, on peut conclure que le système est **stable (simplement ou asymptotiquement)**.

Lorsqu'on se trouve en présence d'une fonction $V(x)$ définie positive telle que $\dot{V}(x) = dV(x)/dx$ soit **indéfinie** dans Ω, **on ne peut rien conclure** sur la stabilité du système.

c ~ Cas des systèmes linéaires : condition nécessaire et suffisante de stabilité

Théorème : Soit le système linéaire :

$$\dot{x} = Ax$$

l'état d'équilibre à l'origine $x_e = 0$ du système est asymptotiquement stable, si et seulement si, pour toute matrice Q symétrique définie positive, il existe une matrice P symétrique définie positive, solution de l'équation de Lyapunov

$$A'P + PA = -Q \tag{III.3}$$

La fonction $V(x) = x'Px$ est appelée fonction de Lyapunov du système. La suffisance est obtenue en appliquant le théorème de Lyapunov. Quant à la nécessité, elle découle du fait que la solution de (III.3) s'écrit :

$$P = \int_0^{+\infty} e^{A't} Q e^{At} dt \tag{III.4}$$

Pour que P existe, une condition nécessaire est que :

$$\lim_{t \longrightarrow \infty} e^{A't} Q e^{At} = 0$$

donc que A soit une matrice dont les valeurs propres sont à partie réelle négative.

III-4.3 ~ Stabilité d'un système commandé

Soit le système décrit par :

$$\dot{x} = Ax + Bu \qquad \text{(III.5)}$$

Définition : Le système (III.5) est dit EBEB-stable (entrée bornée-état borné stable) si et seulement si, quel que soit l'état initial $x_0 = x(0)$ et quelle que soit l'entrée bornée $u(t)$, $t > 0$, l'état $x(t)$, $t > 0$ reste borné.

On peut se demander à quelle condition le système (III.5) est EBEB-stable ? La solution du système (III.5) est donnée par :

$$x(t) = e^{At} x_0 + \int_0^t e^{A(t-\tau)} B u(\tau) d\tau$$

Si A possède toutes ses valeurs propres à partie réelle négative, une commande $u(t)$ produit un état borné. Si A possède au moins une valeur propre à partie réelle positive, la commande $u(t) = 0$ produit un état non borné pour un état initial quelconque x_0. D'où la règle :

Règle de stabilité :
Toutes les valeurs propres de A à partie réelle négative $\Rightarrow$ Système (III.5) EBEB-stable.
Au moins une valeur propre de A à partie réelle positive $\Rightarrow$ Système (III.5) non EBEB-stable.
Dans les autres cas, il est nécessaire de connaître la commande $u(t)$ pour pouvoir conclure.

On retiendra donc :

> Si les **valeurs propres de A sont toutes à partie réelle négative,** le système autonome est asymptotiquement stable et le système commandé est **EBEB-stable**.

III-5. EXERCICES

Exercice 1 : On considère le système décrit par :

$$\frac{dx}{dt} = \begin{bmatrix} 1 & 2 & 2 \\ 1 & 0 & 0 \\ -1 & -1 & -1 \end{bmatrix} x + \begin{bmatrix} 0 \\ 1 \\ 0 \end{bmatrix} u, \qquad x(0) = \begin{bmatrix} 1 \\ 0 \\ 0 \end{bmatrix}$$
$$y = \begin{bmatrix} 2 & 1 & 2 \end{bmatrix} x$$

1. Calculer la réponse en régime libre, c'est-à-dire pour $u = 0$.
2. Calculer les points d'équilibre. Discuter leur stabilité.
3. On applique la loi de commande $u = \begin{bmatrix} a & b & 0 \end{bmatrix} x$. Pour quelles valeurs de a et b le système est-il asymptotiquement stable ?
4. Calculer la fonction de transfert du système en boucle ouverte.
5. Donner une représentation d'état avec matrice d'évolution sous forme diagonale. En déduire une matrice de passage qui permet de passer de la représentation d'état initiale à une représentation d'état avec matrice d'évolution sous forme compagne horizontale.

Exercice 2 : Soit le système dont le polynôme caractéristique est le suivant :

$$s^4 + s^3 + 4a^2s^2 + 2s + 9a^2 + 2b^2 - 8 = 0$$

où a et b sont des paramètres réels.

1. Étudier la stabilité de ce système en fonction de a et b.
2. Représenter dans le plan (a, b) les zones de stabilité asymptotique, de stabilité simple et d'instabilité. On indique que l'équation :
$$\frac{x^2}{l_1^2} + \frac{y^2}{l_2^2} - 1 = 0$$
est l'équation d'une ellipse dans le plan (x, y).

Exercice 3 : Considérons les systèmes de fonctions de transfert en boucle ouverte suivantes :

$$G_1(s) = \frac{s+4}{(s-1)(s+1)^2} \qquad G_2(s) = \frac{s^2+4s+8}{(s-1)(s+2)(s+3)}$$

Tracer les lieux d'Evans de ces systèmes pour $k \geq 0$.

Exercice 4 : Soit le système décrit par le schéma fonctionnel suivant :

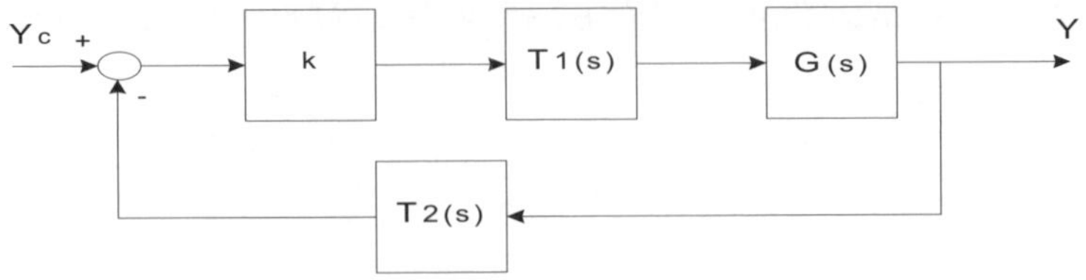

où :

$$G(s) = \frac{1}{s^2 + 4s + 5}$$

$T_1(s)$ désigne la fonction de transfert de l'actionneur et $T_2(s)$ la fonction de transfert du capteur. L'objectif est d'étudier le comportement du système en fonction de la connaissance que l'on a de ces deux fonctions de transfert.

1. Calculer $\dfrac{Y_c(s) - Y(s)}{Y_c(s)}$ en fonction de $G(s),\ T_1(s)$ et $T_2(s)$.
2. On suppose que l'actionneur et le capteur sont parfaits avec :

$$T_1(s) = 1 \text{ et } T_2(s) = 1$$

   - Tracer soigneusement le lieu d'Evans du polynôme caractéristique en boucle fermée en fonction de $k \geq 0$.
   - Calculer la valeur de k pour que $\epsilon(\infty) = y_c(\infty) - y(\infty) = 0.2$ lorsque y_c est un échelon de position unitaire. En déduire l'amortissement du mode complexe correspondant ainsi que le coefficient de surtension Q.
   - Quels sont alors les modes du système ?
3. Une analyse plus fine montre que le capteur peut être modélisé par la fonction de transfert suivante :

$$T_2(s) = \frac{1}{s + a}$$

   - Étudier la stabilté du système bouclé en fonction de k et a à l'aide du critère de Routh.
   - Représenter les lieux du plan (a, k) pour lesquels le système est asymptotiquement stable, simplement stable et instable. Faire une étude détaillée des différents cas.
   - Calculer $\epsilon(\infty)$ en fonction de a et k. Pour k fixé différent de 0, quelle est la valeur de a qui minimise $\epsilon(\infty)$?
   - Une étude du modèle du capteur a permis de déterminer que $a = 3$. Pour cette valeur de a, quelle est la valeur de k conduisant à une erreur $\epsilon(\infty) = 0.1$?
4. En fait l'actionneur ne peut pas être considéré comme parfait. Sa fonction de transfert est donnée par :

$$T_1(s) = \frac{1}{s + 1}$$

   celle du capteur étant :

$$T_2(s) = \frac{1}{s + 3}$$

   - Tracer soigneusement le lieu des racines du polynôme caractéristique en boucle fermée en fonction de k. Indiquer très précisément tous les points remarquables. Calculer analytiquement l'équation du lieu des racines.
   - En déduire le comportement du système bouclé en fonction de k (stabilité, oscillations...)
   - Calculer $\epsilon(\infty)$ en fonction de k. Donner la valeur de k telle que $\epsilon(\infty) = 0.1$. En déduire l'amortissement du mode complexe dominant.

Exercice 5 : Soit le système décrit par la fonction de transfert :

$$G(s) = \frac{Y(s)}{U(s)} = \frac{1}{(s+1)^2}$$

1. On commande le système à l'aide de la commande :

$$U(s) = -KY(s) + Y_c(s)$$

   où K est un gain à déterminer et $Y_c(s)$ est la consigne. Calculer la fonction de transfert $Y(s)/Y_c(s) = H(s)$.
2. Calculer la valeur de K pour laquelle on obtient un amortissement $\zeta = 1/2$. Pour cette valeur de K, calculer la réponse à une consigne en échelon de position unitaire pour des conditions initiales nulles. Calculer également la réponse en régime permanent pour une consigne $y_c(t) = \sin t$.
3. On applique maintenant la commande :

$$U(s) = -K\frac{s+a}{s+2}Y(s) + Y_c(s)$$

   Calculer la fonction de transfert $Y(s)/Y_c(s) = H(s)$. Quelles conditions doivent vérifier K et a pour que le système soit asymptotiquement stable ? Représenter graphiquement la zone de stabilité asymptotique dans le plan (a, K).

Exercice 6 : On considère le système représenté par le schéma fonctionnel suivant :

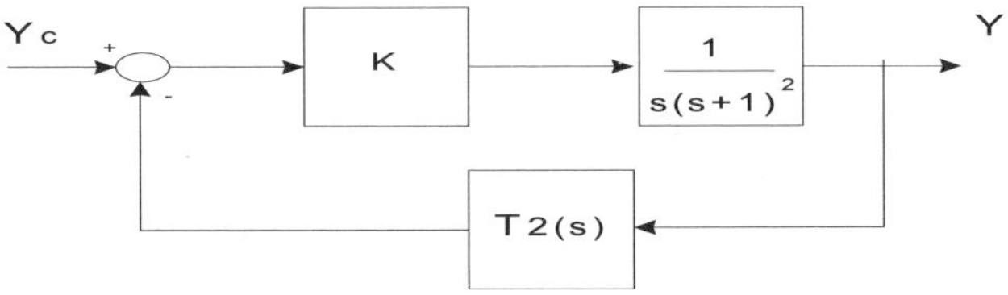

1. Étudier la stabilité en fonction de $K > 0$.
2. Donner la représentation schématique des courbes de réponse en fréquence dans le plan de Bode de la fonction de transfert en boucle ouverte.
3. Retrouver à partir de ces courbes le résultat de la question 1. concernant la stabilité (on notera que $20 \log 2 = 6dB$).

Exercice 7 : Soit le système décrit par la fonction de transfert suivante :

$$G(s) = \frac{2s}{(s-1)(s^2+1)} = \frac{Y(s)}{U(s)}$$

1. Étudier la stabilité de ce système.
2. On boucle le système avec une commande qui est donnée par :

$$u = Ky + K\frac{dy}{dt} + K\frac{d^2y}{dt^2} + y_c$$

Calculer la fonction de transfert $\frac{Y(s)}{Y_c(s)}$ et déterminer les valeurs de K pour lesquelles le système est asymptotiquement stable.

Exercice 8 : On considère le système bouclé à retour unitaire dont la fonction de transfert en boucle ouverte est donnée par :

$$G(s) = K\frac{s^2+2s+2}{s(s+2)(s+1)^2}$$

1. Tracer avec soin le diagramme asymptotique de $G(s)$ dans le plan de Bode.
2. Étudier à l'aide du critère de Routh, la stabilité du système bouclé pour $K = 1$ et $K = 2$. Caractériser le comportement du système pour $K = 1.87$.

Exercice 9 : On considère le système bouclé à retour unitaire dont la fonction de transfert en boucle ouverte est donnée par :

$$G(s) = K\frac{s^2+2s+2}{(s+1)(s^2+3s+3)}$$

1. Tracer avec soin le lieu des racines en fonction de $K > 0$. Caractériser son comportement en régime transitoire en fonction de K.
2. Donner l'allure de la réponse indicielle du système pour une valeur quelconque de K.

Exercice 10 : On considère le système représenté sur la figure suivante :

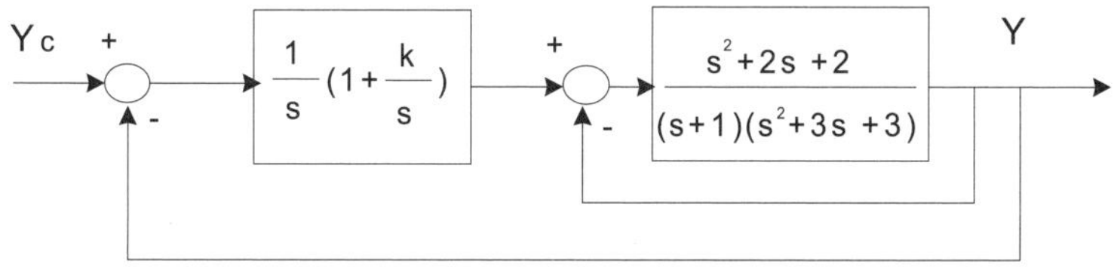

1. Tracer avec soin le lieu d'Evans en fonction de $k > 0$.
2. Étudier la stabilité du système en fonction de k. Indiquer les domaines des valeurs de k correspondant aux différents types de régime transitoire et caractériser ces régimes transitoires.

chapitre IV

Performances des systèmes bouclés

Dans ce chapitre, les indicateurs qui permettent d'apprécier la qualité d'un système commandé sont présentés. Les deux cadres de travail sont le domaine temporel et le domaine fréquentiel. Dans le premier, on raisonne sur les pôles du système bouclé qui déterminent en partie la forme de la réponse du système à un échelon de position. Dans le second, on met en relation les caractéristiques de la réponse fréquentielle avec celles de la réponse du système bouclé à un échelon de position .

IV-1. CARACTÉRISTIQUES PRINCIPALES DE LA RÉPONSE À UN ÉCHELON DE POSITION

Dans de nombreuses applications, un système de commande est spécifié à partir de la réponse à un échelon de position d'amplitude e_0. Dans le cas général, la réponse à un échelon de position a l'allure suivante :

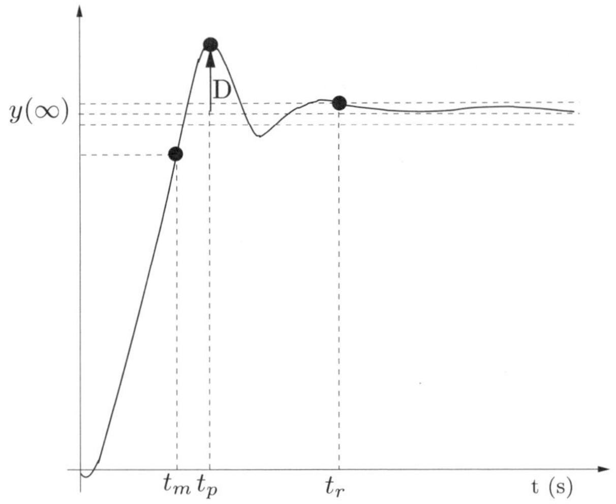

Pour que le comportement du système bouclé ressemble à celui de la figure précédente, il est nécessaire que le système bouclé soit asymptotiquement stable, nécessaire mais non suffisant. C'est pourquoi on définit un certain nombre de grandeurs caractéristiques qui permettent d'apprécier la qualité de la réponse du système, en particulier [25] :

- **Le temps de pic** : C'est le temps t_p qui correspond au premier maximum de la réponse indicielle.
- **Le premier dépassement** : Il est défini par :

$$D(\%) = 100\frac{y(t_p) - y(\infty)}{y(\infty)}$$

- **Le temps de montée à 90%** : C'est le temps t_m mis par le système pour atteindre 90% de la valeur finale $y(\infty)$.
- **Le temps d'établissement à 2%** (temps de réponse) : C'est le temps t_r mis par le système pour atteindre et rester à 2% du régime final, c'est donc le temps t_r le plus petit tel que :

$$|y(t) - y(\infty)| \leq 0.02y(\infty), \quad \forall t \geq t_r$$

- **L'erreur en régime permanent** : Elle est définie par

$$\epsilon(\infty) = |e_0 - y(\infty)|$$

IV-2. CARACTÉRISTIQUES PRINCIPALES DE LA RÉPONSE FRÉQUENTIELLE

De même que pour la réponse à un échelon de position, on peut caractériser le comportement en boucle fermée à partir de quelques indicateurs sur la réponse fréquentielle de la fonction de transfert en boucle fermée $G_F(s)$.

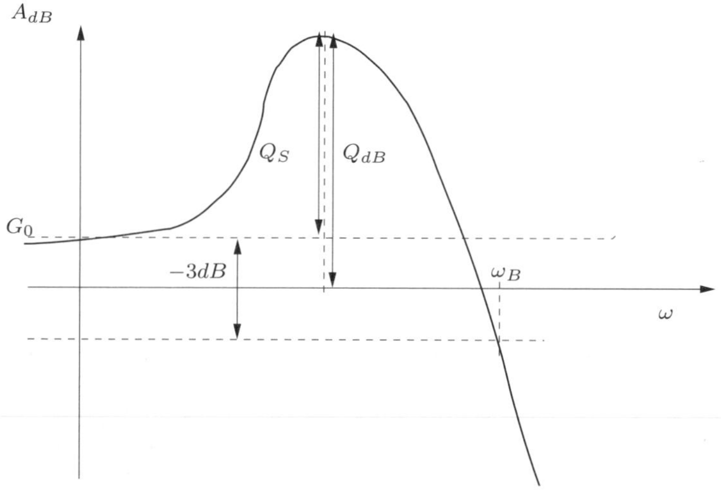

Les principaux sont les suivants [25] :

- **Le gain statique** : C'est le gain en basse fréquence, soit $G_0 = |H(j0)|$. Il est relié à la précision.
- **Les résonances** : Ce sont les maxima, lorsqu'ils existent, de la réponse fréquentielle. Dans certains cas, le seul maximum correspond à la pulsation nulle (filtre passe-bas). Parfois, il est unique comme sur la figure. Il est alors caractérisé par :

$$Q = \max_{\omega} \ 20 \log |H(j\omega)|$$

et on peut définir le coefficient de surtension en dB :

$$Q_S = Q - 20 \log |H(j0)|$$

- **La bande passante à -3dB** : C'est l'intervalle des pulsations $[0, \omega_B]$ où la pulsation ω_B appelée pulsation de coupure est définie par :

$$20 \log |H(j\omega_B)| = 20 \log |H(j0)| - 3dB$$

IV-3. STABILITÉ DES SYSTÈMES BOUCLÉS

On s'intéresse dans ce paragraphe à la stabilité des systèmes bouclés. Bien évidemment, des liens directs existent entre ce paragraphe et le chapitre sur la stabilité (chapitre 3).

IV-3.1 ~ Définitions

Soit le systéme à retour unitaire représenté sur la figure suivante :

- La fonction de transfert en boucle ouverte (ou gain de boucle) est donnée par :

$$K\,G(s)$$

- l'équation caractéristique est : $1 + K\,G(s) = 0$

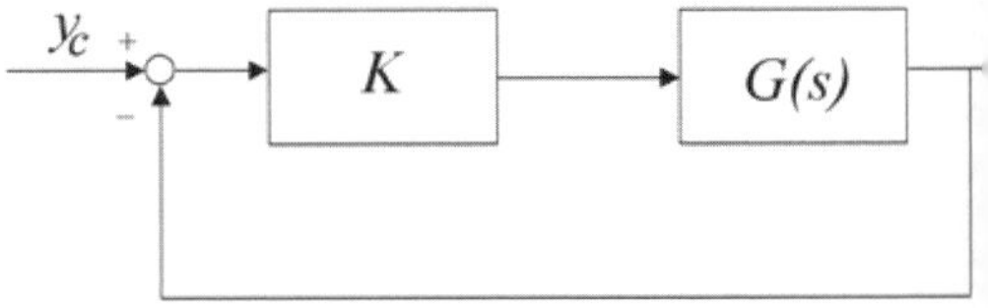

IV-3.2 ~ Condition mathématique de stabilité asymptotique

C.N.S. stabilité asymptotique : $\boxed{\mathrm{Re}\,(s_i) < 0 \qquad \forall s_i : \text{solution de } 1 + K\,G(s) = 0}$

Exemple :

$$K\,G(s) = \frac{2\,(1+s)}{s^2+3s+4} \quad \longrightarrow \quad 1 + K\,G(s) = 0 \quad \longrightarrow \quad s^2 + 5s + 6 = 0$$

$$\boxed{s_1 = -3 \quad s_2 = -4 \longrightarrow \text{système asymptotiquement stable}}$$

IV-3.3 ~ Critères algébriques de stabilité

Ne nécessitant pas le calcul des racines de l'équation caractéristique, ces critères sont intéressants dans le cas de paramètres variables, comme le gain K ici.

a ~ Critère de Routh (cf. paragraphe III-2)

Voir exemple présenté en III-2.

b ~ Lieu d'Evans (cf. paragraphe III-3)

Voir exemples 3 et 4 présentés en III-3.

IV-3.4 ~ Critère géométrique : critère du revers

Ce critère s'applique sur le diagramme de Black de la fonction de transfert en boucle ouverte $K\,G(s)$ [32]. Il s'agit d'un cas particulier du critère de Nyquist [32].

a ~ Critère du revers

Le système bouclé de fonction de transfert en boucle ouverte $K\,G(s)$, est asymptotiquement stable si, en parcourant le lieu de transfert de $K\,G(s)$ dans le sens des pulsations croissantes (ω variant de 0 à ∞), on laisse le point critique à droite (le point critique correspond à -1 dans le plan de Nyquist, soit à 0dB et -180 degrés dans les plans de Bode et de Black).

Condition d'application : la fonction de transfert $K\,G(s)$ doit être à minimum de phase (absence de zéro et de pôle à partie réelle positive).

b ~ Marges de stabilité

On définit deux indicateurs qui permettent d'évaluer le degré de stabilité du système en boucle fermée. Ces indicateurs sont très utiles lorsqu'on s'intéresse aux méthodes de synthèse de lois de commande dans le domaine fréquentiel. Ce sont :

La marge de phase : φ_M	La marge de gain : G_M

Elles découlent directement du critère du revers et sont illustrées dans le plan de Black, dans le plan de Bode et dans le plan de Nyquist :

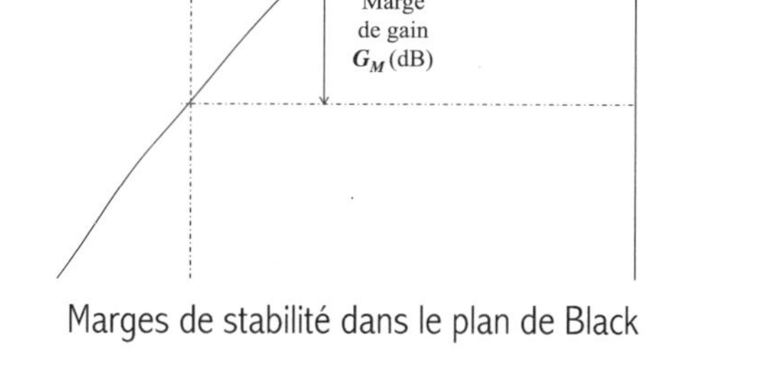

Marges de stabilité dans le plan de Black

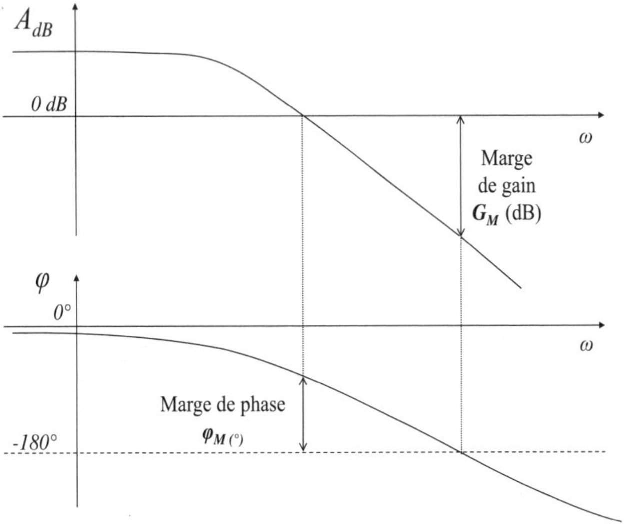

Marges de stabilité dans le plan de Bode

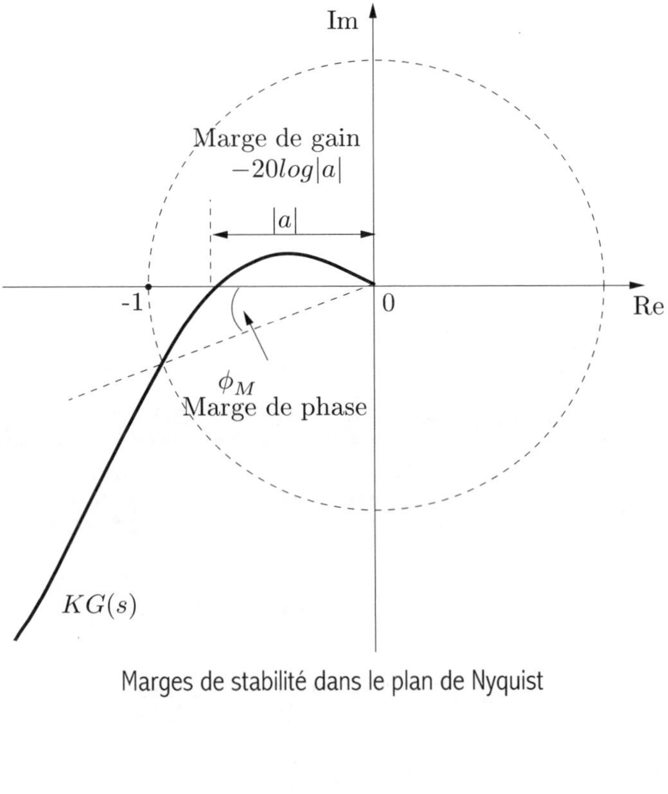

Marges de stabilité dans le plan de Nyquist

IV-4. RÉPONSE HARMONIQUE EN BOUCLE FERMÉE

IV-4.1 ~ Utilisation d'abaques

Principe [33] : Tracer le lieu de transfert de la fonction de transfert en boucle ouverte $K\,G\,(s)$. À l'aide de l'abaque de Black, en déduire la réponse harmonique en boucle fermée, sans avoir à calculer la fonction de transfert correspondante :

$$G_F\,(s) = K\,G\,(s)\,/\,(1 + K\,G\,(s))$$

a ~ Abaque de Hall

Sur le lieu de Nyquist de la fonction de transfert en boucle ouverte $KG(s)$, à toute pulsation ω correspond un point de coordonnées (x, y) tel que :

$$KG(j\omega) = x + jy$$

La réponse fréquentielle de la fonction de transfert en boucle fermée $G_F(s)$ peut être calculée pour toute pulsation ω à partir de :

$$H(j\omega) = \frac{KG(j\omega)}{1 + KG(j\omega)} = \frac{x + jy}{1 + x + jy}$$

Pour éviter des calculs fastidieux, on peut utiliser l'abaque de Hall, constitué de deux familles de courbes :

- les lieux des points (x, y) du plan complexe tels que $|G_F(j\omega)| = M > 0$. En développant les calculs, on arrive à :

$$(x - \frac{M^2}{1 - M^2})^2 + y^2 = (\frac{M}{1 - M^2})^2$$

qui représente les équations d'une famille de cercles de centre $(\frac{M^2}{1 - M^2}, 0)$ et de rayon $|\frac{M}{1 - M^2}|$. On affecte ces cercles d'amplitude des valeurs de M correspondantes.

- les lieux des points (x, y) du plan complexe tels que Arg$(G_F(j\omega) = \alpha$. En écrivant :

$$G_F(j\omega) = \frac{x^2 + x + y^2 + jy}{(1 + x)^2 + y^2} \text{ il vient : } \frac{y}{x^2 + x + y^2} = \tan\alpha$$

qui peut encore s'écrire :

$$(x+\frac{1}{2})^2+(y-\frac{1}{2\tan\alpha})^2=\frac{1}{4}(1+\frac{1}{\tan^2\alpha})$$

Il s'agit d'une famille de cercles de centre $(-\frac{1}{2},\frac{1}{2\tan\alpha})$ et de rayon $\frac{1}{2}\sqrt{1+\frac{1}{\tan^2\alpha}}$. On affecte ces cercles de phase, des valeurs de α correspondantes.

L'utilisation de l'abaque se fait de la manière suivante : On lui superpose le lieu de Nyquist de la fonction de transfert en boucle ouverte $G\,(s)$. L'intersection de ce lieu avec un cercle d'amplitude de l'abaque, donne la valeur M de l'amplitude de la réponse fréquentielle de la fonction de transfert en boucle fermée $G_F\,(s)$, pour la valeur de la pulsation ω relevée à l'intersection sur le lieu de Nyquist de $G\,(s)$. On obtient de manière similaire la valeur α de la phase en boucle fermée à l'aide des cercles de phase.

b ~ Abaque de Black

En transposant ces cercles dans le plan de Black, on obtient des faisceaux de courbes pouvant être utilisés selon les mêmes principes. Ces faisceaux constituent l'abaque de Black dont l'utilisation sera illustrée sur les exemples des paragraphes suivants.

IV-4.2 ~ Exemple 1

On considère le système de fonction de transfert en boucle ouverte :

$$K\,G\,(s)=K\frac{1}{s^2+0,8s+1}$$

On souhaite étudier son comportement harmonique en boucle fermée en fonction du gain K. Une approche globale nécessiterait le calcul de la fonction de transfert en boucle fermée pour chaque valeur de K. Par superposition du lieu de transfert de $K\,G\,(s)$ gradué en valeurs de la pulsation ω et de l'abaque de Black, on peut déduire la réponse harmonique en boucle fermée (en particulier les points importants que sont le comportement aux basses fréquences et à la résonance éventuelle). Les résultats pour deux valeurs de K sont portés sur la figure de la page 116.

$K=1$ **(courbes en trait plein) :** L'abaque de Black permet de caractériser le comportement en boucle fermée :

- gain aux basses fréquences : -6 dB
- gain à la résonance : -1 dB
- coefficient de surtension : $-1-(-6)=5$ dB
- pulsation de résonance : $\omega=1,2$ rd/s

$K = 2,5$ **(courbes en pointillés) :** L'abaque de Black permet de caractériser le comportement en boucle fermée :

- gain aux basses fréquences : -3 dB
- gain à la résonance : 5 dB
- coefficient de surtension : $5 - (-3) = 8$ dB
- pulsation de résonance : $\omega = 1,8$ rd/s

Conclusion : On constate ici qu'une augmentation du gain K se traduit par une augmentation de la résonance (et donc une augmentation des oscillations transitoires en réponse temporelle) et une augmentation de la bande passante. Mathématiquement, ce système ne peut pas devenir instable, mais une augmentation du gain K conduit à une diminution des marges de gain et de phase et donc à un comportement non souhaitable du système.

IV-4.3 ~ Exemple 2

$$K\,G\,(s) = K \frac{1}{s\,(s+1)\,(s+2)}$$

Les résultats pour deux valeurs de K sont portés sur la figure de la page 117.

$K = 1/2$ **(courbes en trait plein) :** Comportement en boucle fermée :

- gain aux basses fréquences : 0 dB
- pas de résonance

$K = 2$ **(courbes en pointillés) :** Comportement en boucle fermée :

- gain aux basses fréquences : 0 dB
- gain à la résonance : 5 dB
- coefficient de surtension : 5 dB
- pulsation de résonance : $\omega = 8$ rd/s

Conclusion : On constate ici qu'une augmentation du gain K se traduit par l'apparition d'une résonance et une augmentation de la bande passante. Le système devient instable pour de fortes valeurs de K. L'amplitude aux basses fréquences vaut 0 dB, quel que soit le gain K (en raison de la présence d'une intégration en boucle ouverte).

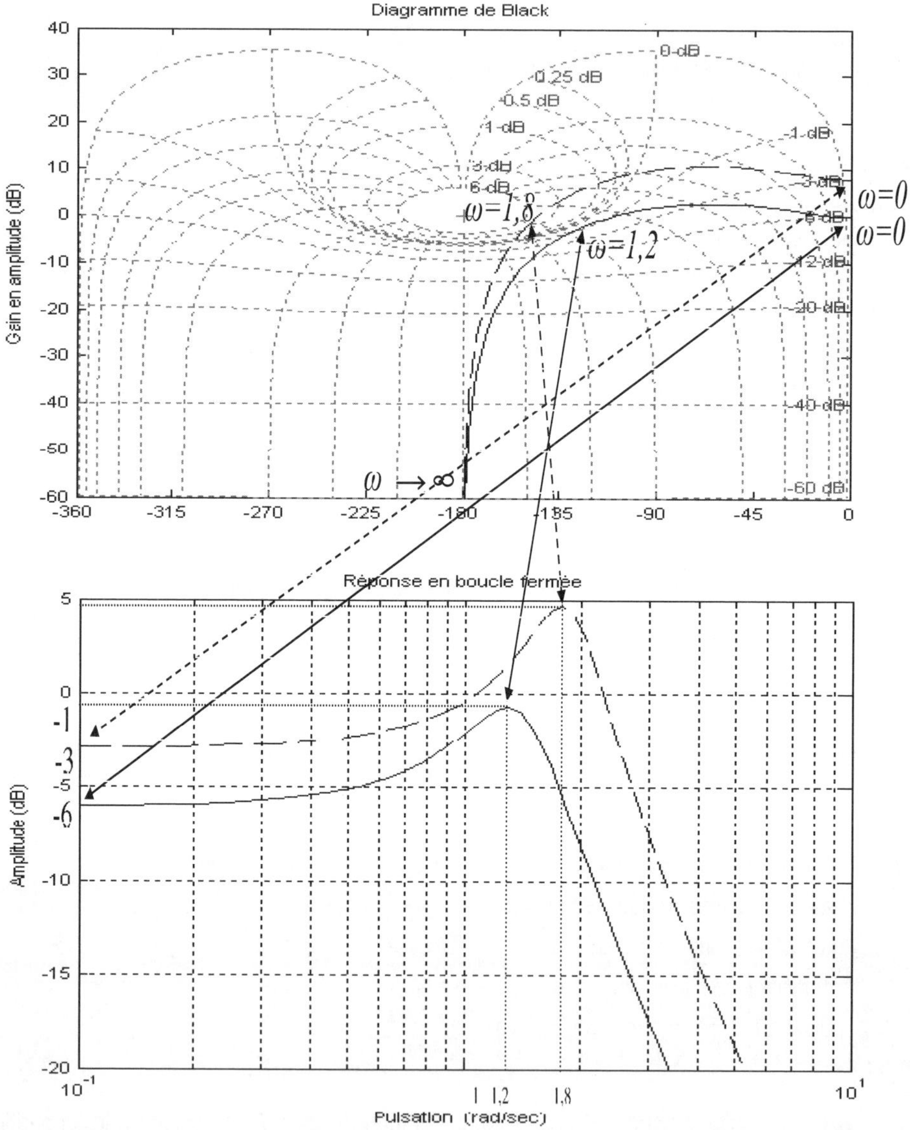

Courbe de l'exemple 1

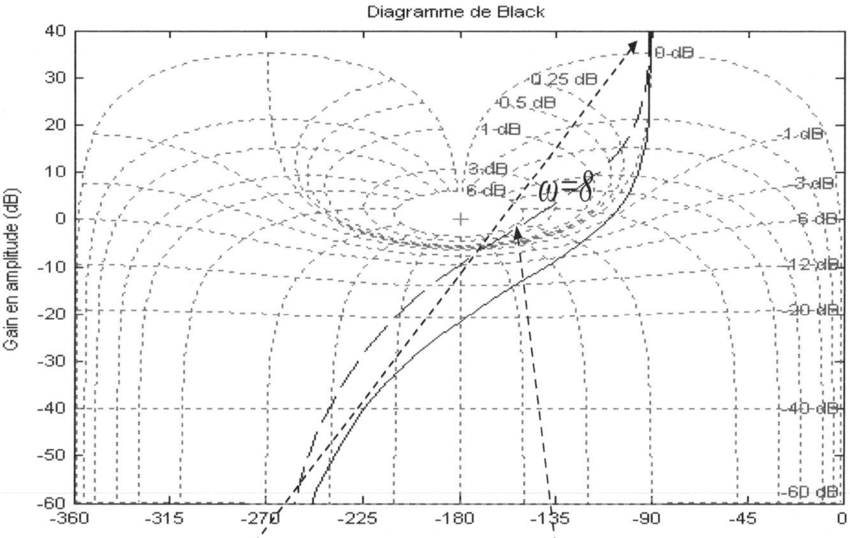

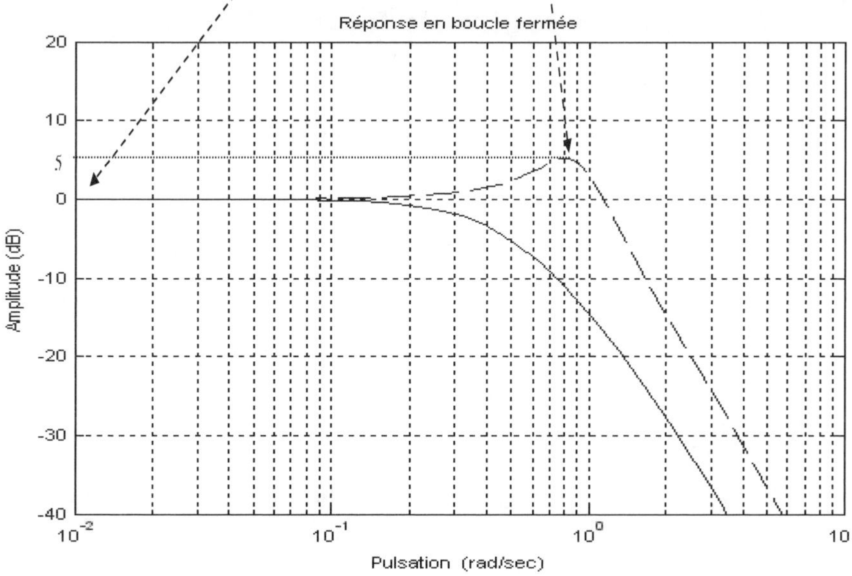

Courbe de l'exemple 2

IV-5. PRÉCISION DES SYSTÈMES BOUCLÉS

On s'intéresse maintenant au régime permanent et à la précision. Il faut savoir comment garantir un régime permanent en accord avec les contraintes pratiques. Si le système bouclé est stable, on peut caractériser le régime permanent à partir des propriétés en basses fréquences de la fonction de transfert en boucle ouverte. La précision est également liée aux zéros de la fonction de transfert en boucle fermée.

IV-5.1 ~ Définition

La signal d'erreur ε est donné par :

$$\boxed{\varepsilon(t) = y_c(t) - y(t)}$$

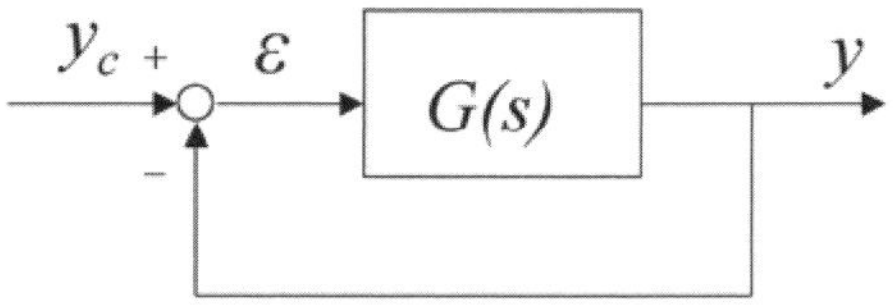

et l'erreur en régime permanent :

$$\boxed{\varepsilon_\infty = \lim_{t\to\infty} \varepsilon(t)}$$

L'erreur est définie si le système en boucle fermée est asymptotiquement stable.

IV-5.2 ~ Expression générale de l'erreur en régime permanent

Pour une consigne de type polynomial [11] :

$$\boxed{y_c(t) = \frac{t^n}{n!} \quad t \geq 0 \quad \rightarrow \quad Y_c(s) = \frac{1}{s^{n+1}}}$$

le signal d'erreur s'écrit :

$$\varepsilon(s) = \frac{Y_c(s)}{1 + G(s)}$$

et l'erreur en régime permanent est obtenue en appliquant le théorème de la valeur finale (voir annexe B) :

$$\varepsilon_\infty = \lim_{t\to\infty} \varepsilon(t) = \lim_{s\to 0} s\varepsilon(s)$$

qui conduit à :

$$\boxed{\varepsilon_\infty = \lim_{s\to 0} \frac{1}{s^n\left[1 + G(s)\right]}}$$

IV-5.3 ~ Expression de l'erreur selon le type de système (à partir de la fonction de transfert en boucle ouverte)

Type d'un système : nombre de pôles à l'origine de la fonction de transfert en boucle ouverte $G(s)$.

a ~ Erreur en régime permanent pour un système de type α :

$$\lim_{s\to 0} s^n G(s) \begin{cases} = \infty & \text{pour } 0 \le n < \alpha \\ \text{fini} \neq 0 & \text{pour } n = \alpha \\ = 0 & \text{pour } n > \alpha \end{cases}$$

$$\varepsilon_\infty \begin{cases} = 0 & \text{pour } 0 \le n < \alpha \\ \text{fini} \neq 0 & \text{pour } n = \alpha \\ = \infty & \text{pour } n > \alpha \end{cases}$$

b ~ Tableau récapitulatif

		Type 0 $K_p = G(0)$	Type 1 $K_v = \lim_{s\to 0} sG(s)$	Type 2 $K_a = \lim_{s\to 0} s^2G(s)$
	Echelon	$\frac{1}{1+K_p}$	0	0
Consigne	Rampe	∞	$\frac{1}{K_v}$	0
	Parabole	∞	∞	$\frac{1}{K_a}$

IV-5.4 ~ Exemples

a ~ Système de type 0 : $G(s) = \dfrac{9}{s^2+s+1}$

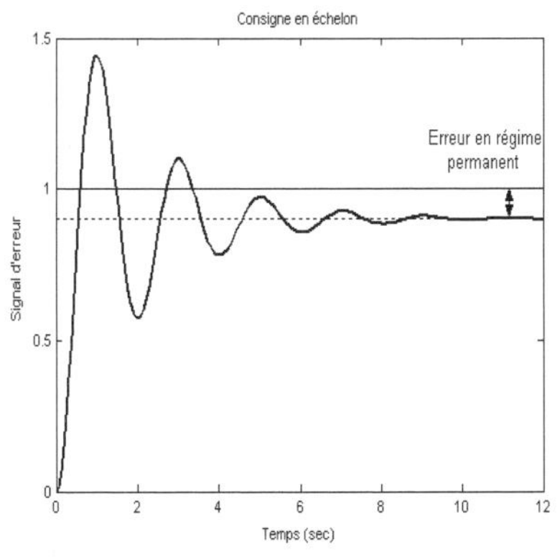

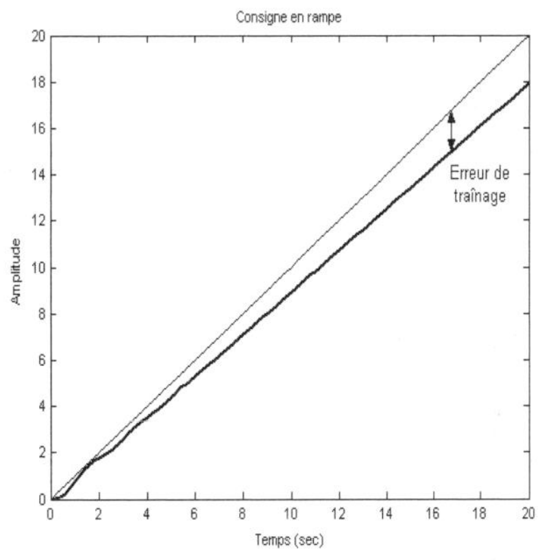

b ~ Système de type 1 : $G(s) = \dfrac{1}{s(s+1)}$

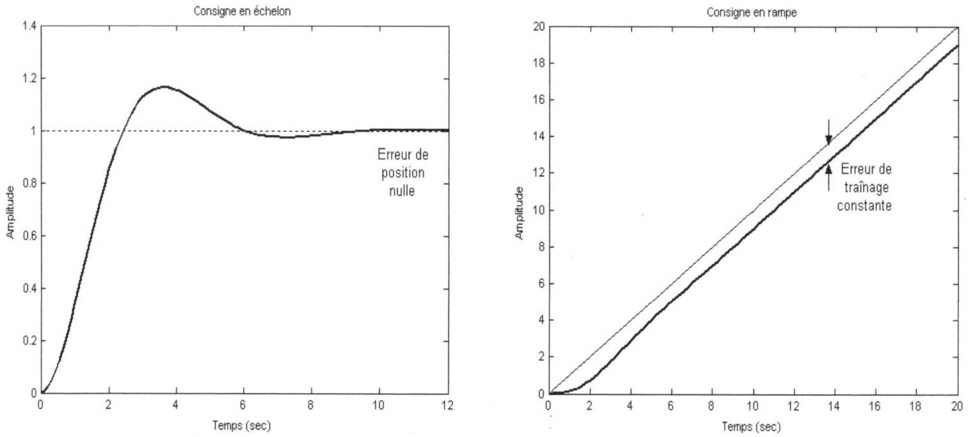

IV-5.5 ~ Rejet de perturbation

Soit le système décrit par le schéma suivant :

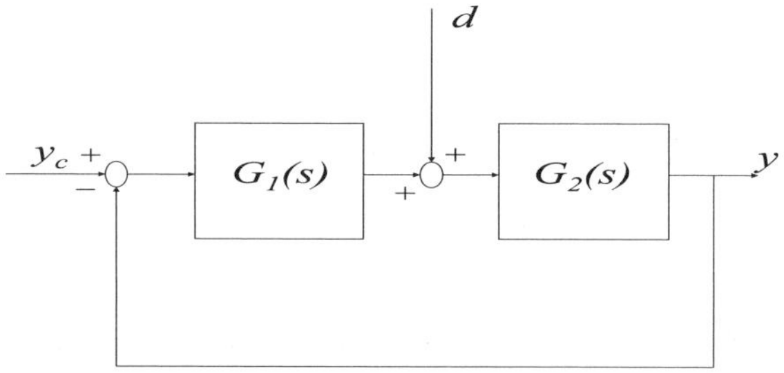

où d est une perturbation. Le rejet de la perturbation d dépend du gain et des intégrations de la fonction de transfert $G_1(s)$, en amont de la perturbation.

Exemple

Si d est une perturbation de type échelon de position, elle sera rejetée par la présence d'une intégration dans $G_1(s)$. Si $G_1(s)$ est de type 0, l'influence de d sera atténuée par une augmentation du gain statique de $G_1(s)$.

IV-5.6 ~ Précision en boucle fermée (à partir de la fonction de transfert en boucle fermée)

Contrairement au paragraphe précédent, ce paragraphe traite la précision des systèmes bouclés non pas à partir de la fonction de transfert en boucle ouverte, mais à partir des propriétés de la fonction de transfert en boucle fermée [11]. Soit le système en boucle fermée asymptotiquement stable dont la fonction de transfert est donnée par :

$$G_F(s) = \frac{f_0 + f_1 s + ... + f_n s^n}{\alpha_0 + \alpha_1 s + ... + \alpha_n s^n} = \frac{Y(s)}{Y_c(s)}$$

L'erreur est alors :

$$\varepsilon(s) = Y_c(s) - Y(s) = (1 - G_F(s))Y_c(s)$$

En régime permanent, il vient :

$$\varepsilon(\infty) = \lim_{s \to 0} s\,\varepsilon(s) = \lim_{s \to 0} s(1 - G_F(s))Y_c(s)$$

On peut écrire :

$$s(1 - G_F(s)) = s\frac{(\alpha_0 - f_0) + (\alpha_1 - f_1)s + ... + (\alpha_n - f_n)s^n}{\alpha_0 + \alpha_1 s + ... + \alpha_n s^n}$$

Si la consigne est d'ordre r, c'est-à-dire si :

$$Y_c(s) = \frac{e_0}{s^r}$$

alors lorsque $s \longrightarrow 0$, on a :

$$\frac{\varepsilon(s)}{e_0} \sim \frac{(\alpha_0 - f_0)}{\alpha_0 s^{r-1}} + \frac{(\alpha_1 - f_1)}{\alpha_0 s^{r-2}} + \frac{(\alpha_2 - f_2)}{\alpha_0 s^{r-3}} + ... + \frac{(\alpha_{r-1} - f_{r-1})}{\alpha_0}$$

Compte-tenu de ce qui précède :

- Si l'on a :

$$\alpha_0 = f_0, \quad \alpha_1 = f_1, \quad \cdots, \quad \alpha_{r-2} = f_{r-2}$$

alors l'erreur en régime permanent est donnée par :

$$\epsilon_\infty = \frac{\alpha_{r-1} - f_{r-1}}{\alpha_0}$$

- Si de plus $\alpha_{r-1} = f_{r-1}$, alors l'erreur en régime permanent est nulle.

- Par contre, s'il existe au moins un $i < r - 1$, tel que $\alpha_i \neq f_i$, alors elle est infinie.

On peut déduire de cette étude que la précision (poursuite) dépend des zéros de la fonction de transfert en boucle fermée.

IV-6. RÉGIME TRANSITOIRE

Les paramètres associés au régime transitoire sont t_m, D et t_r dans le domaine temporel, et Q, ω_B dans le domaine fréquentiel. Ce paragraphe examine les liens entre ces indicateurs, en s'appuyant sur les propriétés des systèmes du premier et second ordre.

IV-6.1 ~ Dans le domaine temporel (en termes de pôles)

Une première manière de considérer le problème de la maîtrise du régime transitoire, consiste à fixer les pôles du système bouclé.

a ~ Mode dominant du premier ordre

On peut par exemple fixer un mode dominant du premier ordre. Le polynôme caractéristique correspondant s'écrit :

$$\boxed{s + a = 0 \quad \text{avec} \quad a = 1/\tau \quad \tau = \text{constante de temps}}$$

Pour un système sans zéro, il n'y a pas de dépassement et le temps de réponse est $t_r = 3\tau$. La bande passante est caractérisée par $\omega_B = 1/\tau$. La relation entre bande passante, temps de réponse et temps de montée est alors directe. Plus la bande passante est importante, plus le temps de réponse est faible.

b ~ Mode dominant du second ordre

On peut aussi fixer un mode dominant du second ordre de coefficient d'amortissement ζ et de pulsation propre non amortie ω_n.

Le polynôme caractéristique correspondant s'écrit :

$$\boxed{s^2 + 2\zeta\omega_n s + \omega_n^2 = 0}$$

Il a pour racines (pôles du système) :

$$\boxed{\{p_1; p_2\} = -\zeta\omega_n \pm j\omega_n\sqrt{1-\zeta^2}}$$

$$\boxed{OP_1 = OP_2 = \omega_n \qquad \sin\psi = \zeta}$$

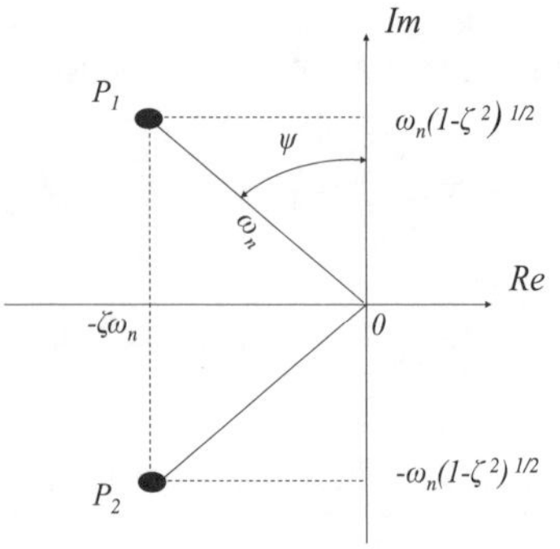

Considérons un système du second ordre décrit par la fonction de transfert :

$$G(s) = \frac{K{\omega_n}^2}{s^2 + 2\zeta\omega_n s + \omega_n^2}$$

Lorsque $\zeta > 1$, les deux pôles sont réels et on se ramène à deux systèmes du premier ordre en cascade. On peut alors se référer au cas précédent. Lorsque $0 < \zeta < 1$, le dépassement s'écrit (voir chapitre II) :

$$D(\%) = \exp\frac{-\zeta\pi}{\sqrt{1-\zeta^2}}$$

On constate que le dépassement ne dépend que de l'amortissement ζ. Par exemple, si l'on souhaite un dépassement inférieur á $4.3\% \approx 5\%$, il faut que $\zeta > \frac{\sqrt{2}}{2}$. Étant donné que $\zeta = sin\Psi$, cela implique que $\Psi > 45$ degrés. Pour le temps de réponse, rappelons que la réponse à un échelon s'écrit :

$$y(t) = K\left(1 - \frac{\exp(-\zeta\omega_n t)}{\sqrt{1-\zeta^2}}\sin(\omega_n\sqrt{1-\zeta^2}t + \arccos\zeta)\right)$$

On a :

$$|y(t) - K| \leq K\frac{\exp(-\zeta\omega_n t)}{\sqrt{1-\zeta^2}}$$

Pour un dépassement inférieur à 5%, on a vu que $\zeta > \frac{\sqrt{2}}{2}$ et dans ce cas on peut écrire :

$$|y(t) - K| \leq K\frac{\exp(-\zeta\omega_n t)}{\sqrt{1-\zeta^2}} \leq 1.7K\exp(-\zeta\omega_n t)$$

le premier instant t_r pour lequel :

$$|y(t) - K| \leq 1.7K\exp(-\zeta\omega_n t) \leq 0.02K$$

doit satisfaire :

$$t_r \geq \frac{4.5}{\zeta\omega_n}$$

Autrement dit, si l'on souhaite un temps de réponse inférieur à t_r, alors il faut que [11] :

$$-\zeta\omega_n \leq -\frac{4.5}{t_r}$$

$-\zeta\omega_n$ n'est rien d'autre que la partie réelle des pôles. Si le système bouclé est d'ordre supérieur, on peut étendre les résultats précédents à tous les modes et il suffira alors de fixer les pôles dans la région grisée du plan complexe représentée sur la figure suivante, pour obtenir un temps de réponse inférieur à t_r et un dépassement inférieur à 5%.

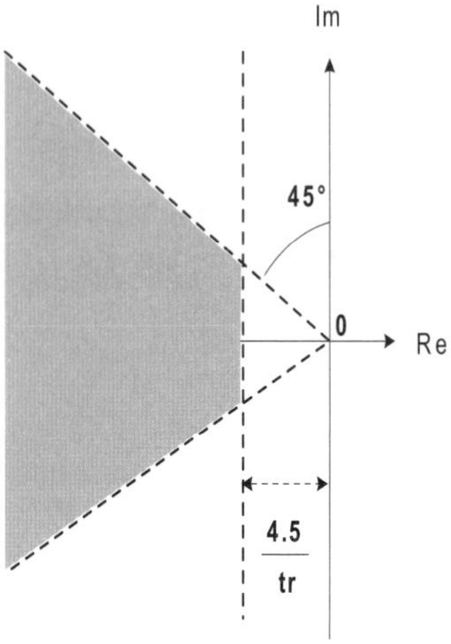

IV-6.2 ~ Dans le domaine fréquentiel (résonance, bande passante)

Si $0 < \zeta < \frac{\sqrt{2}}{2}$, alors la réponse fréquentielle présente une résonance dont la valeur est

$$Q = \frac{1}{2\zeta\sqrt{1-\zeta^2}}$$

On peut noter que la résonance ne dépend que de ζ, et donc, que résonance et dépassement sont intimement liés. Plus un système du second ordre présente une résonance marquée, plus sa réponse indicielle présente un dépassement important. Ceci peut être étendu au cas des systèmes d'ordre supérieur. On peut également montrer que la bande passante est très globalement inversément proportionnelle au temps de montée. Plus la bande passante est importante, plus le temps de montée est faible. Dans le domaine fréquentiel, une autre façon de satisfaire tous les compromis sur le régime transitoire consiste à régler les marges de stabilité de manière appropriée. Pour déduire les valeurs des marges conduisant à des transitoires intéressants en pratique, on peut s'appuyer sur les indicateurs résonance et bande passante à travers l'abaque de Black. On arrive alors aux valeurs suivantes qui sont efficaces dans la majorité des cas pratiques [25] :

Marge de Phase : 40 degrés $\leq \varphi_M \leq$ 60 degrés

Marge de Gain : 10 dB $\leq G_M \leq$ 16 dB

IV-7. CONCLUSION

Comme on vient de le voir, on peut spécifier un système de commande dans le domaine temporel à travers la localisation des pôles du système bouclé ou dans le domaine fréquentiel à travers la résonance, la bande passante et les marges de stabilité (marges de phase et de gain), ceci pour le transitoire. Le régime permanent dépend essentiellement du gain statique. Souvent, en pratique, on combine tous ces indicateurs pour obtenir un système de commande répondant aux exigences.

IV-8. EXERCICES

Exercice 1 : On considère le procédé de fonction de transfert :

$$G(s) = \frac{1}{s\,(s+1)\,(s+2)}$$

On met en place une régulation analogique avec correcteur proportionnel selon une structure à retour unitaire. Pour différentes valeurs du gain proportionnel ($K = 0,4 \quad K = 1,5$ et $K = 4$) analyser le comportement du système.

1. Représenter sommairement la réponse fréquentielle de $G(s)$ dans les plans de Bode et Black (Nichols).
2. Étudier la stabilité du système bouclé en fonction de K : marges de gain et de phase.
3. Étudier le comportement en boucle fermée : gain aux basses fréquences, précision, surtension, bande passante.

Exercice 2 : Mêmes questions avec :

$$G(s) = \frac{10}{s^2 + 2s + 10}$$

et $K = 2,5 \quad K = 1$ et $K = 0,25$.

Exercice 3 : Soit le système de fonction de transfert :

$$G(s) = \frac{2}{s(s+4)}$$

Le système est commandé à l'aide d'une structure de commande à retour unitaire et une loi de commande proportionnelle de gain k.

1. Trouver l'intervalle des valeurs de k telles que le premier dépassement soit inférieur à 5%.
2. Trouver l'intervalle des valeurs de k telles que le temps d'établissement soit inférieur à $4.5s$.
3. Trouver l'intervalle des valeurs de k permettant de satisfaire les conditions en 1. et 2.
4. Trouver la valeur de k parmi celles déterminées en 3. telle que le système ait un temps de montée le plus petit possible.

Exercice 4 : On considère le procédé de fonction de transfert :

$$G(s) = \frac{1}{s^2}$$

Ce système étant en limite de stabilité dans le cas d'une régulation proportionnelle, on met en place une régulation analogique avec correcteur proportionnel dérivé au sein d'une structure à retour unitaire :

$$R(s) = K\,(1 + \tau\, s)$$

1. Calculer les valeurs de K et τ du correcteur permettant d'obtenir pour le système bouclé un mode complexe caractérisé par :

$$\omega_n = 1rd/s \qquad \zeta = 0,5$$

2. En conservant la valeur de τ calculée précédemment, on fait varier le gain $K > 0$. Étudier la stabilité et le comportement en régime transitoire de ce système.

Exercice 5 : Soit le système décrit par la fonction de transfert suivante :

$$G(s) = \frac{1}{(s+2)^2}$$

1. Nous considérons une commande de type proportionnel, $R(s) = K$. Quelle valeur de K conduit à une marge de phase de $45°$?
2. Quel est, pour cette valeur de K, l'erreur de position ?
3. Quels sont alors les pôles ? Calculer le gain harmonique à la résonance, ainsi que la pulsation de résonance.
4. Quelle est la valeur de K conduisant à une erreur de position de 10% ? La marge de phase est-elle supérieure ou inférieure à $45°$?

Exercice 6 : Soit le système décrit par la fonction de transfert suivante :

$$G(s) = \frac{k}{s^3 + 2s^2 + s + k}$$

où k est une constante positive inconnue que l'on souhaite déterminer. Pour cela, une étude de la réponse fréquentielle du système a conduit à la figure suivante.

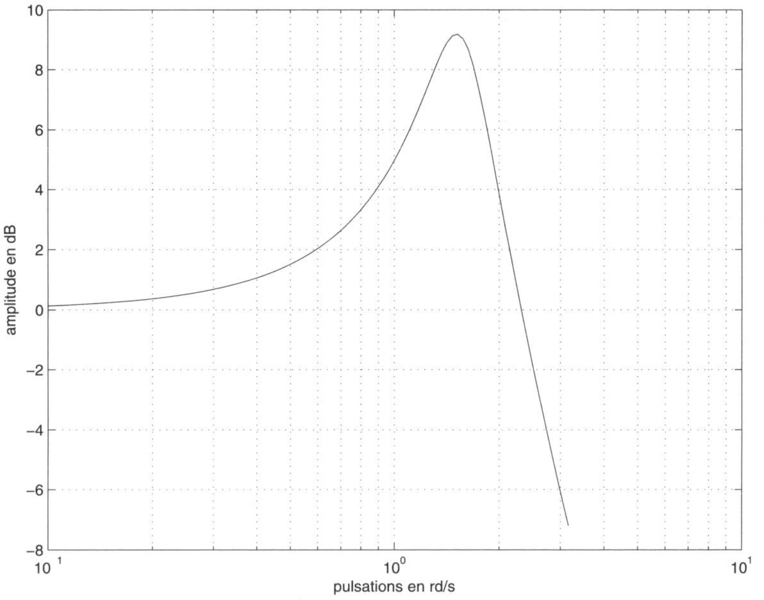

1. En utilisant l'abaque de Black, déterminer la valeur de k.
2. Déterminer les principales caractéristiques de la réponse fréquentielle du système pour $k = 0.6$.

Exercice 7 : Soit les fonctions de transfert suivantes :

$$G_1(s) = \frac{K_1\omega_n^2}{s^2 + 2\zeta\omega_n s + \omega_n^2}$$

$$G_2(s) = \frac{K_2\omega_n^2}{s(s^2 + 2\zeta\omega_n s + \omega_n^2)}$$

On boucle ces systèmes avec un retour unitaire.

1. Montrer que la valeur de K_1 permettant d'obtenir une marge de phase de 45 degrés est :

$$K_1 = 2\sqrt{2}\zeta(\sqrt{\zeta^2+1}+\zeta)$$

2. Montrer que la valeur de K_2 permettant d'obtenir une marge de phase de 45 degrés est :

$$K_2 = 2\sqrt{2}\zeta\omega_n(\sqrt{\zeta^2+1}-\zeta)^2$$

3. En déduire la valeur de K permettant d'obtenir une marge de phase de 45 degrés lorqu'on boucle avec un retour unitaire les systèmes dont les fonctions de transfert sont les suivantes :

$$\frac{K}{(s+a)(s+b)} \qquad \frac{K}{s(s+a)(s+b)}$$

chapitre V

COMMANDABILITÉ ET OBSERVABILITÉ

Dans certains problèmes de commande, il est nécessaire de vérifier que le système possède certaines propriétés structurelles, fondamentales pour avoir la garantie d'atteindre toutes les spécifications fixées a priori. Ces propriétes, commandabilité et observabilité permettent également de mettre en évidence les liens qui existent entre les différents modèles susceptibles de représenter les systèmes linéaires. Plus précisément, nous verrons que l'absence de l'une ou de l'autre entraîne des différences dans les capacités de représentation des différents modèles. Le paragraphe V-1 introduit les définitions et les critères de Kalman. Une particularisation de ces critères lorsque le système est décrit dans l'espace d'état à travers des formes avec matrice dynamique de type diagonal, est présentée dans le paragraphe V-2. Le paragraphe V-3 explicite les liens entre observabilité, commandabilité et les capacités de représentation des divers modèles. Le paragraphe V-4 s'intéresse aux relations qui existent entre commandabilité et observabilité, en particulier le fait qu'il s'agit de propriétés duales au sens mathématique du terme. Le paragraphe V-5 définit les notions de stabilisabilité et détectabilité et un dernier paragraphe présente quelques extensions. Dans de nombreuses parties du chapitre, on considère des systèmes multi entrées, multi sorties, cela n'introduisant aucune difficulté particulière par rapport au cas mono entré mono sortie.

V-1. COMMANDABILITÉ ET OBSERVABILITÉ

Soit le système décrit par :

$$\begin{cases} \dot{x} &= Ax + Bu \\ y &= Cx + Du \end{cases} \tag{V.1}$$

V-1.1 ~ Commandabilité

Définition : Le système (V.1) est commandable si, quel que soit l'état de départ x_d et l'état d'arrivée x_a de R^n, il existe une commande d'amplitude finie $u(t)$ qui amène le système de x_d à x_a en un temps fini.

Théorème [28], [3] : (Critère de Kalman). Le système (V.1) est commandable si et seulement si la **matrice de commandabilité** :

$$Q_c = \begin{bmatrix} B & AB & \ldots & A^{n-1}B \end{bmatrix} \tag{V.2}$$

est **de rang** n. On dit alors que la paire (A, B) est commandable.

V-1.2 ~ Observabilité

Définition : Le système (V.1) est observable si, quel que soit l'état de départ x_d de R^n, il est possible de déterminer cet état à partir de la connaissance de la sortie du système (et des commandes correspondantes, si on en applique) sur un intervalle de temps fini.

Théorème [28], [3] : (Critère de Kalman). Le système (V.1) est observable si et seulement si la **matrice d'observabilité** :

$$Q_o = \begin{bmatrix} C \\ CA \\ \vdots \\ CA^{n-1} \end{bmatrix} \tag{V.3}$$

est **de rang** n. La paire (A, C) est dite alors observable.

Les propriétés de commandabilité et d'observabilité sont invariantes par changement de représentation d'état (transformation de similarité). En effet, considérons M inversible de dimension appropriée. On a :

$$M^{-1}\left[\begin{array}{cccc} B & AB & \dots & A^{n-1}B \end{array}\right] =$$

$$\left[\begin{array}{ccccc} M^{-1}B & M^{-1}AMM^{-1}B & M^{-1}AMM^{-1}AMM^{-1}B & \dots & M^{-1}A^{n-1}MM^{-1}B \end{array}\right]$$

En posant $M^{-1}B = \bar{B}$ et $M^{-1}AM = \bar{A}$, si n rang $Q_c = n$, alors

$$\text{rang}\left[\begin{array}{cccc} \bar{B} & \bar{A}\bar{B} & \dots & \bar{A}^{n-1}\bar{B} \end{array}\right] = n$$

On peut conclure par la même démarche pour ce qui concerne l'observabilité. Dans ce cas, on multiplie Q_o par M inversible, à droite.

V-2. CRITÈRES APPLICABLES AUX FORMES DE JORDAN

On peut toujours ramener le système (V.1) à la forme de Jordan suivante :

$$\left\{\begin{array}{ll} \dot{x} & = \begin{bmatrix} J_1 & & & \\ & J_2 & & \\ & & \ddots & \\ & & & J_r \end{bmatrix} x + B\,u \\ & \\ y & = C\,x \end{array}\right. \tag{V.4}$$

Théorème : Le système (V.4) est commandable si, et seulement si le rang de la matrice constituée des lignes de B associées aux lignes inférieures des blocs de Jordan relatifs à une même valeur propre multiple, est égal au nombre de ces blocs de Jordan.

Théorème : Le système (V.4) est observable, si et seulement si le rang de la matrice constituée des colonnes de C associées aux premières colonnes des blocs de Jordan relatifs à une même valeur propre multiple, est égal au nombre de ces blocs de Jordan.

a ~ Cas de valeurs propres simples

$$\left\{\begin{array}{ll} \dot{x} & = \begin{bmatrix} \lambda_1 & & & \\ & \lambda_2 & & \\ & & \ddots & \\ & & & \lambda_n \end{bmatrix} x + \begin{bmatrix} b_1 \\ b_2 \\ \vdots \\ b_n \end{bmatrix} u \\ & \\ y & = \left[\begin{array}{cccc} c_1 & c_2 & \cdots & c_n \end{array}\right] x \end{array}\right. \tag{V.5}$$

Théorème : Le système (V.5) est commandable si et seulement si les lignes b_i de B sont non nulles.

Théorème : Le système (V.5) est observable si et seulement si les colonnes c_i de C sont non nulles.

b ~ Cas d'une valeur propre multiple

$$\left\{\begin{array}{ll} \dot{x} & = \begin{bmatrix} \lambda & 1 & & \\ & \lambda & \ddots & \\ & & \ddots & 1 \\ & & & \lambda \end{bmatrix} x + \begin{bmatrix} b_1 \\ b_2 \\ \vdots \\ b_n \end{bmatrix} u \\ y & = \begin{bmatrix} c_1 & c_2 & \cdots & c_n \end{bmatrix} x \end{array}\right. \tag{V.6}$$

Théorème : Le système (V.6) est commandable si et seulement si la ligne b_n de B est non nulle.

Théorème : Le système (V.6) est observable si et seulement si la colonne c_1 de C est non nulle.

Exemple

Considérons le système :

$$\left\{\begin{array}{ll} \dot{x} & = \begin{bmatrix} 0 & & & & & & \\ & 0 & 1 & & & & \\ & & 0 & & & & \\ & & & 1 & 1 & & \\ & & & & 1 & & \\ & & & & & 2 & \\ & & & & & & 3 \end{bmatrix} x + \begin{bmatrix} 1 \\ 2 \\ 3 \\ 4 \\ 0 \\ 1 \\ 0 \end{bmatrix} u \\ y & = \begin{bmatrix} 1 & 1 & 0 & 2 & 0 & 0 & 3 \end{bmatrix} x \end{array}\right. \tag{V.7}$$

Le mode triple 0, auquel sont associés deux blocs de Jordan n'est ni commandable ni observable puisque l'entrée et la sortie sont scalaires. Le mode double 1, auquel est associé un seul bloc de Jordan n'est pas commandable en raison de la valeur nulle de l'élément de B correspondant à la ligne inférieure du bloc de Jordan. Il est observable en raison de la valeur 2 de l'élément de C

correspondant à la première colonne du bloc de Jordan. Le mode simple 2 est commandable et non observable. Le mode simple 3 est non commandable et observable.

V-3. COMMANDABILITÉ ET OBSERVABILITÉ : MODÈLES ET STRUCTURE

V-3.1 ~ Exemple de système composite

Considérons l'exemple suivant :

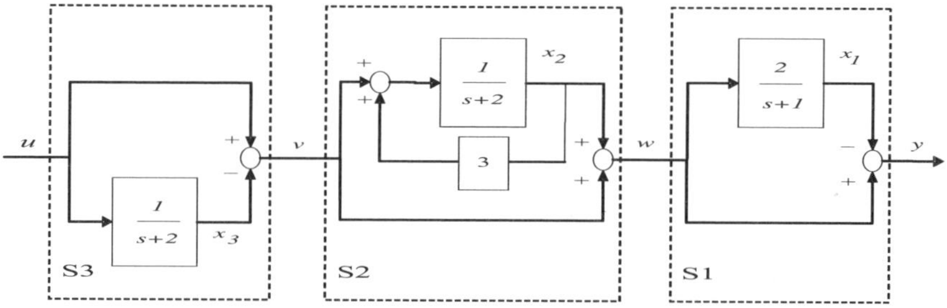

a ~ Modèle d'état

En considérant les variables d'état indiquées sur la figure, on obtient la représentation d'état suivante :

$$\begin{cases} \dot{x} = \begin{bmatrix} -1 & 2 & -2 \\ 0 & 1 & -1 \\ 0 & 0 & -2 \end{bmatrix} x + \begin{bmatrix} 2 \\ 1 \\ 1 \end{bmatrix} u \\ \\ y = \begin{bmatrix} -1 & 1 & -1 \end{bmatrix} x \quad [1]\, u \end{cases}$$

modèle d'ordre 3 modes : $-1 \quad 1 \quad -2$

Par diagonalisation, on peut déduire que :

$$\begin{cases} \dot{x}^* = \begin{bmatrix} -1 & 0 & 0 \\ 0 & 1 & 0 \\ 0 & 0 & -2 \end{bmatrix} x^* + \begin{bmatrix} 0 \\ 2/3 \\ 1/3 \end{bmatrix} u \\ \\ y = \begin{bmatrix} -1 & 0 & -6 \end{bmatrix} x^* \quad [1]\, u \end{cases}$$

Le mode -1 est non commandable et le mode 1 est non observable.

b ~ Fonction de transfert

Le calcul de la fonction de transfert conduit à (voir règles de modifications des schémas-blocs données en annexe A) :

$$G_1(s) = 1 - \frac{2}{s+1} = \frac{s-1}{s+1}, \qquad G_2(s) = 1 + \frac{1/(s+2)}{1-3/(s+2)} = \frac{s}{s-1}$$

$$G_3(s) = 1 - \frac{1}{s+2} = \frac{s+1}{s+2}$$

$$\boxed{G(s) = G_1(s)\,G_2(s)\,G_3(s) = \frac{s}{s+2}}$$

modèle d'ordre 1	mode : -2

Les modes -1 et 1 disparaissent dans la fonction de transfert.

c ~ Équation différentielle

On obtient facilement :

S1 : $y' + y = w' - w$
S2 : $w' - w = v'$
S3 : $v' + 2v = u' + u$

Par substitution, on déduit l'équation globale :

$$\boxed{y'' + 3y' + 2y = u'' + u'}$$

modèle d'ordre 2	modes : $-1 \quad -2$

Le mode 1 disparaît dans l'équation différentielle.

V-3.2 ~ Propriétés structurelles des modèles

- Le modèle **fonction de transfert** ne représente **que la partie observable et commandable** d'un système.
- Le modèle **équation différentielle** ne représente **que la partie observable** (commandable ou non) d'un système.
- Un modèle **équations d'état** représente **l'intégralité** d'un système.

V-3.3 ~ Composition de systèmes

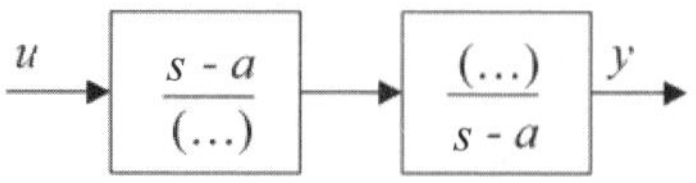

Mode a non commandable

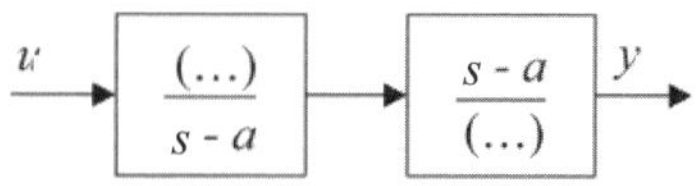

Mode a non observable

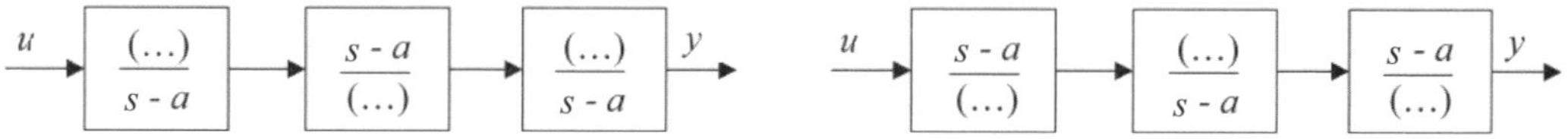

Mode a non commandable et non observable

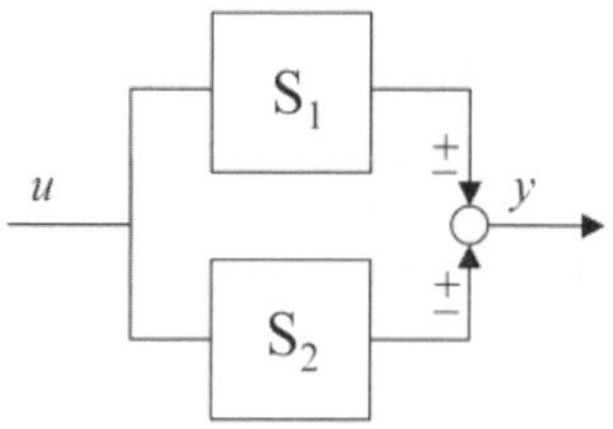

Commandable (respectivement observable) si S_1 et S_2 commandables (respectivement observables) et si S_1 et S_2 n'ont pas de mode commun.

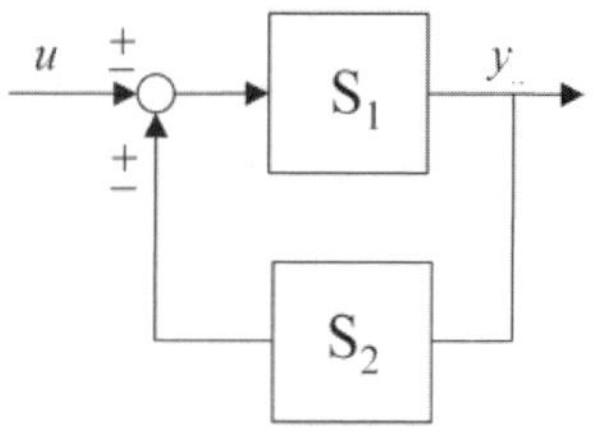

Commandable si la cascade S_1 S_2 est commandable.

Observable si la cascade S_2 S_1 est observable.

V-3.4 ~ Décomposition canonique de Kalman

Des paragraphes qui précèdent, on peut déduire un certain nombre de résultats concernant la possibilité de transformer les modèles d'état des systèmes non commandables, non observables, ou les deux, en des formes dites canoniques.

Considérons pour commencer les systèmes non commandables. On a :

Théorème : Pour un système non commandable décrit par la paire (A, B), il existe une matrice de changement de représentation d'état M telle que :

$$A_{\overline{C}} = M^{-1}AM = \begin{bmatrix} A_{1C} & A_{12} \\ 0 & A_{2C} \end{bmatrix} \qquad B_{\overline{C}} = M^{-1}B = \begin{bmatrix} B_{1C} \\ 0 \end{bmatrix}$$

avec $A_{1C} : n_c \times n_c, B_{1C} : n_c \times m, n_c = \text{rang}(Q_c)$ et la paire (A_{1C}, B_{1C}) commandable.

On peut choisir M de la manière suivante :

$$M = \begin{bmatrix} v_1 & \cdots & v_{n_c} & Q_{n-n_c} \end{bmatrix}$$

où $v_1, \cdots, v_{n_c}$ est une base de l'espace image de Q_c et $Q_{n-n_c} : n \times (n - n_c)$ est une matrice de $n - n_c$ vecteurs linéairement indépendants choisis de telle sorte que M est inversible.

On a un résultat analogue pour les systèmes non observables.

Théorème : Pour un système non observable décrit par la paire (C, A), il existe une matrice de changement de représentation d'état N telle que :

$$A_{\overline{O}} = N^{-1}AN = \begin{bmatrix} A_{1O} & 0 \\ A_{21} & A_{2O} \end{bmatrix} \qquad C_{\overline{C}} = CN = \begin{bmatrix} C_{1O} & 0 \end{bmatrix}$$

avec $A_{1O} : n_o \times n_o, C_{1O} : p \times n_o, n_o = \text{rang}(Q_o)$ et la paire (A_{1O}, C_{1O}) observable.

On peut choisir N de la manière suivante :

$$N = \begin{bmatrix} Q_{n_o} & w_1 & \cdots & w_{n-n_o} \end{bmatrix}$$

où $w_1, \cdots, w_{n-n_o}$ est une base du noyau de Q_o et $Q_{n_o} : n \times n_o$ est une matrice de n_o vecteurs linéairement indépendants choisis de telle sorte que N est inversible.

On peut combiner les deux résultats précédents pour obtenir le théorème de décomposition de Kalman [3] :

Théorème : Pour un système non commandable et non observable décrit par le triplet (C, A, B), il existe une matrice de changement de représentation d'état T telle que :

$$A_T = T^{-1}AT = \begin{bmatrix} A_{11} & 0 & A_{13} & 0 \\ A_{21} & A_{22} & A_{23} & A_{24} \\ 0 & 0 & A_{33} & 0 \\ 0 & 0 & A_{43} & A_{44} \end{bmatrix} \qquad B_T = T^{-1}B = \begin{bmatrix} B_1 \\ B_2 \\ 0 \\ 0 \end{bmatrix}$$

$$C_T = CT = \begin{bmatrix} C_1 & 0 & C_3 & 0 \end{bmatrix}$$

où :

1. (A_C, B_C) avec :

$$A_C = \begin{bmatrix} A_{11} & 0 \\ A_{21} & A_{22} \end{bmatrix} \quad B_C = \begin{bmatrix} B_1 \\ B_2 \end{bmatrix}$$

   est commandable et $A_C : n_c \times n_c$, $B_C : n_c \times m$

2. (C_O, A_O) avec :

$$A_O = \begin{bmatrix} A_{11} & A_{13} \\ 0 & A_{33} \end{bmatrix} \quad C_O = \begin{bmatrix} C_1 & C_3 \end{bmatrix}$$

   est observable et $A_O : n_o \times n_o$, $B_C : p \times n_o$. Les dimensions des matrices A_{ij}, B_i et C_j sont :

$$\begin{array}{lcl} A_{11} & : & (n_c - n_{c\bar{o}}) \times (n_c - n_{c\bar{o}}) \\ A_{33} & : & [n - (n_c + n_{\bar{o}} - n_{c\bar{o}})] \times [n - (n_c + n_{\bar{o}} - n_{c\bar{o}})] \\ B_1 & : & (n_c - n_{c\bar{o}}) \times m \\ C_1 & : & p \times (n_c - n_{c\bar{o}}) \\ A_{22} & : & n_{c\bar{o}} \times n_{c\bar{o}} \\ A_{44} & : & (n_{\bar{o}} - n_{c\bar{o}}) \times (n_{\bar{o}} - n_{c\bar{o}}) \\ B_2 & : & n_{c\bar{o}} \times m \\ C_3 & : & p \times [n - (n_c + n_{\bar{o}} - n_{c\bar{o}})] \end{array}$$

3. le triplet (C_1, A_{11}, B_1) est tel que la paire (A_{11}, B_1) est commandable et la paire (C_1, A_{11}) est observable.

La construction d'une matrice T est un peu plus délicate, mais ne pose pas de réelle difficulté, voir [3]. On peut représenter graphiquement la décomposition canonique de Kalman. Sur la figure suivante, C et O signifient commandable et observable alors que $\overline{C}$ et $\overline{O}$ signifient non commandable et non observable.

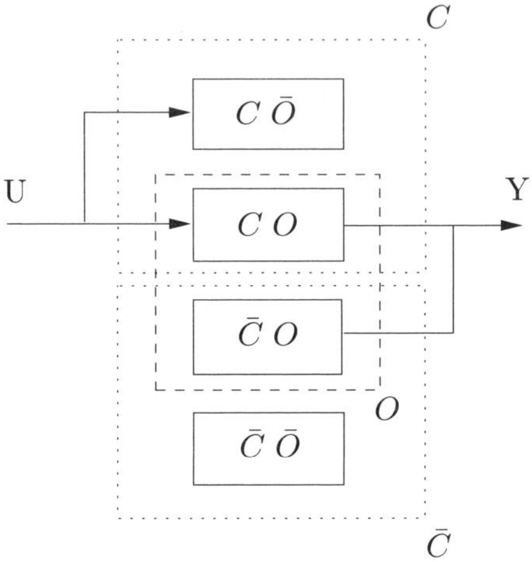

V-4. DUALITÉ COMMANDABILITÉ - OBSERVABILITÉ

La notion de dualité est très féconde dans de nombreux domaines comme, par exemple, l'optimisation. Il en est de même en théorie des systèmes où cette notion joue également un rôle important. Pour plus de détails, le lecteur peut consulter [7].

Système S :

$$\begin{cases} \dot{x} = A\,x + B\,u \\ y = C\,x \end{cases}$$

Système dual Σ :

$$\begin{cases} \dot{\xi} = A^T\,\xi + C^T\,\nu \\ \gamma = B^T\,\xi \end{cases}$$

C.N.S. de commandabilité de S :

C.N.S. d'observabilité de Σ :

$$\text{rang}\begin{bmatrix} B & AB & \dots & A^{n-1}B \end{bmatrix} = n \iff \text{rang}\begin{bmatrix} B^T \\ B^T A^T \\ \vdots \\ B^T\left(A^T\right)^{n-1} \end{bmatrix} = n$$

C.N.S. d'observabilité de S :

C.N.S. de commandabilité de Σ :

$$\text{rang}\begin{bmatrix} C \\ CA \\ \vdots \\ CA^{n-1} \end{bmatrix} = n \iff \text{rang}\begin{bmatrix} C^T & A^T C^T & \dots & \left(A^T\right)^{n-1} C^T \end{bmatrix} = n$$

V-5. STABILISABILITÉ, DÉTECTABILITÉ

Si un système n'est pas commandable et que les modes non commandables sont instables (c'est à dire à partie réelle positive) alors il n'existe pas de commande qui stabilise le système. Par contre si les modes instables sont tous commandables et que ses modes stables sont commandables ou pas, il est possible de calculer une commande qui stabilise le système. On dit alors que le système est stabilisable [3].

Définition : Un système est dit stabilisable si tous ses modes non commandables sont stables.

Par dualité, on peut définir un concept similaire qui concerne les modes non observables.

Définition : Un système est dit détectable si tous ses modes non observables sont stables.

V-6. AUTRES CRITÈRES DE COMMANDABILITÉ ET D'OBSERVABILITÉ

V-6.1 ~ Critères de Popov-Belevitch-Hautus

a ~ Critère de commandabilité

Théorème [34] : Le système (V.1) est commandable si et seulement si la matrice :

$$H_C = \begin{bmatrix} \lambda I - A & B \end{bmatrix}$$

est **de rang** n pout tout $\lambda \in \mathbb{C}$ (ou pour les n valeurs propres de A).

b ~ Critère de stabilisabilité

Théorème : Le système (V.1) est stabilisable si et seulement si la matrice :

$$H_C = \begin{bmatrix} \lambda I - A & B \end{bmatrix}$$

est **de rang** n pout tout $\lambda \in \mathbb{C}^+$ (ou pour les valeurs propres instables de A).

c ~ Critère d'observabilité

Théorème [34] : Le système (V.1) est observable si et seulement si la matrice :

$$H_O = \begin{bmatrix} \lambda I - A \\ C \end{bmatrix}$$

est **de rang** n pout tout $\lambda \in \mathbb{C}$ (ou pour les n valeurs propres de A).

d ~ Critère de détectabilité

Théorème : Le système (V.1) est détectable si et seulement si la matrice :

$$H_O = \begin{bmatrix} \lambda I - A \\ C \end{bmatrix}$$

est **de rang** n pout tout $\lambda \in \mathbb{C}^+$ (ou pour les valeurs propres instables de A).

V-6.2 ~ Critères pour les systèmes stables asymptotiquement

En plus des critères précédents, les critères suivants sont applicables lorsque le système est asymptotiquement stable [3].

a ~ Critère de commandabilité

Théorème : Le système (V.1) stable asymptotiquement est commandable si et seulement si la solution symétrique P_C de l'équation de Lyapunov :

$$AP_C + P_C A^T + BB^T = 0$$

est définie positive.

La matrice P_C est appelée gramien de commandabilité et on peut montrer qu'elle s'écrit :

$$P_C = \int_0^\infty e^{At} BB^T e^{A^T t} dt$$

b ~ Critère d'observabilité

Théorème : Le système (V.1) stable asymptotiquement est observable si et seulement si la solution symétrique P_O de l'équation de Lyapunov :

$$A^T P_O + P_O A + C^T C = 0$$

est définie positive.

La matrice P_O est appelée gramien d'observabilité et on peut montrer qu'elle s'écrit :

$$P_O = \int_0^\infty e^{A^T t} C^T C e^{At} dt$$

Pour ce qui concerne la stabilisabilité ou la détectabilité, un système asymptotiquement stable est toujours stabilisable et détectable. Toutefois, dans ce cas, les solutions des équations de Lyapunov des théorèmes précédents ne sont plus définies positives, elles sont semi-définies positives.

Pour ce qui concerne les systèmes ne possédant pas de propriétés de stabilité particulière, il existe une caractérisation de la stabilisabilité et de la détectabilité à travers l'existence de solutions définies positives à des équations de Lyapunov particulières qui font intervenir des matrices de gains particulières.

c ~ Critère de stabilisabilité

Théorème : Le système (V.1) est stabilisable si et seulement si, quelle que soit Q_s matrice symétrique définie positive de dimensions appropriées, il existe une matrice L et une matrice symétrique définie positive P_s de dimensions appropriées, solutions de l'équation de Lyapunov suivante :

$$(A + BL)P_s + P_s(A + BL)^T + Q_s = 0$$

On peut montrer que la matrice P_s s'écrit :

$$P_s = \int_0^\infty e^{(A+BL)t} Q_s e^{(A+BL)^T t} dt$$

d ~ Critère de détectabilité

Théorème : Le système (V.1) est détectable si et seulement si quelle que soit Q_d matrice symétrique définie positive de dimensions appropriées, il existe une matrice H et une matrice symétrique définie positive P_d de dimensions appropriées, solutions de l'équation de Lyapunov suivante :

$$(A + HC)^T P_d + P_d(A + HC) + Q_d = 0$$

On peut montrer que la matrice P_d s'écrit :

$$P_d = \int_0^{\infty} e^{(A+HC)^T t} Q_d e^{(A+HC)t} dt$$

V-7. EXERCICES

Exercice 1 : Soit le système décrit par la représentation d'état suivante :

$$\begin{cases} \dot{x} &= \begin{bmatrix} -a_1 & 1 \\ -a_0 & 0 \end{bmatrix} x + \begin{bmatrix} b_1 \\ b_0 \end{bmatrix} u \\ y &= \begin{bmatrix} 1 & 0 \end{bmatrix} \end{cases}$$

1. Donner la condition pour que ce système soit commandable.
2. Considérer les polynômes $s^2 + a_1 s + a_0$ et $b_1 s + b_0$. Que signifie la condition de commandabilité pour ces polynômes ?

Exercice 2 : Soit le système décrit par :

$$\begin{cases} \dot{x} &= Ax + Bu \\ y &= Cx \end{cases}$$

1. Donner le changement de représentation d'état en fonction de A et B permettant d'obtenir la forme canonique de commandabilité.
2. Donner le changement de représentation d'état en fonction de A et B permettant d'obtenir la forme canonique d'observabilité.

Exercice 3 : Répondre aux questions pour chacun des systèmes décrits par les équations suivantes :

$$\begin{cases} \dot{x} = \begin{bmatrix} -2 & 1 & 1 \\ 0 & -1 & -1 \\ 0 & 0 & 0 \end{bmatrix} x + \begin{bmatrix} 0 \\ 0 \\ 1 \end{bmatrix} u \\ y = \begin{bmatrix} 1 & 0 & 0 \end{bmatrix} x \end{cases}$$

$$\begin{cases} \dot{x} = \begin{bmatrix} 1 & 2 & -1 \\ 0 & 1 & 0 \\ 1 & -4 & 3 \end{bmatrix} x + \begin{bmatrix} 0 \\ 0 \\ 1 \end{bmatrix} u \\ y = \begin{bmatrix} 1 & -1 & 1 \end{bmatrix} x \end{cases}$$

1. Ce système est-il commandable ? Est-il observable ? Quels sont les modes non commandables, non observables ?
2. Calculer la fonction de transfert. Donner une représentation d'état avec matrice d'évolution sous forme compagne.

Exercice 4 : On considère une inertie J en rotation θ sous l'effet d'un couple u. On prendra $J = 1$

1. Écrire une représentation d'état pour ce système.
2. Étudier la commandabilité et l'observabilité de ce système suivant que l'on prend pour sortie $y = \theta$ ou $y = \dfrac{d\theta}{dt}$.
3. Donner une explication pratique de la notion d'observabilité en se plaçant dans les conditions suivantes :

$$u = 0, \quad \theta(0) \neq 0, \quad \frac{d\theta}{dt}(0) \neq 0$$

4. En prenant $x(0) = 0$, montrer que l'on peut atteindre l'état $x(1) = [-1 \quad 1]^T$ à l'aide d'une commande

$$u(t) = -a\Gamma(t) + (a+b)\Gamma(t-\alpha), \;\; 0 < \alpha < 1$$

   On calculera a et b en fonction de α.

5. Parmi toutes les commandes possibles de ce type, quelle est celle qui minimise le critère énergétique suivant :

$$J = \int_0^1 u^2(t)dt$$

Exercice 5 : On considère les systèmes S_1 et S_2 caractérisés par leurs fonctions de transfert respectivement :

$$\frac{Y_1(s)}{U_1(s)} = \frac{s+3}{s+1} \cdot \frac{Y_2(s)}{U_2(s)} = \frac{s-1}{s+3}$$

1. Écrire les équations d'état de ces deux systèmes.

2. Calculer les matrices $A,\ B, C$ et D du système composé dans les quatre cas suivants :

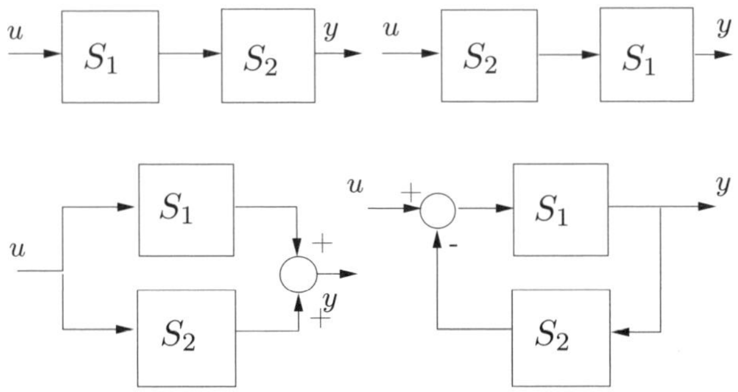

3. Conclure quant à la commandabilité et l'observabilité de chacun de ces systèmes. Expliquer les résultats.

Exercice 6 : On considère le système décrit par l'équation différentielle suivante :

$$y^{(4)} + 6y^{(3)} + 13y'' + 12y' + 4y = u'' + 2u' + u$$

1. Étudier la commandabilité et l'observabilité de ce système. Expliquer.
2. Donner une représentation d'état avec matrice d'évolution sous forme compagne.
3. Est-il possible de donner une représentation d'état sous forme canonique de commandabilité ?
4. Même question pour la forme canonique d'observabilité ?

chapitre VI

COMMANDE DES SYSTÈMES LINÉAIRES : APPROCHE ENTRÉE-SORTIE

Ce chapitre présente quelques méthodes de commande dans le cadre d'une approche entrée sortie. Dans ce contexte, le calcul de la loi de commande est fait en supposant la connaissance d'un modèle du système sous la forme d'une fonction de transfert obtenue en appliquant les lois de la physique ou par des techniques dites d'identification. Le paragraphe VI-1 présente le régulateur PID très populaire dans l'industrie. Les paragraphes VI-2 et VI-3 développent les techniques de correction par avance et retard de phase. Le paragraphe VI-4 traite des méthodes qui consistent à fixer les pôles de la fonction de transfert en boucle en fermée. Enfin, le dernier paragraphe introduit les techniques de commande optimale.

VI-1. RÉGULATEUR PROPORTIONNEL - INTÉGRAL - DÉRIVÉ (P.I.D.)

Il s'agit d'un régulateur très répandu dans le domaine industriel. C'est un outil standard de la commande de nombreux procédés industriels. Conçu initialement en technologie analogique (hydraulique, pneumatique, électronique...), il peut être transposé en numérique pour être implanté sur calculateur [4].

VI-1.1 ~ Formulation générale du régulateur P.I.D.

La loi de commande a la forme générale suiavnte :

$$\boxed{u(t) = k_p \left[\varepsilon(t) + \frac{1}{\tau_i}\int_0^t \varepsilon(t)dt + \tau_d \frac{d\varepsilon(t)}{dt}\right]}$$

$$u(t) = k_p\varepsilon(t) + \frac{k_p}{\tau_i}\int_0^t \varepsilon(t)dt + k_p\tau_d \frac{d\varepsilon(t)}{dt}$$

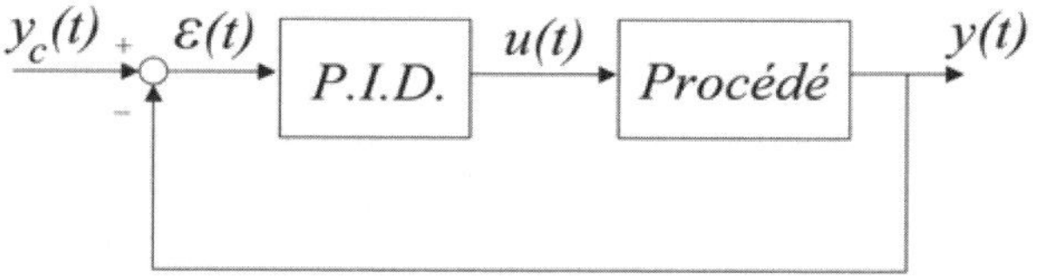

La transformée de Laplace de $u(t)$ s'écrit :

$$\boxed{U(s) = k_p \left\{[Y_c(s) - Y(s)] + \frac{1}{\tau_i\, s}[Y_c(s) - Y(s)] + \tau_d\, s\,[Y_c(s) - Y(s)]\right\}}$$

VI-1.2 ~ Effets des différentes actions du P.I.D.

a ~ Action proportionnelle : $p\,(t) = k_p\varepsilon(t)$

Elle est dosée en fonction du résultat. Elle réduit si ε diminue. On a les tendances suivantes :

- k_p grand : action énergique et rapide, mais risque de dépassement.
- k_p petit : réponse lente et molle.

On introduit la notion de **Bande Proportionnelle (B.P.)** définie comme la plage d'écart dans laquelle $u(t) = k_p\varepsilon(t)$ est vraie, c'est-à-dire :

$$\boxed{B.P. = \frac{u_{\max}}{k_p}}$$

$u_{\max}$ valeur de saturation en amplitude de l'action (limitation due aux amplificateurs, actionneurs $\cdots$).

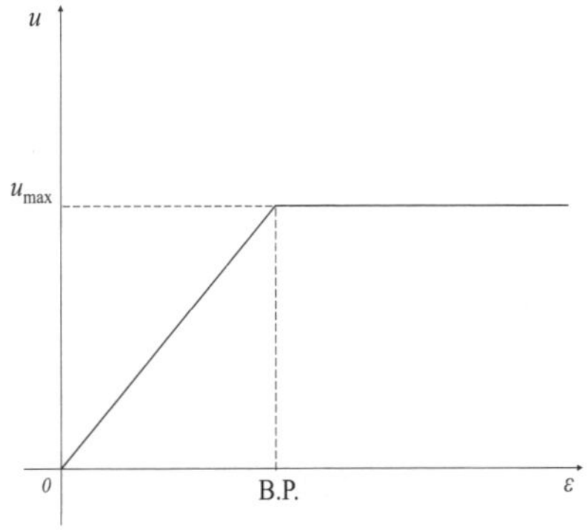

b ~ Action intégrale : $i(t) = \dfrac{k_p}{\tau_i} \int_0^t \varepsilon(t)dt$

Ses principaux effets sont :

- En statique : annulation de l'écart.
- En dynamique : ralentissement du transitoire (en cas de variation brusque de la consigne, action intégrale progressive). Augmentation de l'instabilité.

c ~ Action dérivée : $d(t) = k_p\tau_d \dfrac{d\varepsilon(t)}{dt}$

Les effets principaux de cette action sont les suivants :

- Effet d'anticipation par prise en compte du sens de variation de l'écart ε.
- En statique : aucun effet.
- En dynamique : effet stabilisateur. Augmentation de la rapidité de réponse.

VI-1.3 ~ Adaptations du P.I.D.

a ~ Partie proportionnelle

En régulation, des discontinuités sur la consigne peuvent conduire à des variations brusques de la commande. Pour atténuer un tel effet, on peut être amené à n'injecter qu'une partie $by_c\,(t)$ de la consigne (avec $b < 0$) dans le terme proportionnel (la précision étant malgré tout assurée grâce au terme intégral) :

$$[Y_c(s) - Y(s)] \quad \rightarrow \quad [bY_c(s) - Y(s)]$$

b ~ Partie dérivée

Pour éviter des variations brusques de la commande dues à des discontinuités de la consigne, on peut appliquer la dérivation au seul terme de sortie $Y(s)$:

$$\tau_d\, s\; [Y_c(s) - Y(s)] \quad \rightarrow \quad -\tau_d\, s\, Y(s)$$

De même, on limite le gain aux hautes fréquences de la partie dérivée en remplaçant $s\tau_d$ par :

$$\frac{s\tau_d}{1 + s\tau_d/N}$$

d'où la nouvelle formulation :

$$\boxed{U(s) = k_p \left\{ [b\,Y_c(s) - Y(s)] + \frac{1}{\tau_i\, s}\, [Y_c(s) - Y(s)] - \frac{\tau_d\, s}{1 + \frac{\tau_d}{N}\, s}\, Y(s) \right\}}$$

c ~ Partie intégrale (système anti-windup)

Elle produit des effets indésirables possibles (actionneur en butée) lorsque, en raison de l'accumulation des erreurs, l'intégrateur sature [5].

Ceci peut être corrigé par un système anti-windup (voir figure suivante) : la sortie v du P.I.D. génère la commande u à travers une saturation simulant la saturation réelle de l'actionneur. L'écart entre u et v est rebouclé sur la partie intégrale du correcteur, avec une constante d'intégration τ_t.

Lorsque la commande sature, alors $u = Cte$ est de type échelon. La boucle comportant une intégration, l'écart e_s tend vers zéro et v tend donc vers $u = Cte$, entraînant une désaturation de l'intégrateur (voir figure suivante).

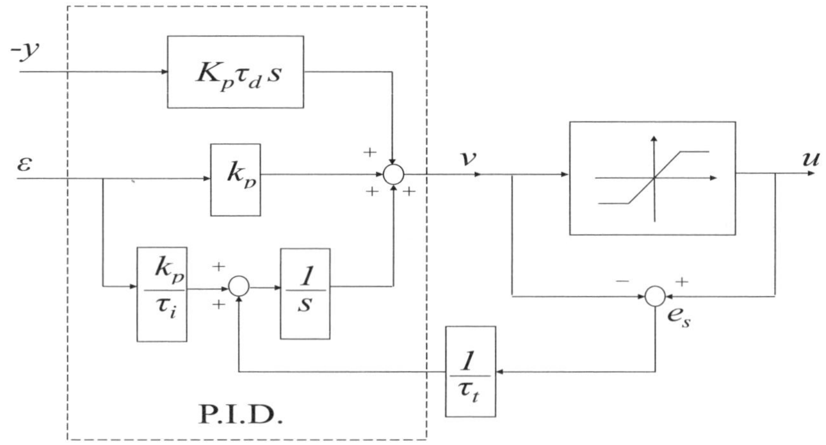

VI-1.4 ~ Réglage du P.I.D.

Le réglage du régulateur P.I.D. [4] passe par le choix des paramètres k_p, τ_i, τ_d, τ_t, b et N. Les paramètres fondamentaux sont k_p, τ_i et τ_d. Le paramètre N est souvent fixé à la valeur par défaut $N = 10$. La constante de temps τ_t est choisie dans la fourchette $[\tau_i/10 \;\; \tau_i]$.

Pour la détermination des paramètres k_p, τ_i et τ_d, des méthodes expérimentales d'analyse du procédé ont été proposées par Ziegler et Nichols [40].

a ~ Méthode de la réponse indicielle

Les paramètres du correcteur sont établis à partir du retard pur T_r et de la pente en régime transitoire a de la réponse indicielle du système à commander.

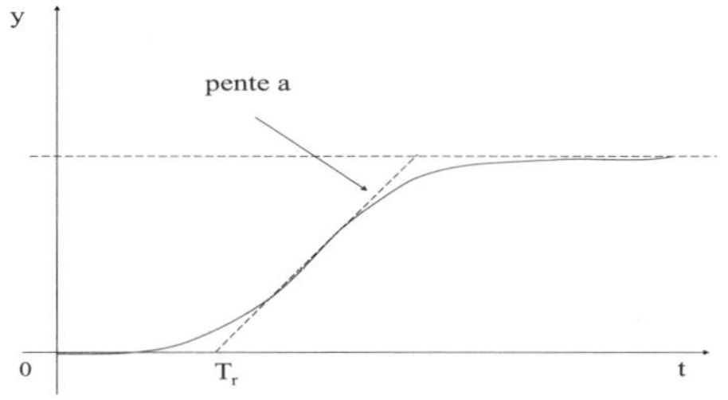

On utilise les formules données dans le tableau suivant :

Type	k_p	τ_i	τ_d
P	$1/aT_r$		
PI	$0,9/aT_r$	$3T_r$	
PID	$1,2/aT_r$	$2T_r$	$0,5T_r$

b ~ Méthode de l'oscillation limite en boucle fermée

Dans cette méthode, le système est bouclé avec un gain proportionnel K que l'on augmente jusqu'à faire entrer le système bouclé en oscillations.

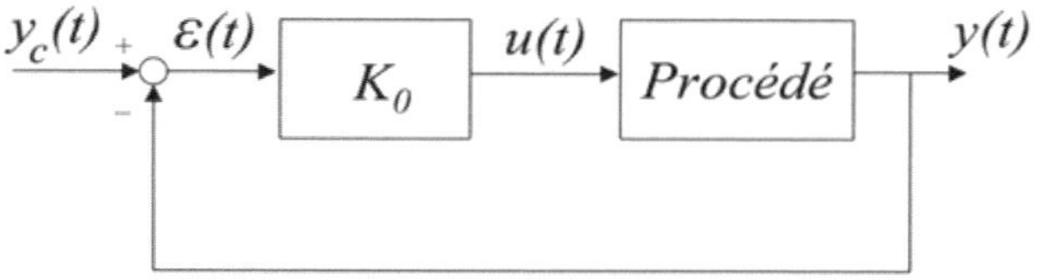

La valeur K_0 du gain correspondant et la période T_0 des oscillations permettent le calcul du PID en utilisant les formules du tableau suivant :

Type	k_p	τ_i	τ_d
P	$0,5K_o$		
PI	$0,45K_o$	$T_o/1,2$	
PID	$0,6K_o$	$T_o/2$	$T_o/8$

VI-2. RÉSEAU CORRECTEUR À AVANCE DE PHASE

Le système est bouclé comme l'indique le schéma suivant :

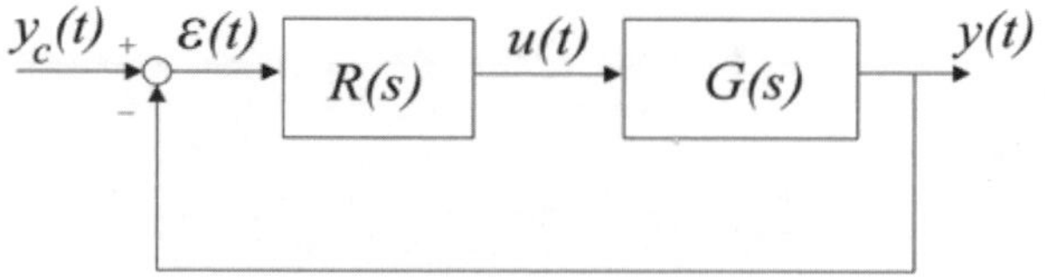

VI-2.1 ~ Principe de correction

Le principe de correction [9] consiste en un apport de phase dans la région correspondant au gain unité comme le montre la figure suivante :

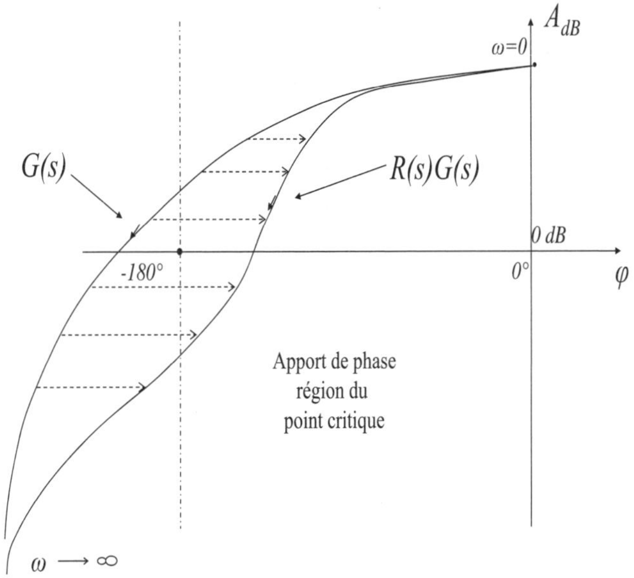

Principe de la correction avance de phase

VI-2.2 ~ Modèle du correcteur

Pour atteindre cet objectif, on considère le réseau correcteur du premier ordre décrit par sa fonction de transfert :

$$R(s) = \frac{1 + aTs}{1 + Ts} \qquad a > 1$$

a est le coefficient d'avance de phase et T la constante de temps.

Sa réponse fréquentielle est représentée sur la figure suivante :

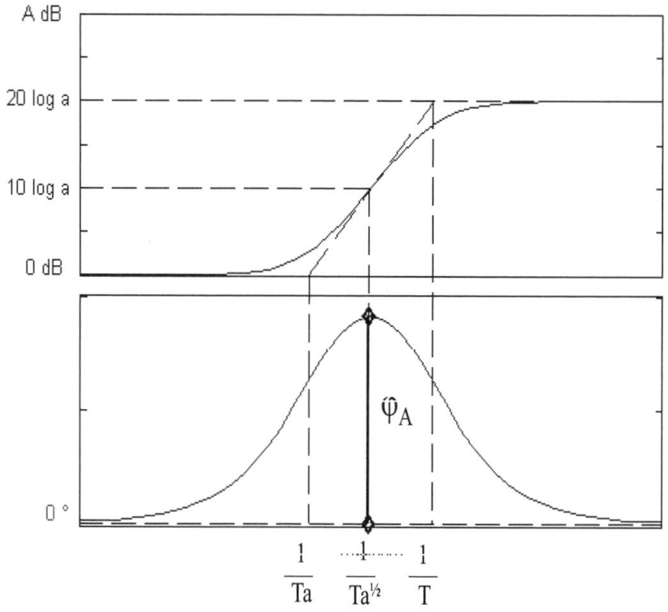

Phase maximale φ_A à la pulsation ω_m.

$$\omega_m = \frac{1}{T\sqrt{a}} \qquad \sin\varphi_A = \frac{a-1}{a+1}$$

Supplément de gain en amplitude :

- $10\log a$ à la pulsation ω_m
- $20\log a$ aux hautes fréquences

Le paramètre a permet de régler l'avance de phase maximale φ_A. Le paramètre T permet ensuite de choisir la pulsation où s'appliquera l'avance de phase maximale.

VI-2.3 ~ Effets principaux du correcteur

- Amélioration de la marge de phase.
- Augmentation de la bande passante.
- Augmentation de la rapidité.
- Limitation : en pratique $\varphi_A < 60°$.

VI-2.4 ~ Exemple de calcul d'un correcteur

On souhaite commander un système de fonction de transfert $G(s)$ et satisfaire simultanément une condition de précision et une condition de stabilité (marge de phase).

a ~ Procédure de calcul du correcteur

Procédure :

1. Calculer la valeur du gain de boucle $K = K_\varepsilon$ permettant de satisfaire la condition de précision.
2. Évaluer, à partir des courbes de réponse en fréquence de $KG(s)$, l'avance de phase maximale φ_A que devra apporter le correcteur :

$$\boxed{\varphi_A = (\varphi_D - \varphi_M)\, h \qquad h > 1}$$

   φ_D : marge de phase désirée $\qquad \varphi_M$: marge de phase effective

   Le coefficient h permet de prendre en compte le fait que, en raison de l'apport de gain en amplitude du correcteur aux hautes fréquences, le passage à 0 dB de la courbe de gain en amplitude du système corrigé (point de mesure de la marge de phase) se fera à une pulsation plus élevée.
3. Déterminer le coefficient d'avance de phase :

$$\boxed{a = \frac{1 + \sin \varphi_A}{1 - \sin \varphi_A}}$$

4. Placer le correcteur dans la zone de fréquences assurant la meilleure efficacité de l'avance de phase. Pour cela, placer ω_m à la pulsation pour laquelle le gain en amplitude du système non corrigé vaut $-10 \log a$. On en déduit :

$$\boxed{T = \frac{1}{\omega_m \sqrt{a}}}$$

b ~ Remarque

Dans le cas d'un correcteur passif, la fonction de transfert est de la forme (module ≤ 1) :

$$R(s) = \frac{1}{a}\frac{1 + aTs}{1 + Ts}$$

Pour compenser l'atténuation introduite par le correcteur, il convient de multiplier par a le gain de boucle initialement calculé :

$$K = aK_{\varepsilon}$$

La figure suivante illustre les effets de la correction dans le plan de Bode.

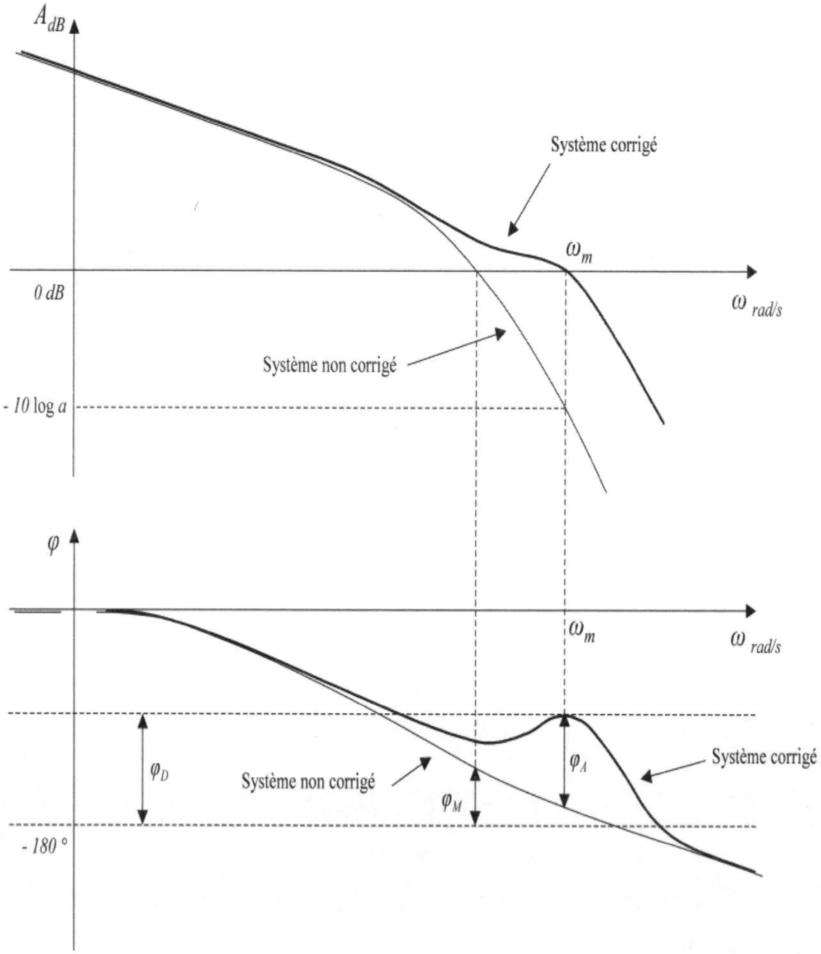

VI-3. RÉSEAU CORRECTEUR À RETARD DE PHASE

Le système est bouclé comme dans le cas de la correction par avance de phase. Cette structure est rappelée ici.

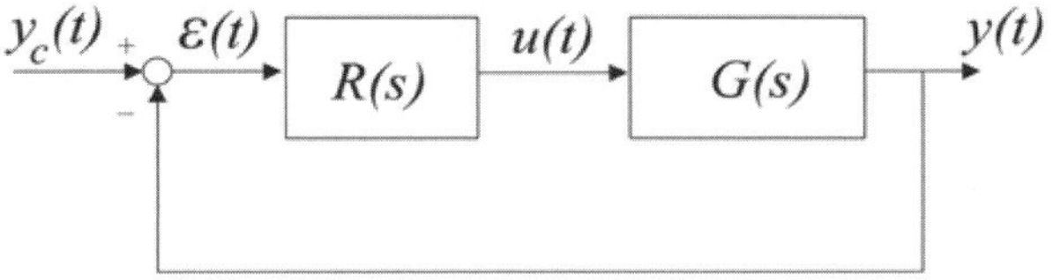

VI-3.1 ~ Principe de correction

Le principe de la correction consiste en une atténuation des gains autour de la région correspondant au gain unité [9] comme le montre la figure suivante :

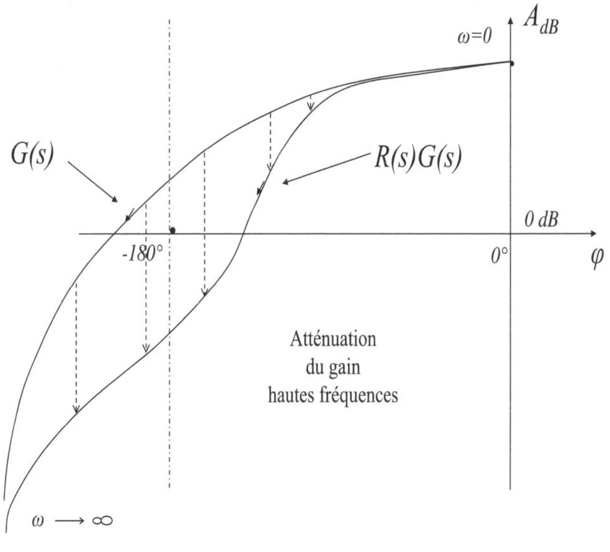

Principe de la correction avance de phase

VI-3.2 ~ Modèle du correcteur

Pour atteindre cet objectif, on considère le réseau correcteur du premier ordre [9] décrit par sa fonction de transfert :

$$R(s) = \frac{1+bTs}{1+Ts} \qquad 0 < b < 1$$

b est le coefficient de retard de phase et T est la constante de temps. Sa réponse fréquentielle est représentée sur la figure suivante :

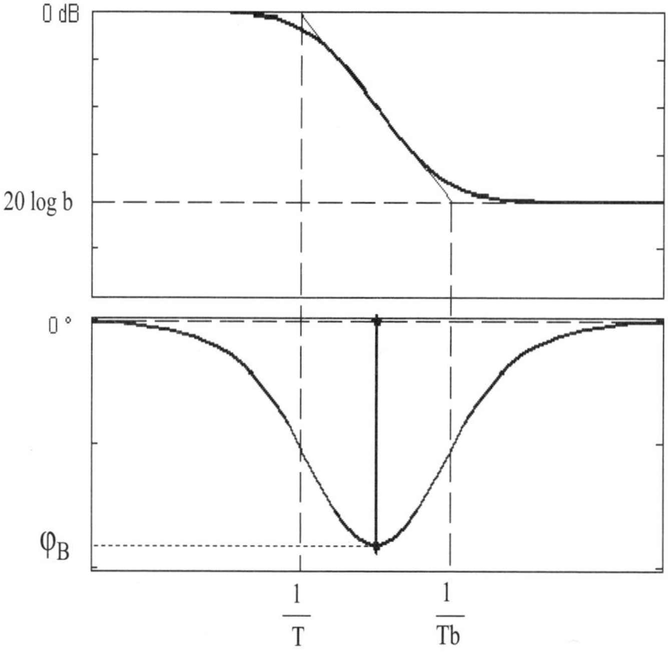

Atténuation HF du gain en amplitude :

$$\boxed{20 \log b}$$

Phase minimale φ_B à pulsation ω_m.

$$\boxed{\omega_m = \frac{1}{T\sqrt{b}} \qquad \sin \varphi_B = \frac{b-1}{b+1} < 0}$$

Le paramètre b permet de régler l'atténuation d'amplitude. Le paramètre T permet ensuite de positionner le correcteur pour éviter les effets néfastes du retard de phase.

VI-3.3 ~ Effets principaux du correcteur

- Atténuation amplitude aux hautes fréquences.
- Diminution de la bande passante.
- Diminution de la rapidité.
- Retard de phase déstabilisant.

VI-3.4 ~ Exemple de calcul d'un correcteur

On souhaite commander un système de fonction de transfert $G(s)$ et satisfaire simultanément une condition de précision et une condition de stabilité (marge de phase).

Procédure de calcul du correcteur

Procédure :

1. Calculer la valeur du gain de boucle $K = K_\varepsilon$ permettant de satisfaire la condition de précision.
2. La marge de phase désirée φ_D pourra être obtenue si le gain en amplitude est égal à 0dB à la pulsation correspondante ω_c. Ceci passe par une atténuation :

$$20 \log b = -A(\omega_c)$$

   obtenue grâce à $b < 0$ tel que :

$$\boxed{b = 10^{-\frac{A(\omega_c)}{20}}}$$

3. Placer le correcteur dans le spectre de fréquence de sorte que son retard de phase ne nuise pas à la stabilité du système corrigé. Pour cela, choisir :

$$\boxed{\frac{1}{Tb} \ll \omega_c}$$

   où ω_c est la pulsation associée à la marge de phase désirée φ_D.

La figure suivante illustre les effets de la correction par retard de phase dans le plan de Bode.

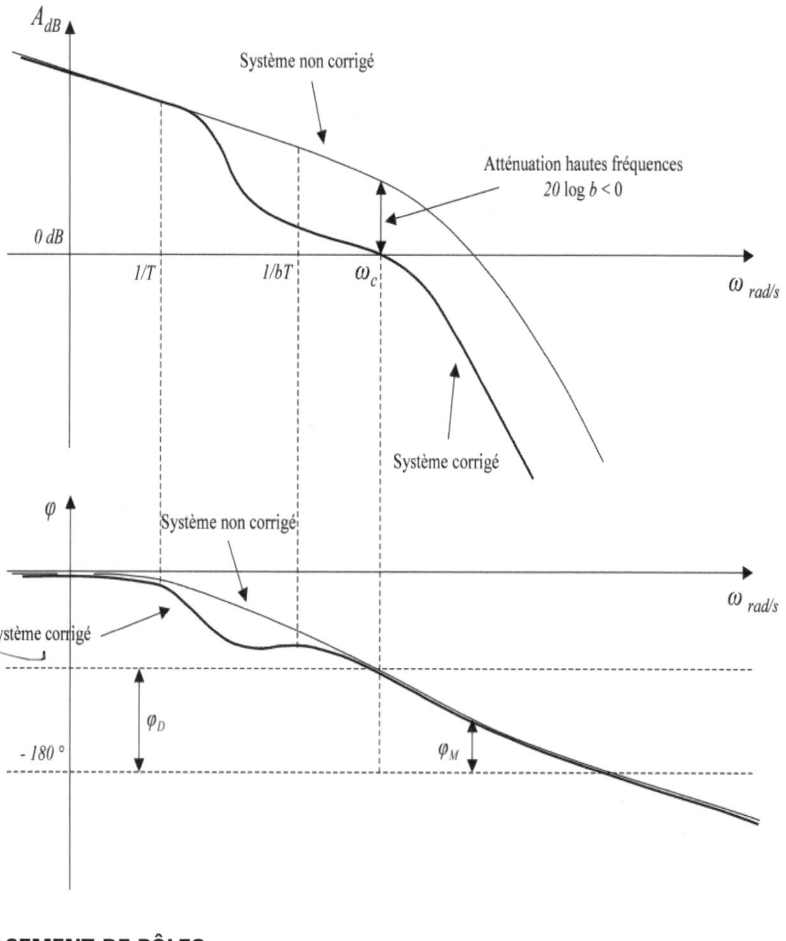

VI-4. PLACEMENT DE PÔLES

Une autre manière de garantir des performances en boucle fermée consiste, on l'a vu (chapitre IV), à fixer les pôles de la fonction de transfert du système bouclé. Ainsi, on agit directement sur le régime transitoire. Ces techniques, par placement de pôles, sont présentées dans ce qui suit. On considère le procédé décrit par la fonction de transfert :

$$G(s) = \frac{N(s)}{D(s)}$$

avec :

$$N(s) = b_m s^m + \cdots + b_1 s + b_0 \qquad D(s) = a_n s^n + \cdots + a_1 s + a_0 \qquad m \leq n$$

et :

$N(s)$ et $D(s)$ ne possèdent pas de facteur commun.

VI-4.1 - Correcteur à un degré de liberté

On considère le schéma de commande représenté sur la figure [11] :

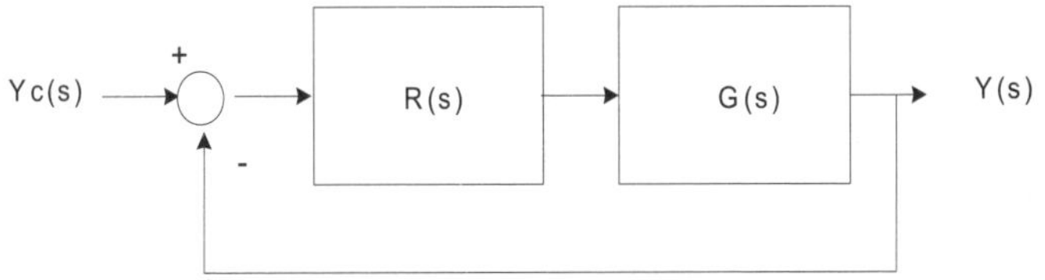

On se fixe comme objectif de déterminer un correcteur :

$$R(s) = \frac{M(s)}{L(s)} \qquad \deg(M(s)) \leq \deg(L(s))$$

permettant d'obtenir pour le système bouclé le polynôme caractéristique souhaité $\psi(s)$. La fonction de transfert en boucle fermée s'écrit :

$$\boxed{G_F(s) = \frac{M(s)N(s)}{L(s)D(s) + M(s)N(s)}}$$

La résolution du problème revient à calculer $L(s)$ et $M(s)$ tels que :

$$\boxed{L(s)D(s) + M(s)N(s) = \psi(s)}$$

Une des solutions à ce problème, compte-tenu des hypothèses, est obtenue pour :

$$\deg(\psi(s)) = 2n - 1 \qquad \deg(L(s)) = \deg(M(s)) = n - 1$$

soit :

$$\begin{aligned}
\psi(s) &= \alpha_0 + \alpha_1\, s + \cdots + \alpha_{2n-1} s^{2n-1} \\
L(s) &= l_0 + l_1 s + \ldots + l_{n-1} s^{n-1} \\
M(s) &= m_0 + m_1 s + \ldots + m_{n-1} s^{n-1}
\end{aligned}$$

Par identification des polynômes, on obtient :

$$\underbrace{\begin{bmatrix} a_0 & b_0 & 0 & 0 & \cdots & 0 & 0 & 0 \\ a_1 & b_1 & a_0 & b_0 & \cdots & 0 & 0 & 0 \\ \vdots & \vdots & \vdots & \vdots & \vdots & \vdots & \vdots & \vdots \\ a_{n-1} & b_{n-1} & a_{n-2} & b_{n-2} & \cdots & \cdots & a_0 & b_0 \\ a_n & b_n & a_{n-1} & b_{n-1} & \cdots & \cdots & a_1 & b_1 \\ 0 & 0 & a_n & b_n & \cdots & \cdots & a_2 & b_2 \\ \vdots & \vdots & \vdots & \vdots & \vdots & \vdots & \vdots & \vdots \\ 0 & 0 & 0 & 0 & \cdots & \cdots & a_n & b_n \end{bmatrix}}_{\mathbf{A}} \underbrace{\begin{bmatrix} l_0 \\ m_0 \\ l_1 \\ m_1 \\ \vdots \\ \vdots \\ l_{n-1} \\ m_{n-1} \end{bmatrix}}_{\mathbf{X}} = \underbrace{\begin{bmatrix} \psi_0 \\ \psi_1 \\ \psi_2 \\ \psi_3 \\ \vdots \\ \vdots \\ \psi_{2n-2} \\ \psi_{2n-1} \end{bmatrix}}_{\mathbf{b}}$$

d'où :

$$\mathbf{X} = \mathbf{A}^{-1} b$$

La matrice $\mathbf{A}$ est inversible si et seulement si $N(s)$ et $D(s)$ sont premiers, c'est-à-dire ne possèdent pas de facteur commun.

Exemple

Soit le système décrit par sa fonction de transfert :

$$G(s) = \frac{1}{s(s+1)} = \frac{N(s)}{D(s)}$$

On souhaite obtenir en boucle fermée, un mode dominant double à -1. On a $n = 2$ et donc $2n - 1 = 3$. Il faut rajouter un mode non dominant, soit $-a$, $a > 0$. Le polynôme $\psi(s) = (s+1)^2(s+a) = s^3 + (a+2)s^2 + (2a+1)s + a = 0$. L'ordre du correcteur est $n - 1 = 1$, soit :

$$R(s) = \frac{m_1 s + m_0}{l_1 s + l_0}$$

On calcule les coefficients en résolvant le système linéaire suivant :

$$\begin{bmatrix} 0 & 1 & 0 & 0 \\ 1 & 0 & 0 & 1 \\ 1 & 0 & 1 & 0 \\ 0 & 0 & 1 & 0 \end{bmatrix} \begin{bmatrix} l_0 \\ m_0 \\ l_1 \\ m_1 \end{bmatrix} = \begin{bmatrix} a \\ 2a+1 \\ a+2 \\ 1 \end{bmatrix}$$

soit :

$$m_0 = a, \; m_1 = a, \; l_0 = a + 1 \text{ et } l_1 = 1$$

Le correcteur est alors obtenu en choisissant a assez grand devant 1, par exemple $a = 10$. Le correcteur est :

$$R(s) = \frac{as + a}{s + a + 1} = \frac{10s + 10}{s + 11}$$

Cette méthode ne permet pas de fixer arbitrairement le numérateur de $G_F(s)$. Si la consigne est un échelon de position et si $G_F(0) \neq 0$, on peut alors obtenir une erreur de position nulle en régime permanent en adoptant la structure de commande suivante qui conduit à un gain statique unitaire entre y_c et y et qui va être généralisée dans le paragraphe qui suit :

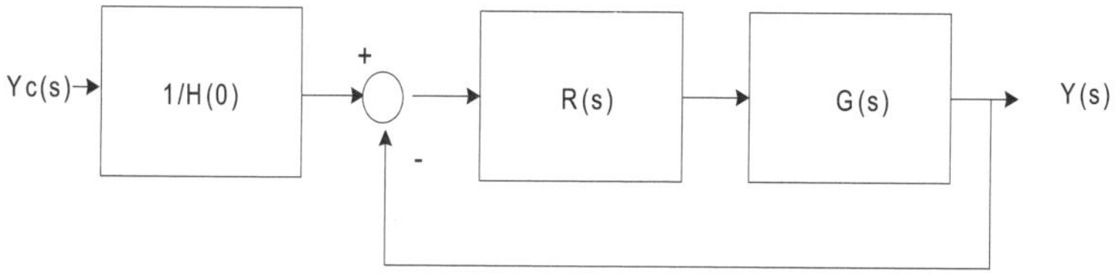

VI-4.2 ~ Correcteur à deux degrés de liberté

La structure générale de cette loi de commande est la suivante [11] :

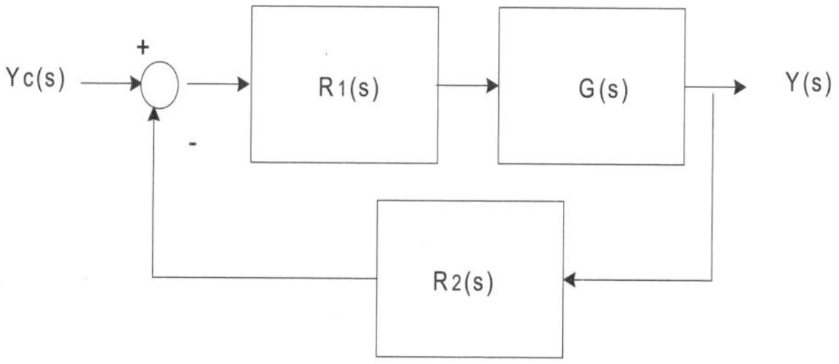

On se fixe comme objectif de déterminer les correcteurs :

$$R_1(s) = \frac{M(s)}{L(s)} \qquad \deg(M(s)) \leq \deg(L(s))$$

$$R_2(s) = \frac{T(s)}{M(s)} \qquad \deg(T(s)) \leq \deg(M(s))$$

tels que la fonction en boucle fermée soit donnée par :

$$G_F(s) = \frac{N_F(s)}{\psi(s)} \qquad \deg(N_F(s)) \leq \deg(\psi(s))$$

$G_F(s)$ étant choisie de manière à satisfaire les spécifications sur le régime transitoire et le régime permanent.

Une procédure de calcul du correcteur est donnée ci-après :

Procédure :

1. On calcule la forme réduite (simplifiée) de $\dfrac{G_F(s)}{N(s)}$. On obtient alors :

$$\frac{G_F(s)}{N(s)} \triangleq \frac{N_p(s)}{D_p(s)} \text{ d'où } G_F(s) = \frac{N_p(s)N(s)}{D_p(s)}$$

2. On identifie $G_F(s)$ avec la fonction de transfert en boucle fermée issue du schéma-bloc, soit :

$$G_F(s) = \frac{N(s)M(s)}{L(s)D(s) + T(s)N(s)}$$

3. Afin de se ramener aux conditions de résolution établies précédemment pour l'équation :

$$L(s)D(s) + T(s)N(s) = \psi(s)$$

on choisit un polynôme stable (racines à partie réelle négative) $\overline{D}_p(s)$ de degré égal à $2n - 1 - r$, où $r = \deg(D_p(s))$, tel que :

$$\psi(s) = D_p(s)\overline{D}_p(s)$$

est de degré $2n - 1$. En général, on choisit les racines de $\overline{D}_p(s)$ "non dominantes" par rapport à celles de $D_p(s)$.

4. Il vient alors :

$$\frac{N(s)M(s)}{L(s)D(s) + T(s)N(s)} = \frac{N_p(s)N(s)}{D_p(s)}\frac{\overline{D}_p(s)}{\overline{D}_p(s)} = \frac{N(s)N_p(s)\overline{D}_p(s)}{\psi(s)}$$

L'identification conduit à la résolution (selon la méthode établie précédemment) en $L(s)$ et $T(s)$ de :

$$L(s)D(s) + T(s)N(s) = \psi(s)$$

et on déduit que :

$$M(s) = N_p(s)\overline{D}_p(s)$$

On montre qu'il existe une loi de commande à deux degrés de liberté réalisable permettant d'obtenir $G_F(s)$ en boucle fermée à partir de $G(s)$ en boucle ouverte si et seulement si la fonction $G_F(s)/G(s)$ est propre et stable.

Exemple

Soit le système décrit par sa fonction de transfert :

$$G(s) = \frac{1}{s(s+1)} = \frac{N(s)}{D(s)}$$

On souhaite obtenir en boucle fermée une erreur nulle pour une consigne en échelon de position et la fonction de transfert :

$$G_F(s) = \frac{b}{(s+1)^2}$$

Pour satisfaire la condition de précision, on doit prendre $b = 1$ qui conduit à un gain statique unitaire. On calcule la forme réduite (il n'y a pas ici d'élément commun à supprimer) :

$$\frac{G_F(s)}{N(s)} = \frac{1}{(s+1)^2} = \frac{N_p(s)}{D_p(s)}$$

Comme $\deg(D_p(s)) = r = 2$, il faut choisir un pôlynôme $\overline{D}_p(s)$ stable de degré $2n-1-r = 1$, soit $\overline{D}_p(s) = s + a,\ a > 0$. On choisira a grand devant 1. On en déduit le polynôme :

$$\psi(s) = (s+1)^2(s+a) = s^3 + (a+2)s^2 + (2a+1)s + a$$

L'ordre des polynômes $T(s)$ et $L(s)$ est égal à $n - 1 = 2$ soit :

$$T(s) = t_0 + t_1 s \quad \text{et} \quad L(s) = l_0 + l_1 s$$

On calcule les coefficients en résolvant le système linéaire suivant :

$$\begin{bmatrix} 0 & 1 & 0 & 0 \\ 1 & 0 & 0 & 1 \\ 1 & 0 & 1 & 0 \\ 0 & 0 & 1 & 0 \end{bmatrix} \begin{bmatrix} l_0 \\ t_0 \\ l_1 \\ t_1 \end{bmatrix} = \begin{bmatrix} a \\ 2a+1 \\ a+2 \\ 1 \end{bmatrix}$$

ce qui donne :

$$t_0 = a,\ t_1 = a,\ l_0 = a+1 \text{ et } l_1 = 1$$

On obtient $M(s)$ par la formule :

$$M(s) = N_p(s)\overline{D}_p(s) = s + a$$

Et en prenant par exemple $a = 10$, le correcteur à deux degrés de liberté s'écrit :

$$R_1(s) = \frac{s+a}{s+a+1} = \frac{s+10}{s+11} \quad \text{et} \quad R_2(s) = \frac{T(s)}{M(s)} = \frac{as+a}{s+a} = \frac{10s+10}{s+10}$$

VI-5. COMMANDE OPTIMALE

VI-5.1 ~ Principe général

Dans certains cas pratiques, on peut apprécier la qualité de la réponse à une consigne fixée a priori à travers un critère énergétique qui tient compte de l'écart e entre la consigne et la réponse (signal d'erreur), mais également de l'effort de commande nécessaire. L'une des formulations possibles d'un critère ayant ces propriétés est [10], [7] :

$$\boxed{J = \int_0^\infty \left[qe^2(t) + ru^2(t)\right] dt}$$

Les paramètres $q \geq 0$ et $r > 0$ permettent de pondérer l'importance de l'erreur $e(t)$ ou de la commande $u(t)$ dans le critère. Par exemple, une valeur de q importante par rapport à r signifiera que l'on souhaite contrôler l'erreur au détriment de l'effort de commande. Dans ce cas, il se peut que l'amplitude de la commande soit incompatible avec l'énergie qu'est susceptible de fournir l'actionneur, et celui-ci peut alors saturer, car tout actionneur est limité en amplitude. Les conséquences peuvent être dramatiques pour le bon fonctionnement du système (perte de stabilité). Ces paramètres q et r peuvent être vus comme un moyen de doser l'effort de commande et de régler le compromis entre les performances obtenues et les possibilités des actionneurs.

VI-5.2 ~ Une approche possible

Nous allons présenter un système de commande [13] basé sur la structure indiquée sur le schéma ci-après :

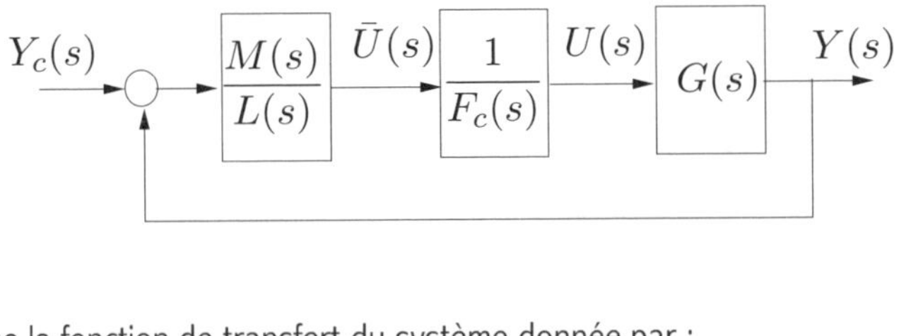

On suppose connue la fonction de transfert du système donnée par :

$$G(s) = \frac{N(s)}{D(s)}$$

$$N(s) = b_m s^m + \cdots + b_1 s + b_0$$

$$D(s) = a_n s^n + \cdots + a_1 s + a_0$$

$$m \leq n.$$

Pour plus de simplicité, nous supposerons que le système est de type 0 (voir chapitre IV). On considère que la consigne est de la forme :

$$Y_c(s) = \frac{Z(s)}{F(s)}$$

avec $Z(s)$ et $F(s)$ ne possédant pas de facteur commun et tels que $\deg(Z(s)) = n_Z \leq \deg(F(s)) = n_F$. Un exemple classique est une consigne en échelon de position. Dans ce cas $Z(s) = e_0$ et $F(s) = s$.

On se fixe comme objectif de déterminer un réseau correcteur :

$$\boxed{R(s) = \frac{M(s)}{L(s)F_c(s)}}$$

avec :

$$\deg(M(s)) \leq \deg(L(s)F_c(s))$$

permettant de minimiser le critère défini par :

$$\boxed{J = \int_0^\infty \left[qe^2(t) + r\overline{u}^2(t)\right] dt, \ q > 0 \text{ et } r > 0 \text{ fixés}}$$

Le terme $F_c(s)$ dans le compensateur permet d'avoir, sous l'hypothèse de stabilité asymptotique de la boucle fermée :

$$\lim_{t \to \infty} e(t) = 0$$

qui est une condition nécessaire pour que l'intégrale définissant le critère converge. D'autre part, la nécessité d'introduire le terme $F_s(s)$ est liée aux conditions à satisfaire sur la fonction de transfert en boucle ouverte, pour obtenir une erreur nulle en régime permament (voir chapitre IV). Ce terme satisfait les conditions suivantes :

- Si $F(s)$ divise $D(s)$ alors $F_c(s) = 1$
- Si $F(s)$ et $D(s)$ possèdent des facteurs communs, alors $F_c(s) =$ produit des facteurs de $F(s)$ non communs avec ceux de $D(s)$. On supposera que $F(s)D(s)$ et $N(s)$ n'ont pas de facteur commun.

Toutes les conditions qui précèdent permettent de garantir l'existence d'un compensateur pour lequel le critère aura une valeur finie. Comme dans de nombreux cas pratiques, la consigne est un signal du type $Y_c = 1/s^l$, $F_c(s)$ contient des dérivateurs et un critère exprimé directement en u conduirait à une divergence du critère ou a une solution inadaptée.

VI-5.3 ~ Procédure de calcul d'un compensateur optimal

La fonction de transfert en boucle fermée s'écrit alors :

$$\boxed{G_F(s) = \frac{M(s)N(s)}{D(s)F(s)L(s) + M(s)N(s)}}$$

Le principe de base de la procédure proposée [13] consiste, par une méthode de factorisation spectrale, à déterminer les pôles du système bouclé, racines de deux polynômes $D_0(s)$ et $D_z(s)$, qui permettent de minimiser le critère. Pour cela, on passe de l'expression du critère, exprimée dans le domaine temporel, à une expression dans le domaine fréquentiel grâce au théorème de Parseval, soit :

$$J = \frac{1}{2\pi j} \int_{-j\infty}^{j\infty} \left[qE(-s)E(s) + r\bar{U}(-s)\bar{U}(s)\right] ds$$

où $E(s)$ et $\bar{U}(s)$ sont les transformées de Laplace des signaux $e(t)$ et $u(t)$.

Ensuite, on procède par complétion des carrés pour déduire l'expression du correcteur optimal. Une fois, le problème de factorisation spectrale résolu, la suite de la procédure met en œuvre la résolution d'une équation diophantine.

Si $D(s)F_c(s)$ et $N(s)$ n'ont pas de facteurs commun instables, la procédure de calcul d'un compensateur optimal est la suivante :

Procédure :

1. **Factorisation spectrale** : Calculer les polynômes stables $D_0(s)$ et $D_z(s)$ solutions des équations polynômiales suivantes :

$$\begin{aligned} rD(-s)F_c(-s)D(s)F_c(s) + qN(-s)N(s) &= D_0(-s)D_0(s) \\ D(-s)D(s)Z(-s)Z(s) &= D_z(-s)D_z(s) \end{aligned}$$

Une analyse simple de ces équations permet de conclure que :

$$\begin{aligned} \deg(D_0(s)) &= \deg(D(s)) + \deg(F_c(s)) = n + n_{F_c} \\ \deg(D_z(s)) &= \deg(D(s)) + \deg(Z(s)) = n + n_Z \end{aligned}$$

2. **Résolution de l'équation polynômiale diophantine** : Calculer les polynômes $L(s)$et $M(s)$ solutions de l'équation polynômiale suivante :

$$D(s)F_c(s)L(s) + N(s)M(s) = D_0(s)D_z(s)$$

avec les conditions :

$$\begin{aligned} \deg(D_0(s)D_z(s)) &= 2\deg(D(s)) + \deg(F_c(s)) + \deg(Z(s)) = 2n + n_{F_c} + n_Z \\ \deg(L(s)) &= \deg(D(s)) + \deg(Z(s)) = n + n_Z \\ \deg(M(s)) &= \deg(D(s) + \deg(F_c(s)) - 1 = n + n_{F_c} - 1 \end{aligned}$$

3. **Calcul du correcteur** : Le correcteur est alors donné par :

$$R(s) = \frac{M(s)}{L(s)F_c(s)}$$

Il est d'ordre $n + n_{F_c} + n_Z$. La fonction de transfert en boucle fermée s'écrit :

$$G_F(s) = \frac{M(s)N(s)}{D(s)F(s)L(s) + M(s)N(s)} = \frac{M(s)N(s)}{D_0(s)D_z(s)}$$

Exemple :

Considèrons le système décrit par [13] :

$$G(s) = \frac{N(s)}{D(s)} = \frac{3}{5s+1} = \frac{b_0}{a_1 s + a_0}$$

et la consigne :

$$Yc(s) = \frac{Z(s)}{F(s)} = \frac{1}{s}$$

Comme $G(s)$ ne possède pas d'intégrateur $F_c(s) = s$. Le degré des polynômes est :

$$\begin{aligned}
\deg(D_0(s)) &= \deg(D(s)) + \deg(F_c(s)) = n + n_{F_c} = 2 \\
\deg(D_z(s)) &= \deg(D(s)) + \deg(Z(s)) = n + n_Z = 1 \\
\deg(L(s)) &= \deg(D(s)) + \deg(Z(s)) = n + n_Z = 1 \\
\deg(M(s)) &= \deg(D(s) + \deg(F_c(s)) - 1 = n + n_{F_c} - 1 = 1
\end{aligned}$$

soit :

$$\begin{aligned}
D_0(s) &= d_{02}s^2 + d_{01}s + d_{00} \\
D_z(s) &= d_{z1}s + d_{z0} \\
L(s) &= l_1 s + l_0 \\
M(s) &= m_1 s + m_0
\end{aligned}$$

La factorisation spectrale conduit à :

$$d_{00} = \sqrt{q}\,|b_0|\,,\ d_{01} = \sqrt{r + 2\sqrt{rq}\,|b_0 a_1|},\ \ d_{02} = \sqrt{r}\,|a_1|$$

$$d_{z0} = 1,\ d_{z1} = |a_1|$$

L'équation polynômiale diophantine s'écrit :

$$\begin{aligned}
&(5s^2 + s)(l_1 s + l_0) + 3(m_1 s + m_0) \\
&= d_{02}d_{z1}s^3 + (d_{02}d_{z0} + d_{01}d_{z1})s^2 + (d_{01}d_{z0} + d_{00}d_{z1})s + d_{00}d_{z0}
\end{aligned}$$

$$\begin{bmatrix} 0 & 3 & 0 & 0 \\ 1 & 0 & 0 & 3 \\ 5 & 0 & 1 & 0 \\ 0 & 0 & 5 & 0 \end{bmatrix} \begin{bmatrix} l_0 \\ m_0 \\ l_1 \\ m_1 \end{bmatrix} = \begin{bmatrix} d_{00}d_{z0} \\ d_{01}d_{z0} + d_{00}d_{z1} \\ d_{02}d_{z0} + d_{01}d_{z1} \\ d_{02}d_{z1} \end{bmatrix}$$

d'où :

$$\begin{bmatrix} l_0 \\ m_0 \\ l_1 \\ m_1 \end{bmatrix} = \begin{bmatrix} \frac{1}{5}d_{02}d_{z0} + \frac{1}{5}d_{01}d_{z1} - \frac{1}{25}d_{02}d_{z1} \\ \frac{1}{3}d_{00}d_{z0} \\ \frac{1}{5}d_{02}d_{z1} \\ \frac{1}{3}d_{01}d_{z0} - \frac{1}{15}d_{02}d_{z0} + \frac{1}{3}d_{00}d_{z1} - \frac{1}{15}d_{01}d_{z1} + \frac{1}{75}d_{02}d_{z1} \end{bmatrix}$$

Les figures suivantes représentent la réponse du système en boucle fermée et la commande pour une consigne en échelon de position et pour différentes valeurs de q ; r étant fixé à 1. On se rend compte que plus q est important, plus on contrôle l'erreur au détriment de l'effort de commande.

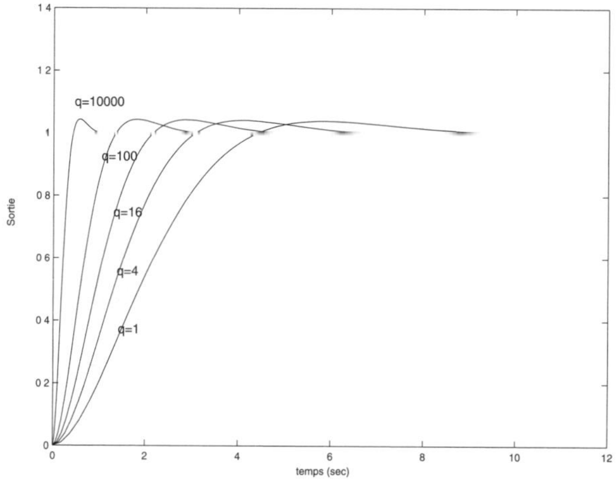

Réponse à un échelon unitaire pour différentes valeurs de q

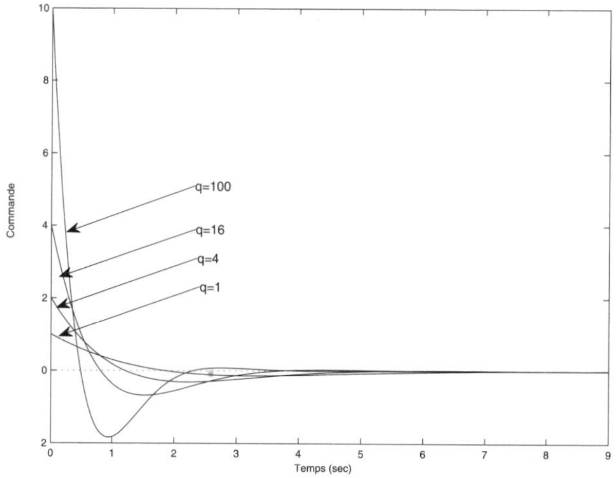

Commande $u(t)$ pour différentes valeurs de q

Pour $q = 1$ et $q = 100$, les réseaux correcteurs obtenus sont les suivants :

$$R_1(s) = \frac{(s+0.2)}{s(s+1.114)}, \quad R_{100}(s) = \frac{10(s+0.2)}{s(s+3.47)}$$

alors que les fonctions du système en boucle fermée sont :

$$G_{F1}(s) = \frac{0.6(s+0.2)}{(s+0.2)(s^2+1.114s+0.6)} = \frac{0.6}{(s^2+1.114s+0.6)}$$

$$G_{F100}(s) = \frac{6(s+0.2)}{(s+0.2)(s^2+3.47s+6)} = \frac{6}{(s^2+3.47s+6)}$$

On notera la simplification de $(s+0.2)$, -0.2 étant la racine de $D_z(s)$. Une explication est fournie dans le paragraphe suivant.

VI-5.4 ~ Cas où la consigne est un échelon de position

La procédure présentée précédemment est bien évidemment générale et concerne toutes les conditions satisfaisant les hypothèses considérées. Toutefois, dans le cas d'une consigne en échelon de position, on peut directement obtenir la fonction de transfert du système bouclé optimal, sans calculer le correcteur. Cette particularité offre par exemple la possibilité, une fois la fonction de transfert du système bouclé optimale obtenue, d'utiliser la méthode de synthèse d'un réseau correcteur à deux degrés de liberté, présentée dans ce chapitre comme alternative à la procédure précédente. On a le résultat suivant :

Théorème : Dans le cas d'une consigne en échelon de position, soit $D_0(s)$ le polynôme stable solution de :

$$rD(-s)F_c(-s)D(s)F_c(s) + qN(-s)N(s) = D_0(-s)D_0(s)$$

avec :

$$\deg(D_0(s)) = \deg(D(s)) + \deg(F_c(s)) = n + n_{F_c}$$

alors la fonction de transfert optimale en boucle fermée est donnée par :

$$G_F(s) = \frac{D_0(0)}{N(0)}\frac{N(s)}{D_0(s)} = q\frac{N(0)}{D_0(0)}\frac{N(s)}{D_0(s)}$$

En effet, dans le cas d'une consigne en échelon de position, on a, lorsque le système est de type 0 :

$$n_{F_c} = 1,\ n_Z = 0, \deg(D_z(s)) = n, \deg(D_0(s)) = n+1,\ \deg(M(s)) = n$$

On peut alors toujours choisir $M(s) = \lambda D_z(s)$, λ à déterminer, dans l'équation polynomiale diophantine :

$$D(s)F_c(s)L(s) + N(s)M(s) = D_0(s)D_z(s)$$

Pour le calcul de λ, il suffit de remarquer que :

$$D(0)F_c(0)L(0) + \lambda N(0)D_z(0) = \lambda N(0)D_z(0) = D_0(0)D_z(0)$$

D'où :

$$\lambda = \frac{D_0(0)}{N(0)} = q\frac{N(0)}{D_0(0)}$$

la dernière égalité étant obtenue d'après l'équation polynomiale permettant de calculer $D_0(s)$. En remplaçant $M(s)$ dans l'expression de $G_F(s)$, le résultat s'ensuit.

La procédure est alors la suivante [13], [11] :

Procédure :

1. **Calcul de la fonction de transfert en boucle fermée optimale** : Elle est obtenue par résolution du problème de factorisation spectrale défini dans le théorème précédent.
2. **Calcul du correcteur** : On utilise, par exemple, la procédure de calcul d'un correcteur à deux degrés de liberté présentée dans ce chapitre. En effet, on a :

$$\frac{G_F(s)}{G(s)} = \frac{\dfrac{D_0(0)}{N(0)}\dfrac{N(s)}{D_0(s)}}{\dfrac{N(s)}{D(s)}} = \frac{D_0(0)}{N(0)}\frac{D(s)}{D_0(s)}$$

qui est toujours une fonction de transfert propre et stable, ce qui garantit l'existence d'un tel correcteur.

Exemple

En choisissant dans l'exemple précédent, $r = 1$ et $q = 100$, on obtient :

$$D_0(s) = 5s^2 + 17.35s + 30$$

La fonction de transfert en boucle fermée s'écrit :

$$G_{F100}(s) = \frac{D_0(0)}{N(0)}\frac{N(s)}{D_0(s)} = \frac{30}{3}\frac{3}{5s^2 + 17.35s + 30} = \frac{6}{(s^2 + 3.47s + 6)}$$

Un correcteur à deux degrés de liberté peut alors être calculé.

VI-6. EXERCICES

Exercice 1 : Soit le système représenté sur la figure suivante :

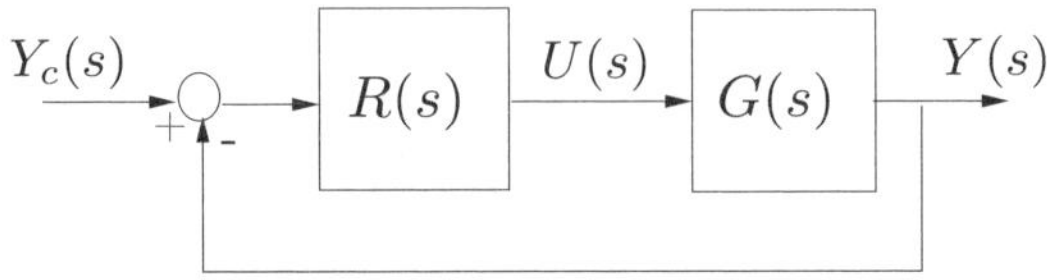

où $G(s) = \dfrac{k}{s(1+0.02s)}$ est la fonction de transfert du système à commander et $R(s)$ le compensateur que l'on souhaite mettre en place.

PARTIE I : On fixe $R(s) = 1$.

1. Tracer le lieu d'Evans de ce système en fonction de $k > 0$.
2. Pour quelle valeur de k obtient-on une marge de phase de 45°?
3. Donner alors la valeur du coefficient d'amortissement ζ et celle de l'erreur de vitesse.
4. Pour quelle valeur de k obtient-on une erreur de vitesse de 0.8%? Quelles sont alors les valeurs du coefficient d'amortissement ζ et de la marge de phase ?

PARTIE II : Dans le but de respecter les spécifications, à la fois sur la marge de phase ($\phi_M = 45°$) et sur l'erreur de vitesse ($\varepsilon_v = 0.8\%$), on considère maintenant une correction par retard de phase :

$$R(p) = \frac{1+bTs}{1+Ts}, \, , b < 1$$

1. Calculer les paramètres b et T du réseau correcteur.
2. Donner l'allure du lieu des racines en fonction de k du système corrigé.
3. Placer la valeur de k trouvée en I.4. Vérifier alors la valeur du coefficient d'amortissement ζ.

PARTIE III : Les spécifications étant inchangées, on considère maintenant une correction par avance de phase :

$$R(p) = \frac{a(1+Ts)}{1+aTs}, \; a < 1$$

1. On choisit $T = 0.02$ pour conserver en boucle ouverte un système avec une intégration et une constante de temps. Déterminer la valeur de a. Quelle est alors la valeur de k
2. Donner l'allure du lieu des racines du système corrigé en fonction de k.
3. Placer la valeur de k trouvée en III.1. Vérifier alors la valeur du coefficient d'amortissement ζ.

Exercice 2 : On considère le problème de commande de la tête de lecture/écriture d'un disque dur dont le modèle est donné par l'équation différentielle suivante :

$$J\frac{d^2\theta}{dt^2} + C\frac{d\theta}{dt} + K_r\theta = K_m i$$

avec $J = 1\ kg.m^2$: Inertie de la tête, $C = 1N.m/rad/\sec$: Amortissement visqueux, $K_r = 1\ N.m/rad$: Constante de raideur et $K_m = 1\ N.m/rad$: Constante liée au moteur. Pour l'instant, on souhaite obtenir les spécifications suivantes :

- $t_E = 4.5 \times 10^{-3} s$
- $D_1 \leq 5\%$
- Erreur de position nulle

et l'on adopte le schéma de commande suivant :

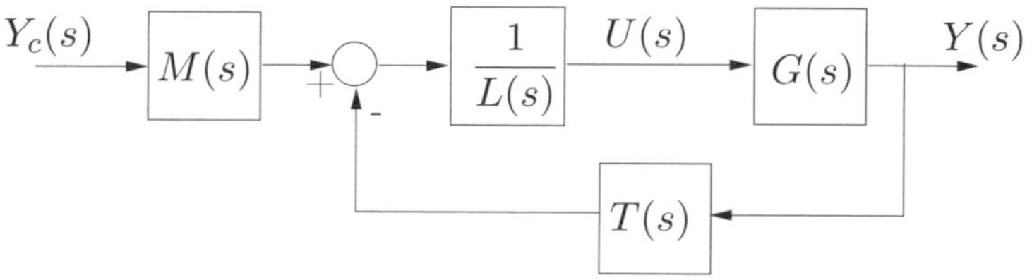

PARTIE I : ÉTUDE EN BOUCLE OUVERTE .

1. Calculer la fonction de transfert du système $G(s) = \dfrac{\Theta(s)}{I(s)} = \dfrac{Y(s}{U(s)} = \dfrac{K_s\omega_n^2}{s^2 + 2\zeta\omega_n s + \omega_n^2}$. On donnera les valeurs de K_s, ζ et ω_n.
2. Calculer le premier dépassement lorsque l'entrée est un échelon de position unitaire.

PARTIE II : CORRECTEUR INTÉGRAL. On choisit $L(s) = \dfrac{s}{K}$, $K > 0$, $T(s) = M(s) = 1$.

1. Montrer que la valeur de K qui permet d'obtenir une marge de phase de 45 degrés est donnée par :

$$K = 2\sqrt{2}\zeta\omega_n(\sqrt{\zeta^2 + 1} - \zeta)^2$$

2. Pour cette valeur de K, calculer les pôles du système en boucle fermée. Peut-on satisfaire les spécifications ? Quelle est l'erreur de vitesse ?

PARTIE III : CORRECTEUR PROPORTIONNEL DÉRIVÉ . On prend $i = k_1\theta + k_2\dfrac{d\theta}{dt} + l_c y_c$.
Sachant que l'on mesure l'angle et la vitesse angulaire, on souhaite mettre en place une commande de la forme $i = k_1\theta + k_2\dfrac{d\theta}{dt} + l_c y_c$.

1. Calculer k_1 et k_2 de telle sorte que les pôles en boucle fermée soient les racines du polynôme $s^2 + 2000s + 1010025 = 0$.
2. Les spécifications sont-elles atteintes ? Calculer les polynômes $T(s)$, $M(s)$ et $L(s)$.
3. Quelle est l'erreur de position ? Calculer la valeur de l_c pour annuler l'erreur de position.
4. Calculer la fonction de transfert en boucle fermée $\Theta(s)/Y_c(s)$.
5. Esquisser la réponse fréquentielle du système en boucle fermée pour laquelle on donnera les valeurs remarquables (gain basses fréquences, pulsation de résonance si elle existe, gain à la résonance, fréquence de gain unité).

PARTIE IV : CORRECTION À DEUX DEGRÉS DE LIBERTÉ. Souhaitant annuler l'erreur de vitesse en plus des spécifications du départ, on décide de faire la synthèse d'un correcteur à deux degrés de liberté. Pour cela, on souhaite se fixer la fonction de transfert en boucle fermée suivante :

$$G_F(s) = \frac{bs + c}{(s + 2000)(s^2 + 2000s + 1010025)}$$

où b et c sont des paramètres à déterminer.

1. Calculer les paramètres b et c permettant d'obtenir simultanément une erreur de position et une erreur de vitesse nulles en régime permanent.
2. Discuter l'existence d'un réseau correcteur permettant d'atteindre $G_F(s)$ (est-il réalisable ?).
3. Calculer le correcteur à deux degrés de liberté $T(s)$, $M(s)$ et $L(s)$.

Exercice 3 : Soit le système décrit par la fonction de transfert suivante :

$$G(s) = \frac{Y(s)}{U(s)} = \frac{1}{s^2 - 4}$$

On souhaite commander ce système pour atteindre les spécifications suivantes :

- $t_E \leq 2.5s$
- $D_1 \leq 5\%$
- Erreur de position nulle

Pour cela, on adopte le schéma général de commande à deux degrés de liberté rappelé sur la figure qui suit :

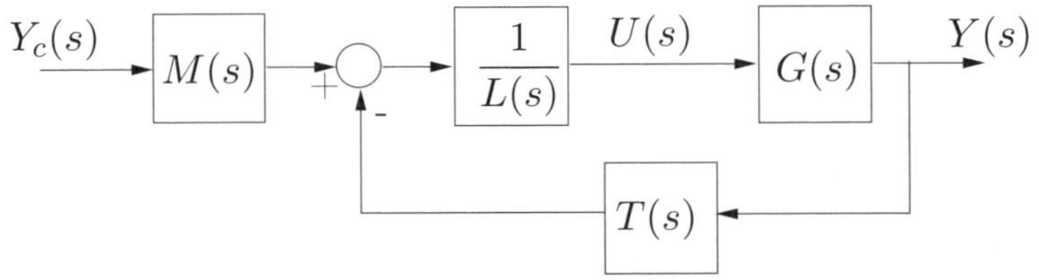

1. Donner la représentation d'état de ce système correspondant aux variables d'état $x_1 = y$ et $x_2 = y'$.
2. Donner la fonction de transfert en boucle fermée la plus simple possible qui correspond à un système bouclé se comportant comme un système du second ordre de polynôme caractéristique $s^2 + 4s + 8$ et une erreur de position nulle. Montrer qu'elle correspond à un système satisfaisant les spécifications requises.
3. La fonction de transfert obtenue en 2) est-elle optimale pour le critère suivant :

$$\int_0^{\infty} \left(q\,[1 - y(t)]^2 + u^2(t) \right) dt, \quad q > 0$$

On justifiera la réponse.

4. Calculer le correcteur à deux degrés de liberté qui permet d'obtenir en boucle fermée, la fonction de transfert obtenue en 2).

On applique maintenant la loi de commande suivante :

$$u = k_0 y + k_1 y' + l_c y_c$$

où y_c est la consigne et $k_0,\ k_1$ et l_c sont des paramètres à déterminer.

5. Calculer $k_0,\ k_1$ et l_c de deux manières différentes, de telle sorte que le système bouclé possède les pôles $-2+2j$, $-2-2j$ et une erreur de position nulle.
6. Montrer que cette loi de commande peut se ramener à un correcteur à deux degrés de liberté dont on donnera les polynômes $L(s),\ T(s)$ et $M(s)$.
7. Quelle est la différence entre le correcteur déterminé en 4) et celui déterminé en 5) ? Discuter la réalisabilité de chaque correcteur.

Exercice 4 : On considère le problème de commande de la tête de lecture/écriture d'un disque dur dont le modèle est donné par l'équation différentielle suivante :

$$J\frac{d^2\theta}{dt^2} + C\frac{d\theta}{dt} + K_r\theta = K_m i$$

avec $J = 1\ kg.m^2$: Inertie de la tête, $C = 10.1\ Nm/rad/\sec$: Amortissement visqueux, $K_r = 1\ Nm/rad$: Constante de raideur et $K_m = 1\ Nm/rad$: Constante liée au moteur.

PARTIE I : ÉTUDE EN BOUCLE OUVERTE .

1. Donner la représentation d'état correspondant aux variables d'état $x_1 = \theta$ et $x_2 = \dfrac{d\theta}{dt}$.
2. Calculer la fonction de transfert $G(s) = \dfrac{\Theta(s)}{I(s)} = \dfrac{Y(s}{U(s)} = \dfrac{K_s\omega_n^2}{s^2 + 2\zeta\omega_n s + \omega_n^2}$.
   On donnera les valeurs de K_s, ζ et ω_n.
3. Calculer la réponse à un échelon unitaire pour des conditions initiales nulles. Y a-t-il un mode dominant ? Expliquer comment se comporte le système.

On boucle le système suivant le schéma :

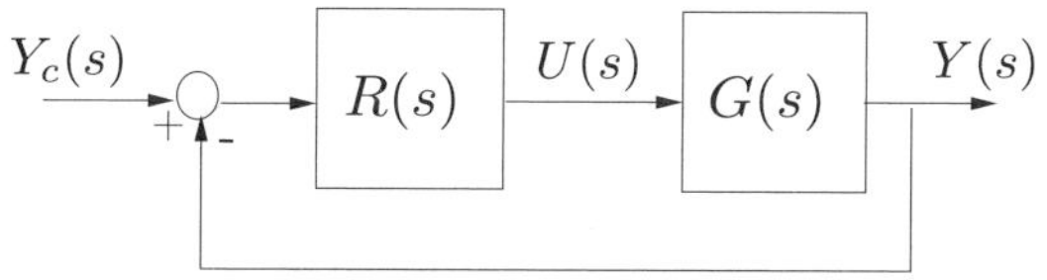

PARTIE II : CORRECTEUR PROPORTIONNEL. On choisit $R(s) = K$.

1. Montrer que la valeur de K permettant d'obtenir une marge de phase de 45 degrés est égale à :

$$2\sqrt{2}\zeta(\zeta + \sqrt{\zeta^2 + 1}).$$

2. Calculer la valeur de K permettant d'obtenir une marge de phase de 45 degrés. En déduire l'erreur de position.
3. Calculer pour cette valeur de K, la fonction de transfert en boucle fermée. En déduire les valeurs du facteur d'amortissement et de la pulsation propre non amortie en boucle fermée.
4. Esquisser la réponse fréquentielle du système en boucle fermée pour laquelle on donnera les valeurs remarquables (gain basses fréquences, pulsation de résonance, gain à la résonance, fréquence de gain unité).

PARTIE III : CORRECTION AVANCE OU RETARD DE PHASE. On considère maintenant $R(s) = K(s + 0.1)/(s + a)$. On souhaite obtenir une erreur de position égale à $1/1001$ et un amortissement égal à $\sqrt{2}/2$ en boucle fermée.

1. Calculer les valeurs possibles de K et a.
2. Quelle est la nature du ou des réseaux correcteurs obtenus, avance ou retard ?
3. La marge de phase est elle supérieure ou inférieure à 45 degrés ?
4. Si plusieurs réseaux correcteurs permettent de répondre aux spécifications, lequel choisiriez vous ? Motiver votre réponse.

Exercice 5 : On considère le système décrit par la fonction de transfert suivante :

$$G(s) = \frac{Y(s)}{U(s)} = \frac{\omega_n^2}{s\,(s^2 + 2\zeta\omega_n s + \omega_n^2)},\ \omega_n > 0,\ \xi > 0$$

On boucle le système comme indiqué sur la figure qui suit avec $R(s) = K > 0$

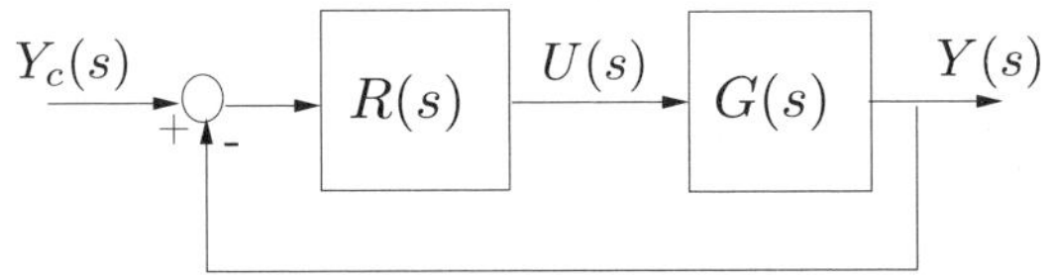

1. Montrer que la valeur de K permettant d'obtenir une marge de phase de 45 degrés est égale à :

$$2\sqrt{2}\zeta\omega_n(\sqrt{\zeta^2 + 1} - \zeta)^2.$$

PROBLÈME DE COMMANDE : On considère maintenant le système à commander décrit par la fonction de transfert suivante :

$$G(s) = \frac{2}{(s + 2)(s + 1)}$$

2. Donner la représentation d'état obtenue en considérant $x_1 = y$ et $x_2 = y'$.

Pour commander le système, on adopte la structure de commande de la figure ci-dessus où $R(s)$ est le réseau correcteur.

CORRECTEUR INTÉGRAL : $R(s) = K/s$

3. Calculer la valeur de K permettant d'obtenir une marge de phase de 45 degrés. En déduire l'erreur de position.
4. Calculer la valeur de K permettant d'obtenir une erreur de vitesse de 10%. Pour cette valeur de K, le système est-il stable ?

CORRECTION AVANCE OU RETARD DE PHASE : On considère maintenant $R(s) = \dfrac{K(s+2)(s+1)}{s(s+a)^2}$.

5. Calculer les valeurs possibles de K et a permettant d'obtenir simultanément une erreur de vitesse de 10% et une marge de phase de 45 degrés.
6. Quelle est la nature du réseau correcteur ainsi obtenu en termes de réseaux intégrateur, avance ou retard de phase en cascade ? Esquisser les courbes de réponses en fréquences de ce réseau correcteur.

Exercice 6 : Soit le système décrit par la fonction de transfert suivante :

$$G(s) = \frac{1}{s^2 - 2s + 2}$$

1. On boucle le système avec un retour unitaire et un correcteur $R(s)$ dans la chaîne directe. Calculer un correcteur qui permet de placer les pôles, de telle sorte que le système en boucle fermée se comporte comme un système du second ordre de pôles $-1+j$, $-1-j$. On prendra un troisième pôle non dominant égal à -2.
2. Quelles valeurs peut-on alors espérer pour le temps d'établissement et le premier dépassement ? Calculer l'erreur de position.
3. On souhaite obtenir un système bouclé pour lequel l'erreur de position est nulle. En conservant le correcteur calculé en 1), comment peut-on modifier la structure de commande pour atteindre cet objectif ?
4. Peut-on conserver le correcteur obtenu en 1) et avoir une erreur de vitesse nulle ?

Exercice 7 : On considère le système décrit par la fonction de transfert suivante :

$$G(p) = \frac{1}{s^2 - 4}$$

Parmi les spécifications souhaitées, on désire que :

- $t_E = 4.5s$
- $D_1 \leq 5\%$

On boucle le système selon le schéma suivant :

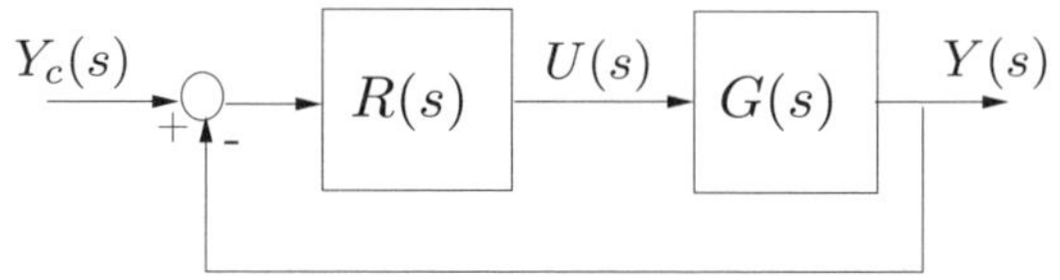

PARTIE I : On fixe $R(s) = K, \quad K > 0$.

1. Tracer le lieu des racines de l'équation caractéristique du système bouclé.
2. Est-il possible de satisfaire les spécifications sur t_E etD_1 ?
3. Parmi les techniques que vous connaissez, quelle technique de synthèse est-il possible d'appliquer ?

PARTIE II : On prend maintenant $R(s) = K(1 + Ts),\ K > 0,\ T > 0$.

1. Donner la valeur de K pour que l'erreur de position soit inférieure à $1/9\ \%$
2. Tracer le lieu des racines de l'équation caractéristique du système bouclé en fonction $T > 0$, la valeur de K étant égale à 40.
3. Pour quelles valeurs de T, les spécifications sur t_E et D_1 sont-elles satisfaites ?
4. Parmi les valeurs possibles, donner celles qui conduisent à un temps de montée t_M minimal.

PARTIE III : En pratique, on ne sait pas réaliser la fonction de transfert du réseau correcteur de la question précédente. On ne sait réaliser que la fonction de tranfert :

$$R(s) = \frac{K(1 + Ts)}{1 + \alpha s}$$

1. Quelles conditions doivent satisfaire $\alpha,\ T$ et K pour que le système bouclé soit stable asymptotiquement ?
2. Quelle est alors la nature du réseau correcteur (avance, retard de phase) ?
3. On choisit $\alpha = 0.1$, $K = 44$ et $T = 1$. Calculer l'apport de phase maximal du réseau et la pulsation correspondante. Quels sont alors les pôles du système bouclé. Les spécifications sur t_E et D_1 sont-elles satisfaites ?
4. Calculer l'erreur de position. Que peut-on conclure ?

PARTIE IV : PLACEMENT DE PÔLES

1. On souhaite maintenant que les pôles en boucle fermée soient fixés à $-3, -3, -3$. Calculer $R(s)$. Quel est alors l'erreur de position ?
2. On souhaite faire la synthèse d'une fonction de transfert en boucle fermée qui minimise le critère suivant :

$$J = \int_0^\infty [9(1 - y(t))^2 + u^2(t)]dt$$

Calculer la fonction de transfert en boucle fermée qui conduit à J minimal. Faire la synthèse d'un correcteur à deux degrés de liberté qui permet d'obtenir $G_F(s)$ comme fonction de transfert en boucle fermée.

Exercice 8 : Soit le système décrit par la fonction de transfert suivante :

$$G(s) = \frac{1}{s^2 - 1}$$

Pour commander ce système, on décide d'adopter, dans un premier temps, le schéma de commande décrit sur la figure suivante, où $R(s)$ est le réseau correcteur :

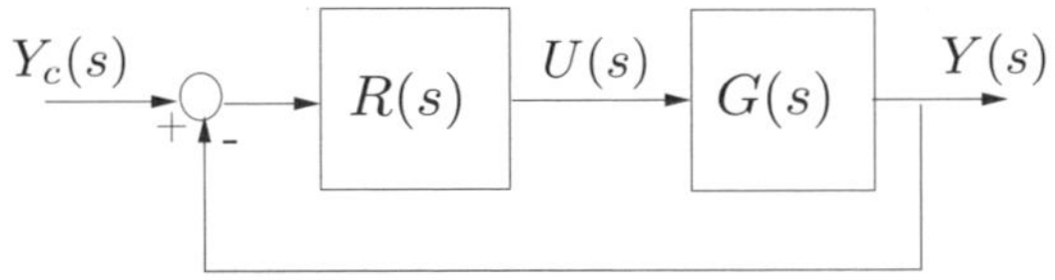

PARTIE I : On prend $R(s) = K > 0$.

1. Tracer le lieu des racines en indiquant les points remarquables.
2. Pour quelle valeur de K obtient-on une erreur de position inférieure à 10% ?
3. Parmi les techniques de commande que vous connaissez (avance de phase, retard de phase, placement de pôles), lesquelles vous semblent adaptées pour commander ce système ? Expliquer pourquoi.

PARTIE II : On choisit maintenant $R(s) = \dfrac{K(s+b)}{s+a}, \ K > 0$.

1. Donner les conditions que doivent satisfaire $a, \ b$, et K pour que le système en boucle fermée soit asymptotiquement stable. Indiquer quelle particularité présente la famille de correcteurs correspondant à ces conditions.
2. Quelle relation doivent vérifier $a, \ b$, et K pour que l'erreur de position soit inférieure à 10% ?
3. On fixe $K = 10$ et $b = 1$. Tracer avec précision le lieu des racines du système en boucle fermée pour $a > 0$ en indiquant les points remarquables. Discuter la stabilité du système en fonction de a.
4. Pour quelles valeurs de a, a-t-on simultanément pour le système en boucle fermée une erreur de position inférieure à 10%, un dépassement inférieur à 5% et un temps d'établissement inférieur ou égal à $4.5s$? Pour quelle valeur de a obtient-on le temps de montée le plus faible ? Quelle est alors l'erreur de position ?

PARTIE III : Réseau correcteur à deux degrés de liberté.

On souhaite maintenant mettre en place une commande par placement de pôles de telle sorte que la fonction de transfert en boucle fermée soit donnée par :

$$\frac{h(1+cs)}{s^3+3s^2+4s+2}$$

1. Calculer les valeurs de h et c de telle sorte que l'on ait simultanément, pour le système en boucle fermée, une erreur de vitesse nulle et pour la réponse à un échelon, un dépassement inférieur à 5% et un temps d'établissement inférieur ou égal à $4.5s$.
2. Calculer le réseau correcteur à deux degrés de liberté permettant d'obtenir la fonction de transfert en boucle fermée souhaitée.

Exercice 9 : Pour tout l'exercice, lorsque l'on parle de système bouclé, il s'agit de la structure suivante :

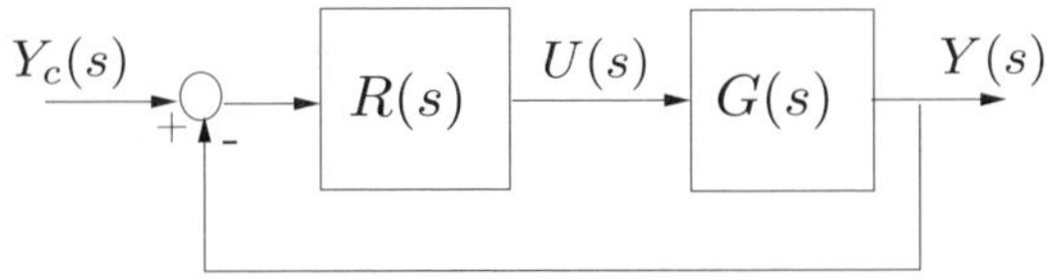

Soit le système décrit par :

$$G(s) = \frac{Y(s)}{U(s)} = \frac{1}{(s+2)^2}$$

1. On boucle le système avec $R(s) = K > 0$. Calculer la valeur de K permettant d'obtenir une marge de phase de 45 degrés.
2. Pour cette valeur de K, quelle est alors l'erreur de position en pourcentage ?
3. Quels sont les pôles ? Calculer le coefficient de surtension du système bouclé.
4. Calculer la valeur de K permettant d'avoir une erreur de position de 10%. Pour cette valeur de K, la marge de phase est-elle supérieure ou inférieure à 45 degrés?
5. Calculer un réseau correcteur permettant d'obtenir une marge de phase de 45 degrés et une erreur de position de 10%.
6. On boucle maintenant le système avec :

$$R(s) = \frac{K(s+2)}{s}$$

Quelle est l'erreur de position, et quelle valeur de K permet d'obtenir une marge de phase de 45° ? Quelle est alors l'erreur de vitesse ?

Exercice 10 : On considère le système décrit par l'équation différentielle suivante :

$$\frac{d^2y}{dt^2} = u$$

PARTIE I : ÉTUDE EN BOUCLE OUVERTE

1. En choisissant les variables d'état $x_1 = y$ et $x_2 = y'$, donner la représentation d'état associée.
2. Calculer la fonction de transfert $G(s)$.
3. Calculer la réponse de ce système à un échelon unitaire pour des conditions initiales $y(0) = 1$ et $y'(0) = 1$. Calculer $\lim_{t \to \infty} y(t)$. Conclusion.

PARTIE II : ÉTUDE EN BOUCLE FERMÉE : On boucle le système selon le schéma suivant :

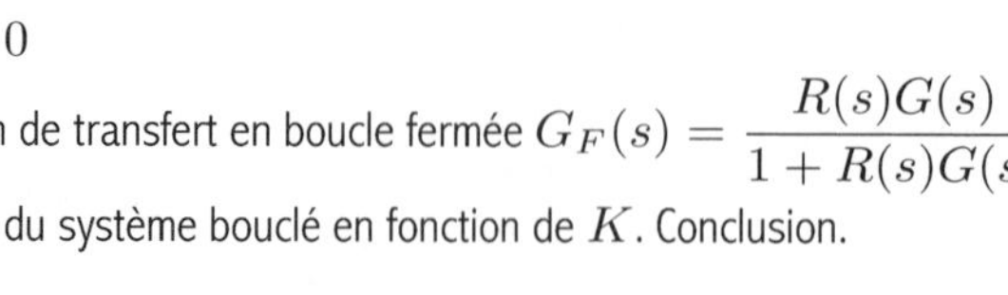

- $R(s) = K, \ K > 0$

1. Calculer la fonction de transfert en boucle fermée $G_F(s) = \dfrac{R(s)G(s)}{1 + R(s)G(s)}$.
2. Étudier la stabilité du système bouclé en fonction de K. Conclusion.

- $R(s) = K(1 + Ts), \ K > 0, \ T > 0$

3. Calculer la fonction de transfert en boucle fermée.
4. Étudier la stabilité du système bouclé en fonction de K et T.
5. L'équation caractéristique du système bouclé est celle d'un système du second ordre dont on donnera le coefficient d'amortissement ζ et la pulsation propre non amortie ω_n en fonction de K et T.
6. Tracer la réponse fréquentielle de la fonction de transfert en boucle ouverte pour $K = T = 1$.
7. Calculer la valeur de K en fonction de T pour que le système possède une marge de phase de 45 degrés.
8. Calculer la valeur du coefficient d'amortissement du système bouclé pour que celui-ci possède une marge de phase de 45 degrés.
9. Représenter alors les pôles du système bouclé en fonction de K dans le plan complexe. Choisissez K de telle sorte que l'erreur à une consigne $Y_c = 1/s^3$ soit égale à 10^{-2}.

PARTIE III : En pratique, on ne sait pas réaliser la fonction de transfert du réseau correcteur de la question précédente. On ne sait réaliser que la fonction de tranfert :

$$R(s) = \frac{K(1+Ts)}{1+\alpha s}$$

1. Calculer la fonction de transfert en boucle fermée.
2. Étudier la stabilité du système bouclé en fonction de α et T. Quel est le type de réseau correcteur ainsi obtenu ?
3. Quelle relation doivent satisfaire α et T pour que le système bouclé possède au moins une marge de phase de 45 degrés ? Pour quelle pulsation l'apport de phase est-il maximal (fonction de α) ?
4. $K = 100$ choisissez alors les valeurs de α et T pour que la marge de phase soit de 45 degrés. Tracer sommairement les courbes de réponse en fréquence du système corrigé en boucle ouverte $(R(s)G(s))$.

Exercice 11 : Soit le système décrit par la fonction de transfert suivante :

$$G(s) = \frac{Y(s)}{U(s)} = \frac{s+1}{s^2+3}$$

On souhaite commander ce système pour atteindre les spécifications suivantes :

1. $t_E \leq 4.5s$
2. $D_1 \leq 5\%$
3. Erreur de position inférieure à 10%

Pour cela, on adopte le schéma général de commande à deux degrés de liberté rappelé sur la figure qui suit :

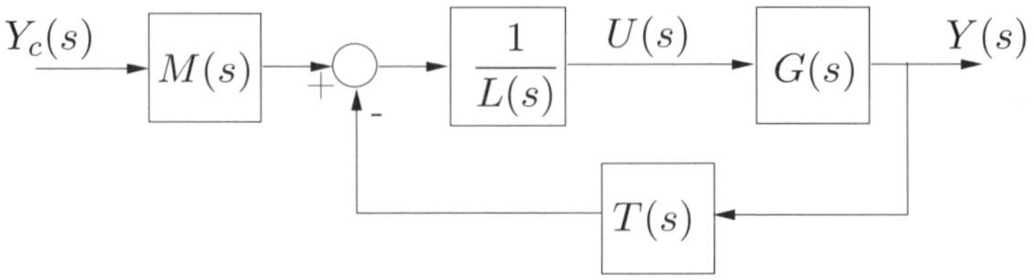

1. $T(s) = 1$, $M(s) = 1$ et $L(s) = K^{-1} > 0$. Donner l'intervalle des valeurs de K pour lesquelles les spécifications sont satisfaites.
2. Parmi les valeurs de K précédentes, choisir la valeur de K qui permet d'obtenir une erreur de position égale à 10%. Comment se comporte le système bouclé pour cette valeur de K? Que peut-on dire sur l'ordre du système bouclé ?
3. On souhaite maintenant obtenir une erreur nulle en régime permanent pour un échelon de position et pour un échelon de vitesse. On souhaite d'autre part que le système bouclé se comporte comme un système du second ordre dont les pôles sont -1, -1. Calculer un correcteur à deux degrés de liberté permettant de répondre à ces nouvelles spécifications

Exercice 12 : Soit le système représenté sur la figure suivante :

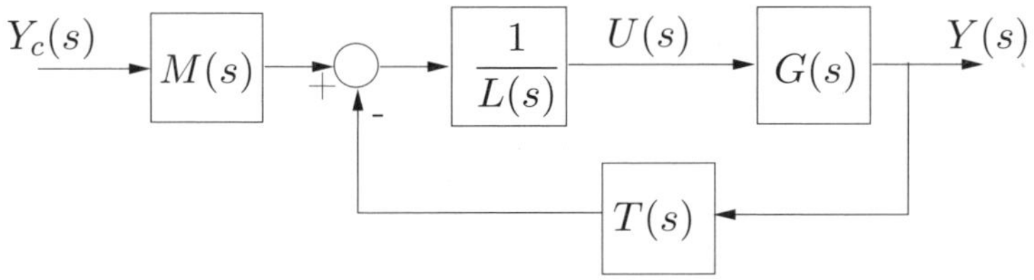

où $G(s) = \dfrac{1}{s(s+1)}$ est la fonction de transfert du système à commander et $L(s), M(s)$ et $T(s)$ sont des polynômes relatifs au correcteur devant être déterminé. Les spécifications requises sont les suivantes :

- Premier dépassement $D_1 \leq 5\%$
- Temps d'établissement $t_E \leq 4.5s$

PARTIE I : On choisit dans un premier temps la structure de commande suivante correspondant à $T(s) = 1, M(s) = 1$ et $L(s) = k^{-1}, k > 0$.

1. Tracer le lieu d'Evans en fonction de $k > 0$
2. Pour quelles valeurs de k les spécifications sont elles satisfaites ?
3. Donner la valeur de k qui vous semble la meilleure. Justifier votre réponse.

PARTIE II : On considère maintenant $M(s) = 1, T(s) = s + 1, L(s) = k^{-1}(s + a), k > 0, a > 0$.

1. Calculer la fonction de transfert du système en boucle ouverte.

2. Pour quelles valeurs de k (fonction de a) obtient-on une marge de phase de 45°?
3. Pour quelles valeurs de $a > 0$ obtient-on en plus d'une marge de phase de 45° les spécifications sur D_1et t_E?
4. Calculer les valeurs de k et a pour que le système se comporte comme un système du second ordre pour lequel la pulsation propre non amortie $w_n = 2\ rad.s^{-1} et$ et l'amortissement $\zeta = 3/4$.

chapitre VII

COMMANDE DES SYSTÈMES LINÉAIRES : APPROCHE ESPACE D'ÉTAT

Ce chapitre présente quelques méthodes de commande dans le cadre d'une approche espace d'état. Dans ce contexte, le calcul de la loi de commande est fait en supposant la connaissance d'un modèle du système sous la forme d'une représentation d'état, obtenue en appliquant les lois de la physique ou par des techniques dites d'identification. Les paragraphes VII-1 et VII-2 présentent la technique de placement de pôles par retour d'état. Comme dans le cas de l'approche entrée/sortie, il est possible de prendre en compte la minimisation d'un critère énergétique pour la synthèse d'un retour d'état. Ce point est traité dans le paragraphe VII-3. Comme l'état n'est pas mesurable dans la majorité des cas pratiques, on peut le reconstruire à l'aide d'un observateur d'état. Le calcul d'un observateur est présenté dans le paragraphe VII-4. Il est possible de développer des observateurs optimaux en dualisant les résultats présentés en commande, c'est l'objet du paragraphe VII-5.

Le paragraphe VII-6 traite des observateurs d'ordre réduit qui présentent la particularité d'exploiter directement l'information disponible à travers la sortie mesurée, et ainsi permettre de réduire l'ordre des observateurs. On peut alors combiner les résultats des paragraphes précédents pour obtenir une commande par retour de sortie dynamique : retour d'état-observateur. C'est l'objectif du paragraphe VII-7. Enfin, ce chapitre se termine par quelques extensions importantes dont certaines permettent de faire un lien avec l'approche entrée-sortie.

VII-1. PLACEMENT DE PÔLES

VII-1.1 ~ Principe

Soit le système commandable décrit par :

$$\left\{ \begin{array}{lcll} \dot{x} & = & A\,x & + \;\; B\,u \\ y & = & C\,x & \end{array} \right. \tag{VII.1}$$

Considérons la loi de commande par retour d'état :

$$\boxed{u = -L\,x + l_c\,y_c}$$

où y_c est la consigne, l_c le gain associé à la consigne et :

$$L = \begin{bmatrix} l_0 & l_1 & \cdots & l_{n-1} \end{bmatrix}$$

le gain de retour d'état. Le système bouclé à l'aide de cette loi a pour modèle :

$$\boxed{\left\{ \begin{array}{lcll} \dot{x} & = & (A - B\,L)x & + \;\; Bl_c\,y_c \\ y & = & C\,x & \end{array} \right.} \tag{VII.2}$$

On constate que le gain de retour d'état L, entraîne une transformation de la matrice dynamique A en $A - BL$, modifiant ainsi les modes (ou pôles) du système. On verra, dans ce qui suit, comment choisir (ou placer) les modes par un choix approprié de L [33].

VII-1.2 ~ Placement de pôles à partir de la forme canonique de commande

Supposons que le système (VII.1) est de la forme :

$$A = \begin{bmatrix} 0 & 1 & 0 & \cdots & 0 \\ 0 & & \ddots & \ddots & \\ \vdots & & & \ddots & 0 \\ 0 & & & & 1 \\ -a_0 & -a_1 & \cdots & -a_{n-2} & -a_{n-1} \end{bmatrix} \qquad B = \begin{bmatrix} 0 \\ 0 \\ \vdots \\ 0 \\ 1 \end{bmatrix}$$

$$C = \begin{bmatrix} b_0 & b_1 & \cdots & b_{n-2} & b_{n-1} \end{bmatrix}$$

On appelle cette forme la forme **canonique de commande**. Alors, le système (VII.2) bouclé a pour modèle :

$$A - BL = \begin{bmatrix} 0 & 1 & 0 & \cdots & 0 \\ 0 & & \ddots & \ddots & \\ \vdots & & & \ddots & 0 \\ 0 & & & & 1 \\ -\alpha_0 & -\alpha_1 & \cdots & -\alpha_{n-2} & -\alpha_{n-1} \end{bmatrix} \qquad B = \begin{bmatrix} 0 \\ 0 \\ \vdots \\ 0 \\ l_c \end{bmatrix}$$

$$C = \begin{bmatrix} b_0 & b_1 & \cdots & b_{n-2} & b_{n-1} \end{bmatrix}$$

avec $\alpha_i = a_i + l_i$ et $i = 0, \ldots, n-1$.

a ~ Calcul du gain de retour d'état L :

Une analyse simple de ce qui précède, montre que l'on peut transformer le polynôme caractéristique de $P(s)$ en $\psi(s)$ par la loi de commande :

$$\boxed{l_i = \alpha_i - a_i \qquad \forall i = 0 \cdots n-1}$$

a_i : coefficients du polynôme caractéristique avant bouclage :

$$P(s) = a_0 + a_1\, s + \cdots + a_{n-1}\, s^{n-1} + s^n$$

α_i : coefficients du polynôme caractéristique souhaité pour le système bouclé :

$$\Psi(s) = \alpha_0 + \alpha_1\, s + \cdots + \alpha_{n-1}\, s^{n-1} + s^n$$

b ~ Calcul du gain de précommande l_c :

La fonction de transfert du système bouclé est :

$$G_F(s) = \frac{l_c\,(b_0 + b_1\, s + \cdots + b_{n-1}\, s^{n-1})}{\alpha_0 + \alpha_1\, s + \cdots + \alpha_{n-1}\, s^{n-1} + z^n} = C\,(sI_n - A + B\,L)^{-1}\,Bl_c$$

On ajuste le gain statique de $G_F(s)$ grâce à l_c :

$$G_F(0) = \frac{l_c\, b_0}{\alpha_0} = C\,(-A + B\,L)^{-1}\,B\,l_c$$

Remarque : le retour d'état modifie les modes du système, c'est-à-dire le dénominateur de la fonction de transfert. Par contre, il n'affecte en rien les zéros du système, le numérateur de la fonction de transfert restant inchangé.

VII-1.3 ~ Placement de pôles à partir d'un modèle d'état quelconque

Considérons le système :

$$\dot{x} = Ax + Bu$$

Soit le polynôme caractéristique souhaité :

$$\psi(s) = (s - \lambda_1)\,(s - \lambda_2) \cdots (s - \lambda_n) = s^n + \alpha_{n-1}\, s^{n-1} + \cdots + \alpha_1\, s + \alpha_0$$

Algorithme :

1. Polynôme caractéristique en boucle ouverte :

$$P(s) = \det(sI_n - A) = s^n + a_{n-1}\, s^{n-1} + \cdots + a_1\, s + a_0$$

2. Retour d'état $\tilde{L}$ associé à la forme canonique de commande :

$$\tilde{L} = \begin{bmatrix} \tilde{l}_0 & \tilde{l}_1 & \cdots & \tilde{l}_{n-1} \end{bmatrix}$$

$$\tilde{l}_i = \alpha_i - a_i \qquad \forall i = 0, \cdots, n-1$$

3. Matrice de transformation M modèle initial $\longrightarrow$ forme canonique de commande.

$$M = \begin{bmatrix} m_1 & \cdots & m_n \end{bmatrix}$$

$$\begin{aligned} m_n &= B \\ m_{n-1} &= (A + a_{n-1}\, I_n)\, B \\ m_{n-2} &= (A^2 + a_{n-1}\, A + a_{n-2}\, I_n)\, B \\ &\cdots \\ m_1 &= (A^{n-1} + a_{n-1}\, A^{n-2} \cdots + a_1\, I_n)\, B \end{aligned}$$

4. Retour d'état associé au modèle initial :

$$L = \tilde{L}\, M^{-1}$$

Cet algorithme passe par la forme canonique de commande qui permet un calcul particulièrement simple du retour d'état. Les phases de la procédure sont les suivantes :

– changement de base vers la forme canonique de commande :

$$x = M\,\tilde{x}$$

– calcul du retour d'état sur la forme canonique de commande :

$$u = -\tilde{L}\,\tilde{x} + l_c\,y_c$$

– calcul du retour d'état sur le modèle d'état initial :

$$u = -\tilde{L}\,M^{-1}\,x + l_c\,y_c = -L\,x + l_c\,y_c$$

Un examen détaillé de l'approche précédente, révèle que l'on peut fixer arbitrairement le polynôme caractéristique en boucle fermée si et seulement si le système est commandable. En effet, la matrice de transformation s'écrit :

$$\begin{aligned} M &= \begin{bmatrix} m_1 & \cdots & m_n \end{bmatrix} \\ &= \begin{bmatrix} B & AB & \cdots & A^{n-1}B \end{bmatrix} \underbrace{\begin{bmatrix} a_1 I & a_2 I & \cdots & a_{n-2} I & a_{n-1} I & I \\ a_2 I & \cdots & a_{n-2} I & a_{n-1} I & I & 0 \\ \vdots & & & & \vdots & \vdots \\ a_{n-2} I & a_{n-1} I & I & \cdots & 0 & 0 \\ a_{n-1} I & I & \cdots & \cdots & 0 & 0 \\ I & 0 & \cdots & \cdots & 0 & 0 \end{bmatrix}}_{T} \end{aligned}$$

Elle vérifie :

$$\det M = \det Q_c \; \det T$$

Comme la matrice de Toeplitz T est inversible, M est inversible si et seulement si le système est commandable.

Exemple

Soit le système :

$$\begin{cases} \dot{x} = \begin{bmatrix} 1 & 1 \\ 0 & 2 \end{bmatrix} x + \begin{bmatrix} 0 \\ 1 \end{bmatrix} u \\ \\ y = \begin{bmatrix} 2 & 0 \end{bmatrix} x \end{cases}$$

Il a pour polynôme caractéristique :

$$P(s) = s^2 - 3s + 2 = s^2 + a_1 s + a_0$$

Soit le polynôme caractéristique souhaité :

$$\psi(s) = s^2 + 3s + 2 = s^2 + \alpha_1 s + \alpha_0$$

La matrice de transformation M vers la forme canonique de commande s'écrit :

$$M = [A\,B + a_1\,B \qquad B] = \begin{bmatrix} 1 & 0 \\ -1 & 1 \end{bmatrix}$$

Le retour d'état associé à la forme canonique de commande est :

$$\tilde{L} = [\alpha_0 - a_0 \quad \alpha_1 - a_1] = [0 \quad 6]$$

Le retour d'état associé au modèle d'état initial s'écrit :

$$L = \tilde{L}\,M^{-1} = [6 \quad 6]$$

Le gain statique du système bouclé a pour expression :

$$G_F(0) = C\,(-A + B\,L)^{-1}\,B\,l_c = l_c$$

On obtient un gain statique unitaire avec $l_c = 1$. La loi de commande complète s'écrit alors :

$$\boxed{u = -[6 \quad 6]\,x + y_c}$$

VII-2. PLACEMENT DES PÔLES, AUTRES APPROCHES

On peut utiliser des techniques plus directes pour le calcul du gain L.

VII-2.1 ~ Calcul de L par identification polynomiale

On peut, lors d'une approche manuelle, choisir le calcul direct du gain de retour d'état en identifiant le polynôme caractéristique souhaité $\psi(\lambda)$ avec le polynôme caractéristique $P_{A-BL}(\lambda)$ littéral en L du système bouclé par retour d'état.

Polynôme de racines $\lambda_1, \ldots, \lambda_n$

(valeurs propres souhaitées)

$$\boxed{\psi(\lambda) = (\lambda - \lambda_1)(\lambda - \lambda_2)\cdots(\lambda - \lambda_n)}$$

↑

Identification

↓

Polynôme caractéristique de $(A - B\,L)$: $P_{A-BL}(\lambda) = \det(\lambda I - A + BL)$

Exemple 1

Soit le système instable :

$$\dot{x} = \begin{bmatrix} 1 & 1 \\ 0 & 2 \end{bmatrix} x + \begin{bmatrix} 0 \\ 1 \end{bmatrix} u$$

Trouver le retour d'état :

$$L = [l_0 \quad l_1]$$

permettant de placer les valeurs propres de la matrice $(A - BL)$ aux valeurs -1 et -2 (choix arbitraire). La matrice d'évolution du système corrigé est :

$$A - BL = A - \begin{bmatrix} 0 \\ 1 \end{bmatrix} [l_0 \quad l_1] = \begin{bmatrix} 1 & 1 \\ -l_0 & 2 - l_1 \end{bmatrix}$$

Son polynôme caractéristique :

$$P_{A-BL}(\lambda) = \det(\lambda I - A + BL) = \lambda^2 + (l_1 - 3)\lambda + 2 + l_0 - l_1$$

L'identification avec le polynôme caractéristique souhaité :

$$\psi(\lambda) = (\lambda + 1)(\lambda + 2) = \lambda^2 + 3\lambda + 2$$

conduit à :

$$L = [6 \quad 6]$$

Exemple 2

Soit le système instable :

$$\dot{x} = \begin{bmatrix} 2 & 1 \\ 0 & 1 \end{bmatrix} x + \begin{bmatrix} -1 \\ 1 \end{bmatrix} u$$

Trouver le retour d'état :

$$L = [l_0 \quad l_1]$$

permettant de placer les valeurs propres de la matrice $(A - BL)$ aux valeurs -1 et -2 (choix arbitraire). La matrice d'évolution du système corrigé est :

$$A - BL = A - \begin{bmatrix} -1 \\ 1 \end{bmatrix} [l_0 \quad l_1] = \begin{bmatrix} l_0 + 2 & l_1 + 1 \\ -l_0 & 1 - l_1 \end{bmatrix}$$

Son polynôme caractéristique :

$$P_{A-BL}(\lambda) = \det(\lambda I - A + BL) = \lambda^2 + (l_1 - l_0 - 3)\lambda + 2l_0 - 2l_1 + 2$$

L'identification avec le polynôme souhaité :

$$\psi(\lambda) = (\lambda + 1)(\lambda + 2) = \lambda^2 + 3\lambda + 2$$

n'a pas de solution. On peut expliquer l'absence de solution en remarquant que le polynôme caractéristique de $A - BL$ peut s'écrire :

$$P(\lambda) = (\lambda - 2)(\lambda - l_0 + l_1 - 1)$$

et possède une racine $\lambda = 2$ non modifiable par retour d'état (mode fixe). Ceci traduit un problème structurel. En fait, le système est non commandable, ce qui empêche une correction par retour d'état. En effet, on a :

$$\det Q_c = \det \begin{bmatrix} -1 & -1 \\ 1 & 1 \end{bmatrix} = 0$$

VII-3. COMMANDE OPTIMALE (COMMANDE LINÉAIRE QUADRATIQUE)

On a vu dans le chapitre précédent, dans le cadre d'une approche entrée/sortie, que l'on pouvait également envisager les performances sous l'angle d'un critère énergétique prenant en compte les objectifs de commande avec l'effort nécessaire pour les atteindre. Dans ce paragraphe, tout comme précédemment, on suppose que l'état est mesurable.

VII-3.1 ~ Régulation

On s'intéresse pour commencer au problème de régulation, c'est-à-dire lorsque la consigne est constante. Dans le cas des systèmes linéaires, cela équivaut à avoir une consigne nulle. Cela concerne un grand nombre de problèmes pratiques où l'on souhaite maintenir la sortie autour d'une valeur constante en dépit des perturbations.

a ~ Définition du problème

Soit le système, supposé stabilisable, décrit par :

$$\dot{x} = Ax + Bu, \quad x(0) = x_0$$

Associé à ce système, considérons le critère énergétique suivant, permettant d'évaluer un certain niveau de performances [10], [7] :

$$J = \int_0^\infty \left[x^T(t)Qx(t) + u^T(t)ru(t)\right] dt$$
avec
$$r > 0 \text{ et } Q = Q^T \geq 0$$

On souhaite calculer la loi de commande $u(t) = f(x(t))$, fonction de l'état, qui minimise le critère J. Posé ainsi, il s'agit d'un problème d'optimisation dynamique qui peut être résolu, par exemple, à partir du calcul des variations [7], par programmation dynamique [8] ou à partir du principe du maximum de Pontryaguine [7] dont les contenus dépassent le cadre de cet ouvrage. Bien que cela ne soit pas évident a priori, il se trouve que la solution de ce problème est un retour d'état linéaire que l'on peut écrire :

$$u = f(x) = -Lx$$

et qui se calcule en suivant la procédure présentée dans le paragraphe qui suit.

b ~ Calcul du gain de retour d'état optimal

La procédure de calcul de la loi de commande optimale est la suivante :

Procédure :

1. Choisir $Q \geq 0$ et $r > 0$ avec $(Q^{1/2}, A)$ détectable.
2. Déterminer la solution symétrique définie positive P de l'équation de Riccati algébrique suivante :
$$A^T P + PA - PBr^{-1}B^T P + Q = 0$$
3. Le gain de retour d'état optimal est alors donné par :
$$L = r^{-1}B^T P$$
4. La valeur optimale du critère est :
$$J^* = x_0^T P x_0$$

De nombreux algorithmes ont été proposés pour résoudre l'équation de Riccati [38]. On peut aussi utiliser les procédures offertes par les logiciels spécialisés en mathématiques ou en commande.

Le choix de r et de Q permet de doser l'effort de commande en fonction de la dynamique que l'on souhaite imposer à l'état. Comme Q est une matrice définie positive, on peut évaluer son poids à partir de sa valeur propre maximale. Plus cette dernière sera grande, plus la matrice correspondante aura du poids. Plus r est grand par rapport à Q, plus le processus d'optimisation écrasera la commande pour diminuer son poids dans le critère.

La loi optimale étant ici un retour d'état linéaire, on reste dans la logique des commandes présentées dans le paragraphe précédent, le retour d'état n'étant pas choisi en fixant les pôles du système bouclé, mais en minimisant un critère quadratique. Un des avantages sous les hypothèses considérées, notamment $r > 0$ et $Q \geq 0$, est la certitude que le système bouclé est asymptotiquement stable même si les pôles ne sont pas a priori fixés. Ceci découle de l'équation de Riccati, de l'expression de la commande et de la théorie de Lyapunov [10]. En effet, on peut écrire :

$$\begin{aligned}
&A^T P + PA - PBr^{-1}B^T P + Q = \\
&(A - Br^{-1}B^T P)^T P + P(A - Br^{-1}B^T P) + PBr^{-1}\, r\, r^{-1}B^T P + Q = \\
&(A - BL)^T P + P(A - BL) + Q + L^T r L = 0
\end{aligned}$$

Et donc :

$$\boxed{(A - BL)^T P + P(A - BL) = -(Q + L^T r L) < 0} \qquad \text{(VII.3)}$$

On peut conclure à partir des résultats du paragraphe III-4.2. Quant à la valeur optimale du critère, on l'obtient en remarquant que : :

$$\begin{aligned}
J &= \int_0^\infty \left[x^T(t)Qx(t) + u^T(t)ru(t)\right] dt = \int_0^\infty x^T(t)\left[Q + L^T r L\right] x(t)dt \\
&= x_0^T \left[\int_0^\infty e^{(A-BL)^T t}\left[Q + L^T r L\right] e^{(A-BL)t} dt\right] x_0 = x_0^T P x_0
\end{aligned}$$

où P est la solution de VII.3.

Montrons à présent que la valeur précédente est bien la valeur optimale du critère. Pour cela, considérons une variation ΔL du gain, soit $L + \Delta L$. Si l'on remplace dans l'équation de Lyapunov VII.3, il s'ensuit une variation ΔP de P, soit $P + \Delta P$. On aura alors :

$$\begin{gathered}
\left[A - B(L + \Delta L)\right]^T (P + \Delta P) + (P + \Delta P)\left[A - B(L + \Delta L)\right] + \\
Q + (L + \Delta L)^T r (L + \Delta L) = 0
\end{gathered}$$

En retranchant VII.3 à l'équation ci-dessus et en remarquant que :

$$-\Delta L^T B^T P = -r \Delta L^T L$$

il reste :

$$\left[A - B(L + \Delta L)\right]^T \Delta P + \Delta P\left[A - B(L + \Delta L)\right] + Q + \Delta L^T r \Delta L = 0$$

Si ΔL déstabilise le système rendant instable la matrice $A - B(L + \Delta L)$, alors le critère devient infini, sinon cela veut dire que $A - B(L + \Delta L)$ est stable et on peut conclure (voir paragraphe III -4.2) que $\Delta P > 0$. Dans tous les cas, la valeur du critère est plus grande. La solution donnée par l'équation de Riccati est bien celle qui minimise le critère.

c ~ Comportements asymptotiques

On peut se demander quel est le lien existant entre placement de pôles et commande optimale [10]. Une réponse générale n'est pas si évidente, et beaucoup de travaux discutent ces liens sans toutefois donner une vision globale simple. Pourtant, on peut étudier ces relations dans deux cas précis qui apportent plus d'information sur les propriétés de la commande optimale [7]. Ces deux cas correspondent à $r \longrightarrow 0$ et $r \longrightarrow \infty$.

$r \longrightarrow \infty$: Dans ce cas, le système étant asymptotiquement stable en boucle fermée, les valeurs propres de $A - BL$ se comportent de la manière suivante :

- Les valeurs propres stables de A sont valeurs propres de $A - BL$,
- Si λ est une valeur propre instable de A, alors $-\lambda$ est valeur propre de $A - BL$. On a un effet dit "miroir".

Faire tendre r vers l'infini est équivalent à faire tendre Q vers zéro, et le retour stabilisant correspond à l'effort de commande minimal pour stabiliser le système. Dans ce cas :

- Si le système en boucle ouverte est stable, alors on obtient une commande nulle et les pôles ne sont pas modifiés.
- Si le système en boucle ouverte est instable, la loi de commande réfléchit les pôles instables en les remplaçant par leurs symétriques par rapport à l'axe imaginaire dans le demi-plan complexe gauche. Ainsi un système à instabilité "rapide" (pôles très à droite) sera contrôlé avec un minimum d'effort si la boucle fermée est également rapide (pôles très à gauche).

$r \longrightarrow 0$: Dans ce cas les valeurs valeurs propres de $A - BL$ se comportent de la manière suivante :

- Une partie des valeurs propres tendent vers les zéros de $Q^{1/2}(sI - A)B$ si ceux-ci sont à partie réelle négative. Une autre partie tend vers les zéros instables de $Q^{1/2}(sI - A)B$ réfléchis par rapport à l'axe imaginaire dans le demi-plan complexe gauche.
- Les autres valeurs propres sont asymptotiquement stables, de module infini et tendent vers l'infini dans une configuration dite de "Butterworth".

On libère complètement la commande et la dynamique est limitée par les zéros de

$Q^{1/2}(sI - A)B$ qui sont, dans le cas particulier où $Q = C^T C$, les zéros du système. On ne peut pas contrôler comme on le souhaite le temps de réponse.

d ~ Marge de phase - Marge de gain

La loi de commande optimale possède des propriétés intéressantes quant aux marges de stabilité qu'elle garantit [36]. En effet, prenons l'équation de Riccati :

$$A^T P + PA - PBr^{-1}B^T P + Q = 0$$

Pour tout nombre complexe s, on a :

$$(\overline{s}I - A^T)P + P(sI - A) + PBr^{-1}B^T P = Q + 2\,\mathrm{Re}[s].P$$

En multipliant par $B^T(\overline{s}I - A^T)^{-1}$ à gauche et à droite par $(sI - A)^{-1}B$, on obtient :

$$rG(s) + G^T(\overline{s})r + G^T(\overline{s})rG(\overline{s}) = H(s)$$

avec :

$$H(s) = B^T(\overline{s}I - A^T)^{-1}\left[Q + 2\,\mathrm{Re}[s].P\right](sI - A)^{-1}B$$
$$G(s) = R^{-1}B^T P(sI - A)^{-1}B = L(sI - A)^{-1}B$$

$G(s)$ n'est rien d'autre que la fonction de transfert en boucle ouverte du système corrigé par retour d'état. On peut encore écrire la relation précédente sous la forme :

$$\boxed{(1 + G(\overline{s}))\,r\,(1 + G(s)) = r + H(s)}$$

Si on l'évalue sur un contour dit de Nyquist [32] (qui permet l'étude de la stabilité en boucle fermée), alors on a $2\,\mathrm{Re}[s] = 0$ et on peut écrire l'inégalité :

$$(1 + G(\overline{s}))\,r\,(1 + G(s)) = r + H(s) \geq r$$

connue sous le nom d'inégalité de Kalman [36]. On en déduit que :

$$(1 + G(\overline{s}))\,(1 + G(s)) = \overline{(1 + G(s))}\,(1 + G(s)) \geq 1$$

et par conséquent :

$$\boxed{|1 + G(s)| \geq 1}$$

L'inégalité précédente signifie que le lieu de transfert de $G(s)$ dans le plan de Nyquist reste à l'extérieur du cercle de centre -1 et de rayon unité, comme le montre la figure suivante :

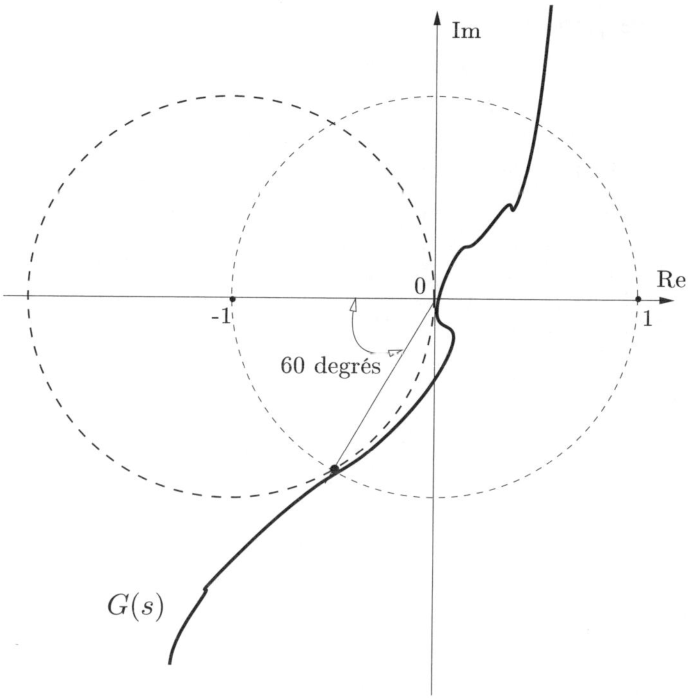

La conséquence immédiate est que la loi de commande optimale garantit les marges de stabilité suivantes :

> Marge de Phase : $\varphi_M \;\geq 60$ degrés
>
> Marge de Gain : $G_M \; = \infty$

Exemple

Soit le système décrit par :

$$\begin{cases} \dot{x} = \begin{bmatrix} 0 & 1 \\ 0 & 0 \end{bmatrix} x + \begin{bmatrix} 0 \\ 1 \end{bmatrix} u \\ \\ y = \begin{bmatrix} 1 & 0 \end{bmatrix} x \end{cases}$$

On considère le critère quadratique :

$$J = \int_0^\infty \left[y^2(t) + ru^2(t)\right] dt,\ r > 0$$

Cherchons la solution définie positive de l'équation de Riccati :

$$\begin{bmatrix} 0 & 0 \\ 1 & 0 \end{bmatrix} \begin{bmatrix} p_1 & p_2 \\ p_3 & p_3 \end{bmatrix} + \begin{bmatrix} p_1 & p_2 \\ p_3 & p_3 \end{bmatrix} \begin{bmatrix} 0 & 1 \\ 0 & 0 \end{bmatrix}$$
$$-r^{-1} \begin{bmatrix} p_1 & p_2 \\ p_3 & p_3 \end{bmatrix} \begin{bmatrix} 0 \\ 1 \end{bmatrix} \begin{bmatrix} 0 & 1 \end{bmatrix} \begin{bmatrix} p_1 & p_2 \\ p_3 & p_3 \end{bmatrix} + \begin{bmatrix} 1 & 0 \\ 0 & 0 \end{bmatrix} = 0$$

équivalente au système d'équations :

$$\begin{aligned} 1 - r^{-1}p_2^2 &= 0 \\ p_1 - r^{-1}p_2p_3 &= 0 \\ 2p_2 - r^{-1}p_3^2 &= 0 \end{aligned}$$

La solution s'écrit :

$$P = \begin{bmatrix} \sqrt{2\sqrt{r}} & \sqrt{r} \\ \sqrt{r} & \sqrt{2r\sqrt{r}} \end{bmatrix}$$

On peut vérifier que P est définie positive à partir du test de Sylvester sur les mineurs. En effet :

$$\sqrt{2\sqrt{r}} > 0 \text{ et } 2r - r = r > 0$$

Le gain de retour d'état est alors donné par :

$$L = \begin{bmatrix} \frac{1}{\sqrt{r}} & \sqrt{\frac{2}{\sqrt{r}}} \end{bmatrix}$$

Le polynôme caractéristique de $A - BL$ est :

$$s^2 + \sqrt{\frac{2}{\sqrt{r}}}s + \frac{1}{\sqrt{r}} = 0$$

les pôles du système en boucle fermée sont alors :

$$s_{1,2} = \frac{1}{\sqrt{2\sqrt{r}}} \pm j\frac{1}{\sqrt{2\sqrt{r}}}$$

Lorsque $r \longrightarrow 0$, leur module tend vers l'infini car $Q^{1/2}(sI - A)C = s^{-2}$ (pas de zéro fini).

VII-3.2 ~ Poursuite

a ~ Position du problème

Le paragraphe précédent traite de la régulation optimale, c'est-à-dire le cas pour lequel la consigne est nulle. Dans certaines applications, la consigne est non nulle et variable. La prendre en compte complique grandement les choses, et dans le cas d'un problème à horizon infini, c'est-à-dire lorsque le critère est défini par une intégrale allant de 0 à l'infini, la solution est loin d'être triviale comme cela est très clairement expliqué dans [2]. Pourtant, on peut étendre les résultats du paragraphe précédent pour prendre en compte une consigne non nulle dans la synthèse de la loi de commande optimale [12]. Reprenons le système mono entrée mono sortie commandable et observable auquel on s'intéresse dont la forme est rappelée ici :

$$\begin{cases} \dot{x} = Ax + Bu \\ y = Cx \end{cases}$$

Soit $y_c(t)$ la consigne. Le problème que l'on souhaite résoudre est de faire la synthèse d'une commande par retour d'état qui stabilise asymptotiquement le système et qui, d'autre part, permette d'obtenir :

$$\lim_{t \to \infty} y(t) = y_c(t)$$

b ~ Formulation d'un problème linéaire quadratique

Supposons qu'il existe x_c et u_c tels que l'on ait :

$$\begin{cases} \dot{x}_c = Ax_c + Bu_c \\ y_c = Cx_c \end{cases} \tag{VII.4}$$

Si x_c et u_c satisfaisant le système différentiel précédent n'existent pas, alors il n'est pas possible de poursuivre la référence. Une condition pour que ce soit le cas est que :

$$\boxed{\text{rang}\left(\begin{bmatrix} A & B \\ C & 0 \end{bmatrix}\right) = n + 1}$$

et donc que [12] :

$$\boxed{\det \begin{bmatrix} A & B \\ C & 0 \end{bmatrix} \neq 0}$$

Définissons maintenant les variables d'écart :

$$\Delta x = x - x_c$$
$$\Delta u = u - u_c$$

On voit sans peine que l'on a :

$$\begin{cases} \Delta x = A\Delta x + B\Delta u \\ \Delta y = C\Delta x = y - y_c \end{cases}$$

On peut associer à ce système le critère suivant pondérant l'écart Δy et la variation de commande Δu :

$$J_y = \int_0^\infty \left[q(\Delta y)^2 + r(\Delta u)^2\right] dt = \int_0^\infty \left[q\Delta x^T C^T C\Delta x + r(\Delta u)^2\right] dt$$

On est ramené ainsi à un problème linéaire quadratique avec une matrice $Q = qC^TC$.

c ~ Solution du problème

La solution est donné par un retour d'état qui s'écrit :

$$u = -r^{-1}B^T P\Delta x = -r^{-1}B^T Px + r^{-1}B^T Px_c$$

où P est la solution de l'équation de Riccati algébrique :

$$A^T P + PA - r^{-1}PBB^T P + C^T C = 0$$

On peut remarquer que pour mettre en oeuvre la loi de commande, même si l'on mesure l'état, on a besoin de x_c et par conséquent des dérivées de y_c. Souvent la consigne est un échelon de position ou une rampe, et le nombre de dérivées de y_c différente de 0 est alors limité. Supposons que le nombre de dérivées non nulles de y_c soit égal à r. En dérivant r fois le système VII.4, on obtient l'équation matricielle suivante dont on peut extraire x_c et u_c :

$$\underbrace{\begin{bmatrix} A & -I & 0 & \cdots & 0 & B & 0 & \cdots & 0 \\ 0 & A & -I & \cdots & 0 & 0 & B & \cdots & 0 \\ \vdots & \vdots & \vdots & \vdots & \vdots & \vdots & \vdots & \vdots & \vdots \\ 0 & 0 & 0 & \cdots & -I & 0 & 0 & \cdots & 0 \\ 0 & 0 & 0 & \cdots & A & 0 & 0 & \cdots & B \\ C & 0 & 0 & \cdots & 0 & 0 & 0 & \cdots & 0 \\ 0 & C & 0 & \cdots & 0 & 0 & 0 & \cdots & 0 \\ \vdots & \vdots & \vdots & \vdots & \vdots & \vdots & \vdots & \vdots & \vdots \\ 0 & 0 & 0 & \cdots & C & 0 & 0 & \cdots & 0 \end{bmatrix}}_{W} \begin{bmatrix} x_c \\ x'_c \\ x''_c \\ \vdots \\ x_c^{(r)} \\ u_c \\ u'_c \\ \vdots \\ u_c^{(r)} \end{bmatrix} = \begin{bmatrix} 0 \\ 0 \\ 0 \\ \vdots \\ 0 \\ y_c \\ y'_c \\ \vdots \\ y_c^{(r)} \end{bmatrix}$$

À partir de permutations de ligne et de colonnes de W, on peut déduire qu'elle est inversible si et seulement si :

$$\det \begin{bmatrix} A & B \\ C & 0 \end{bmatrix} \neq 0$$

La procédure de calcul de la loi de commande est la suivante :

Procédure :

1. Choix de $q,\ r,\ y_c$
2. Calculer la solution $P > 0$ de l'équation de Riccati algébrique :

$$A^T P + PA - r^{-1} PBB^T P + qC^T C = 0$$

3. Calcul de u_c et x_c en fonction des dérivées de y_c (r dérivées non nulles) :

$$\begin{bmatrix} x_c \\ x_c' \\ x_c'' \\ \vdots \\ x_c^{(r)} \\ u_c \\ u_c' \\ \vdots \\ u_c^{(r)} \end{bmatrix} = W^{-1} \begin{bmatrix} 0 \\ 0 \\ 0 \\ \vdots \\ 0 \\ y_c \\ y_c' \\ \vdots \\ y_c^{(r)} \end{bmatrix}$$

4. La loi de commande est donnée par :

$$u(t) = u_c(t) - r^{-1} B^T P x(t) - r^{-1} B^T P x_c(t)$$

Exemple : suite de l'exemple du paragraphe VI-5

Une représentation d'état s'écrit :

$$\dot{x} = -0.2x + 0.6u$$
$$y = x$$

On choisit un critère avec $r = q = 1$. L'équation de Riccati s'écrit :

$$-0.4P - 0.36P^2 + 1 = 0$$

et la solution définie positive est :

$$P = 1.201$$

Le calcul de u_c et y_c est donné par :

$$\begin{bmatrix} x_c \\ u_c \end{bmatrix} = \begin{bmatrix} -0.2 & 0.6 \\ 1 & 0 \end{bmatrix}^{-1} \begin{bmatrix} 0 \\ y_c \end{bmatrix} = \begin{bmatrix} y_c \\ 0.333\, y_c \end{bmatrix}$$

La loi de commande est alors :

$$\begin{aligned} u &= 0.333 y_c - 0.7208 x + 0.7208 y_c \\ &= -0.7208\, y + 1.054 y_c \end{aligned}$$

VII-4. RECONSTRUCTION D'ÉTAT

VII-4.1 ~ Principe d'un observateur dynamique

Soit le système observable :

$$\begin{cases} \dot{x} = A x + B u \\ y = C x \end{cases} \tag{VII.5}$$

On souhaite mettre en oeuvre un système dynamique (observateur) générant un état $\hat{x}$ et une sortie $\hat{y}$ reconstruits à partir de la connaissance de l'entrée u et de la sortie y du système observé [31]. Sa forme est la suivante :

$$\boxed{\begin{cases} \dot{\hat{x}} = A\hat{x} + B u + H(y - \hat{y}) \\ \hat{y} = C\hat{x} \end{cases}} \tag{VII.6}$$

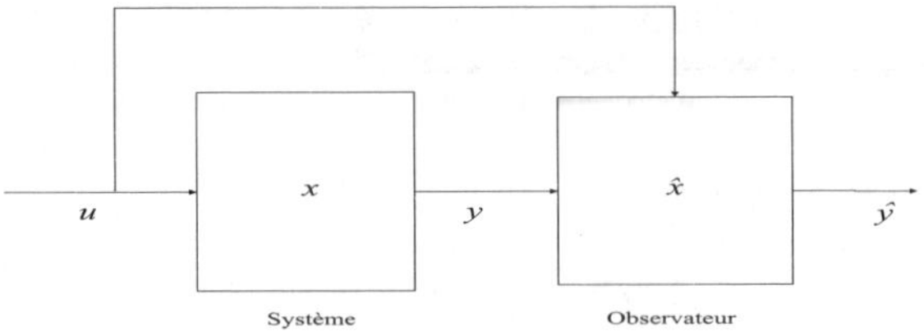

Le modèle de cet observateur suppose la connaissance du modèle (A, B, C) du système observé et il comporte un bouclage par un terme $(y - C\hat{x}) = (y - \hat{y})$ traduisant la différence entre la sortie mesurée y et la sortie estimée $\hat{y}$. La justification d'un tel modèle est apportée dans ce qui suit.

VII-4.2 ~ Justification de l'observateur dynamique

Par substitution de $\hat{y}$, le modèle de l'observateur s'écrit :

$$\dot{\hat{x}} = (A - H\,C)\,\hat{x} + B\,u + H\,y$$

L'évolution de l'écart ϵ entre l'état réel x et l'état estimé $\hat{x}$ est modélisée par :

$$\dot{\epsilon} = \dot{\hat{x}} - \dot{x}$$

$$= A\,\hat{x} + B\,u + HC(x - \hat{x}) - A\,x - B\,u$$

$$\boxed{\dot{\epsilon} = (A - HC)\epsilon}$$

Cet écart que l'on appelle **l'erreur de reconstruction**, dont la valeur $\epsilon\,(0)$ peut être non nulle pour des raisons d'initialisation ou de perturbations, se réduira d'autant plus vite que la matrice $A - HC$ sera plus "stable". La synthèse du reconstructeur d'état revient à choisir les modes de la matrice $A - HC$ (problème dual du placement de pôles).

VII-4.3 ~ Calcul d'un observateur à partir de la forme canonique d'observation

Supposons que le système à observer (VII.5) est de la forme :

$$A = \begin{bmatrix} -a_{n-1} & 1 & 0 & \cdots & 0 \\ -a_{n-2} & & \ddots & \ddots & \\ \vdots & & & \ddots & 0 \\ -a_1 & & & & 1 \\ -a_0 & 0 & \cdots & 0 & 0 \end{bmatrix} \qquad B = \begin{bmatrix} b_{n-1} \\ b_{n-2} \\ \vdots \\ b_1 \\ b_0 \end{bmatrix}$$

$$C = \begin{bmatrix} 1 & 0 & \cdots & 0 & 0 \end{bmatrix}$$

On appelle cette forme, la forme **canonique d'observation**. L'observateur est caractérisé par :

$$A - HC = \begin{bmatrix} -\beta_{n-1} & 1 & 0 & \cdots & 0 \\ -\beta_{n-2} & & \ddots & \ddots & \\ \vdots & & & \ddots & 0 \\ -\beta_1 & & & & 1 \\ -\beta_0 & 0 & \cdots & 0 & 0 \end{bmatrix} \qquad H = \begin{bmatrix} h_{n-1} \\ h_{n-2} \\ \vdots \\ h_1 \\ h_0 \end{bmatrix}$$

avec $\beta_i = a_i + h_i \qquad i = 0, \ldots, n-1$

À partir du polynôme caractéristique $P(s)$ du système, on peut choisir le polynôme caractéristique $\phi(s)$ de l'observateur grâce au choix de H suivant :

$$\boxed{h_i = \beta_i - a_i \qquad \forall i = 0 \cdots n-1}$$

a_i : coefficients du polynôme caractéristique du système :

$$P(\lambda) = a_0 + a_1\,\lambda + \cdots + a_{n-1}\,\lambda^{n-1} + \lambda^n$$

β_i : coefficients du polynôme caractéristique de l'observateur :

$$\varphi(\lambda) = \beta_0 + \beta_1\,\lambda + \cdots + \beta_{n-1}\,\lambda^{n-1} + \lambda^n$$

VII-4.4 ~ Calcul d'un observateur à partir d'un modèle d'état quelconque

Soit le système observable décrit par :

$$\begin{cases} \dot{x} &= A\,x + B\,u \\ y &= C\,x \end{cases}$$

Le polynôme caractéristique de l'erreur de reconstruction souhaitée est :

$$\phi(s) = (s - \lambda_1)\,\cdots\,(s - \lambda_n) = s^n + \beta_{n-1}\,s^{n-1} + \cdots + \beta_1\,s + \beta_0$$

L'algorithme de calcul du gain de bouclage de l'observateur étant particulièrement simple sur la forme canonique d'observation, on peut passer par cette forme pour le calcul dans le cas général. Les phases de la procédure sont les suivantes :

- Changement de base vers la forme canonique d'observation : $x = M_0\, \breve{x}$

- Calcul du gain $\breve{H}$ plaçant les modes de : $\breve{A} - \breve{H}\,\breve{C}$

- On en déduit le gain de l'observateur dans la base initiale à partir de :

$$\begin{aligned}
\breve{A} - \breve{H}\,\breve{C} &= M_0^{-1} A M_0 - \breve{H} C M_0 \\
&= M_0^{-1}\left(A - M_0 \breve{H} C\right) M_0 \\
&= M_0^{-1}\,(A - HC)\, M_0
\end{aligned}$$

Algorithme :

1. Polynôme caractéristique en boucle ouverte :

$$P(s) = \det(sI_n - A) = s^n + a_{n-1}\, s^{n-1} + \cdots + a_1\, s + a_0$$

2. Matrice de retour $\breve{H}$ associée à la forme canonique d'observation :

$$\breve{H} = \; [\breve{h}_{n-1} \quad \cdots \quad \breve{h}_1 \quad \breve{h}_0]^T$$

$$\breve{h}_i = \beta_i - a_i \qquad \forall i = 0,\; \cdots,\; n-1$$

3. Matrice de transformation M_o modèle initial $\longrightarrow$ forme canonique d'observation.

$$M_o = \left([m_1 \qquad \cdots \qquad m_n]^T\right)^{-1}$$

$$\begin{aligned}
&m_1 = C^T \\
&m_2 = (A^T + a_{n-1}\, I_n)\, C^T \\
&m_3 = ((A^T)^2 + a_{n-1}\, A^T + a_{n-2}\, I_n)\, C^T \\
&\quad \cdots \\
&m_n = ((A^T)^{n-1} + a_{n-1}\,(A^T)^{n-2} \cdots + a_1\, I_n)\, C^T
\end{aligned}$$

4. Matrice de retour H associé au modèle initial :

$$H = M_o \breve{H}$$

Une analyse détaillée de l'algorithme précédent montre que l'on peut fixer a priori la dynamique de reconstruction si et seulement si le système est observable. En effet, la matrice de transformation s'écrit :

$$(M_o{}^{-1})^T = \left[\begin{array}{ccc} m_1 & \cdots & m_n \end{array}\right] =$$

$$\underbrace{\left[\begin{array}{cccc} C^T & A^TC^T & \cdots & (A^T)^{n-1}C^T \end{array}\right]}_{Q_o^T} \underbrace{\left[\begin{array}{cccccc} I & a_{n-1}I & a_{n-2}I & \cdots & a_2I & a_1I \\ 0 & I & a_{n-1}I & a_{n-2}I & \cdots & a_2I \\ \vdots & \vdots & & & & \vdots \\ 0 & 0 & \cdots & I & a_{n-1}I & a_{n-2}I \\ 0 & 0 & \cdots & \cdots & I & a_{n-1}I \\ 0 & 0 & \cdots & \cdots & 0 & I \end{array}\right]}_{T}$$

Elle vérifie :

$$\det(M_o{}^{-1})^T = \det Q_o{}^T \ \det T$$

Comme la matrice de Toeplitz T est inversible, M_o est inversible si et seulement si le système est observable.

Exemple : suite de l'exemple 2 du paragraphe VII-1.3

Soit le système à observer :

$$\left\{\begin{array}{lcl} \dot{x} & = & \begin{bmatrix} 1 & 1 \\ 0 & 2 \end{bmatrix} x + \begin{bmatrix} 0 \\ 1 \end{bmatrix} u \\ \\ y & = & \begin{bmatrix} 2 & 0 \end{bmatrix} x \end{array}\right.$$

$$P(s) = s^2 - 3s + 2 = s^2 + a_1\, s + a_0$$

Le polynôme caractéristique souhaité pour l'observateur :

$$\varphi(s) = P_{A-HC}(s) = (s+1)(s+2) = s^2 + 3 + 2$$

La matrice de transformation M_o est donnée par :

$$M_o = \left([C^T \qquad A^TC^T + a_1\, C^T]^T\right)^{-1}$$

$$M_o = \left[\begin{array}{cc} 0,5 & 0 \\ 1 & 0,5 \end{array}\right]$$

Le gain $\breve{H}$ de l'observateur associé à la forme canonique d'observation et gain H dans la base initiale sont :

$$\breve{H} = \begin{bmatrix} \beta_1 - a_1 \\ \beta_0 - a_0 \end{bmatrix} = \begin{bmatrix} 6 \\ 0 \end{bmatrix} \qquad H = M_o \breve{H} = \begin{bmatrix} 3 \\ 6 \end{bmatrix}$$

Le modèle de l'observateur est alors :

$$\begin{cases} \dot{\hat{x}} &= \begin{bmatrix} -5 & 1 \\ -12 & 2 \end{bmatrix} \hat{x} + \begin{bmatrix} 0 \\ 1 \end{bmatrix} u + \begin{bmatrix} 3 \\ 6 \end{bmatrix} y \\ \hat{y} &= \begin{bmatrix} 2 & 0 \end{bmatrix} \hat{x} \end{cases}$$

VII-5. OBSERVATEUR OPTIMAL

VII-5.1 ~ Synthèse d'un observateur optimal

On a vu dans le chapitre V que l'observabilité est une notion duale de la commandabilité. En particulier, on a introduit un système dit "dual" que nous rappelons ici :

$$\begin{cases} \dot{\xi} = A^T \xi + C^T \nu \\ \gamma = B^T \xi, \ \ \xi(0) = \xi_0 \end{cases}$$

Faire la synthèse d'un observateur, se ramène à calculer un gain H qui fixe les modes de la matrice $A - HC$ en fonction de la dynamique de l'erreur de reconstruction ϵ que l'on souhaite fixer. Ce problème est le problème dual du retour d'état et, dès lors, on peut ramener le problème de la synthèse d'un observateur à un problème de synthèse de retour d'état sur le système dual. En particulier, il est possible de définir un critère quadratique à minimiser, avec les mêmes objectifs que pour la synthèse d'un retour d'état optimal. Ce critère s'écrit alors :

$$\boxed{J_O = \int_0^\infty \left[\xi^T(t) O \xi(t) + \nu^T(t) w \nu(t)\right] dt, \ \ O = O' \geq 0 \text{ et } w > 0}$$

La synthèse de l'observateur se fait dans ce cas à partir de la procédure suivante :

Procédure :

1. Choix de $O = O' > 0$ et de w de telle sorte que $(A, O^{1/2})$ stabilisable
2. Déterminer la solution symétrique semi-définie positive S de l'équation de Riccati algébrique suivante :
$$AS + SA^T - w^{-1}SC^TCS + O = 0$$
3. Le gain de l'observateur optimale est donné par :
$$H^T = w^{-1}CS \Rightarrow H = w^{-1}SC^T$$
4. La valeur optimale du critère est :
$$J_O^* = \xi_0^T S \xi_0$$

Exemple : suite de l'exemple du paragraphe VII-3.1

Le système dual s'écrit :

$$\begin{cases} \dot{\xi} = \begin{bmatrix} 0 & 1 \\ 0 & 0 \end{bmatrix} \xi + \begin{bmatrix} 0 \\ 1 \end{bmatrix} \nu \\ \gamma = \begin{bmatrix} 1 & 0 \end{bmatrix} \xi \end{cases}$$

On considère le critère quadratique :

$$J_O = \int_0^{\infty} \left[\gamma^2(t) + w\nu^2(t)\right] dt, \ w > 0$$

Cherchons la solution définie positive de l'équation de Riccati :

$$\begin{bmatrix} 0 & 1 \\ 0 & 0 \end{bmatrix} \begin{bmatrix} s_1 & s_2 \\ s_3 & s_3 \end{bmatrix} + \begin{bmatrix} s_1 & s_2 \\ s_3 & s_3 \end{bmatrix} \begin{bmatrix} 0 & 0 \\ 1 & 0 \end{bmatrix}$$
$$-w^{-1} \begin{bmatrix} s_1 & s_2 \\ s_3 & s_3 \end{bmatrix} \begin{bmatrix} 1 \\ 0 \end{bmatrix} \begin{bmatrix} 1 & 0 \end{bmatrix} \begin{bmatrix} s_1 & s_2 \\ s_3 & s_3 \end{bmatrix} + \begin{bmatrix} 0 & 0 \\ 0 & 1 \end{bmatrix} = 0$$

On a donc :

$$1 - w^{-1}s_2^2 = 0$$
$$s_3 - w^{-1}s_2 s_1 = 0$$
$$2s_2 - w^{-1}s_1^2 = 0$$

La solution s'écrit :

$$S = \begin{bmatrix} \sqrt{2w\sqrt{w}} & \sqrt{w} \\ \sqrt{w} & \sqrt{2\sqrt{w}} \end{bmatrix}$$

On peut vérifier que P est définie positive à partir du test de Sylvester sur les mineurs. En effet :

$$\sqrt{2w\sqrt{w}} > 0 \text{ et } 2w - w = w > 0$$

Le gain est alors donné par :

$$H = \begin{bmatrix} \sqrt{\dfrac{2}{\sqrt{w}}} \\ \dfrac{1}{\sqrt{w}} \end{bmatrix}$$

Et le polynôme caractéristique de $A - HC$ est :

$$s^2 + \sqrt{\frac{2}{\sqrt{w}}}s + \frac{1}{\sqrt{w}} = 0,$$

et les modes associés sont :

$$s_{1,2} = \frac{1}{\sqrt{2\sqrt{w}}} \pm j\frac{1}{\sqrt{2\sqrt{w}}}$$

VII-5.2 ~ Une tentative d'interprétation physique

Même si, d'un point de vue théorique, cette approche est indiscutable et conduit à un observateur ayant des propriétés optimales, l'interprétation du critère n'est pas aisée car il est formulé à partir de variables fictives (ξ, ν) qui n'ont pas de lien direct avec le système original. Il existe une justification plus concrète, obtenue à partir d'une formulation stochastique, qui dépasse le cadre de cet ouvrage et qui est connue sous le nom de "filtre de Kalman" [27], [1]. Toutefois, il est possible de donner une interprétation plus concrète à partir de ce qui suit. Définissons le système :

$$\begin{cases} \dot{\epsilon} = A\epsilon + Hv \\ \epsilon(0) = \epsilon_0 \end{cases}$$

où H est le gain que l'on cherche et ϵ est l'erreur de reconstruction. Définissons le critère suivant :

$$J_\epsilon = \int_0^\infty \left[\epsilon^T(t)O_\epsilon\epsilon(t) + v^T(t)w_\epsilon v(t)\right] dt, \quad O_\epsilon = O'_\epsilon \geq 0 \text{ et } w_\epsilon > 0$$

L'équation de Riccati associée à ce problème s'écrit :

$$A^T S_\epsilon + S_\epsilon A - w_\epsilon^{-1} S_\epsilon H H^T S_\epsilon + O_\epsilon = 0$$

Le gain et le critère optimal associés sont :

$$w_\epsilon^{-1} H^T S_\epsilon \quad \text{et} \quad J_\epsilon^* = \epsilon_0^T S_\epsilon \epsilon_0$$

Pour se ramener au problème qui nous intéresse, à savoir celui de la synthèse du gain H, il faut imposer :

$$w_\epsilon^{-1} H^T S_\epsilon = C$$

car on doit prendre :

$$v = C\epsilon$$

On déduit H, soit :

$$H = w_\epsilon S_\epsilon^{-1} C^T$$

En remplaçant dans l'équation de Riccati précédente, on obtient :

$$A^T S_\epsilon + S_\epsilon A - w_\epsilon C^T C + O_\epsilon = 0$$

En multipliant à droite et à gauche par S_ϵ^{-1}, on arrive à :

$$A S_\epsilon^{-1} + S_\epsilon^{-1} A^T - w_\epsilon S_\epsilon^{-1} C^T C S_\epsilon^{-1} + S_\epsilon^{-1} O_\epsilon S_\epsilon^{-1} = 0$$

En rapprochant cette équation de celle définie sur le système dual, on a :

$$S_\epsilon^{-1} = S, \; O_\epsilon = S_\epsilon O S_\epsilon, \; w_\epsilon = w^{-1}$$

La conclusion est la suivante : Si l'on a appliqué la procédure de synthèse optimale sur le système dual, en fait on a optimisé le critère :

$$J_\epsilon = \int_0^\infty \left[\epsilon^T(t) S^{-1} O S^{-1} \epsilon(t) + v^T(t) w^{-1} v(t)\right] dt$$

dont la valeur optimale est :

$$J_\epsilon^* = \epsilon_0^T S^{-1} \epsilon_0$$

On obtient une valeur de critère directement exprimée en fonction de l'erreur de reconstruction initiale ϵ_0 et de la matrice S, solution de l'équation de Riccati obtenue sur le système dual. Il n'est pas possible de calculer le gain H à partir de la donnée de J_ϵ, c'est à dire O_ϵ et w_ϵ. Par contre, on peut contrôler la valeur du critère J_ϵ en agissant sur S, c'est-à-dire en utilisant la matrice de pondération O et la pondération w.

VII-6. GÉNÉRALISATION

L'ordre de l'observateur considéré jusqu'à présent est le même que celui du système original, égal à n. Or, il se trouve que l'on dispose d'un signal de mesure, la sortie. Elle dépend de l'état et elle peut donc être utilisée directement pour donner une information partielle sur l'état. On doit pouvoir obtenir des observateurs prenant en compte cette information dont l'ordre est inférieur à celui du système. On parle alors d'observateur d'ordre réduit. Si p est le nombre de sorties mesurées, on peut même montrer que [31] l'observateur d'ordre minimal est égal à $n - p$.

VII-6.1 ~ Structure générale

Considérons le système décrit par :

$$\left\{ \begin{array}{l} \dot{x} = Ax + Bu \\ y = Cx \end{array} \right.$$

Rappelons que A est une matrice $n \times n$, B est une matrice $n \times m$ et C est une matrice $p \times n$. Dire que l'on souhaite reconstruire une partie des variables d'état peut être interprété, en généralisant, comme la volonté de reconstruire un vecteur de combinaisons linéaires des variables d'état, soit :

$$z = Tx$$

où T est une matrice de dimension appropriée. Par exemple, si $n = 3$ et on souhaite reconstruire les deux premières variables d'état, on aura :

$$T = \begin{bmatrix} 1 & 0 & 0 \\ 0 & 1 & 0 \end{bmatrix}$$

Un reconstructeur de z pourra alors s'écrire de la façon suivante [31] :

$$\boxed{\dot{z} = Fz + Gx + TBu}$$

avec T satisfaisant l'équation :

$$\boxed{TA - FT = G}$$

En effet, on a :

$$\begin{aligned} \dot{z} - T\dot{x} &= Fz + Gx + TBu - T(Ax + Bu) \\ &= Fz - FTx = F(z - Tx) \end{aligned}$$

qui a pour solution :

$$z(t) = Tx(t) + e^{Ft}(z(0) - Tx(0))$$

Si $z(0) = Tx(0)$ alors $z(t) = Tx(t)$. Si $z(0) \neq Tx(0)$ et si F possède des valeurs propres à partie réelle négative, alors :

$$\lim_{t \to \infty} z(t) \to Tx(t)$$

Concernant l'équation $TA - FT = G$, on peut montrer que si A et F n'ont pas de valeur propre en commun, alors elle a une solution T unique. On peut alors conclure que tout système de la forme $\dot{z} = Fz + Gx + TBu$ avec F n'ayant aucune valeur propre en commun avec A, est un reconstructeur de z.

VII-6.2 ~ Observateur d'ordre plein (identité)

Si $T = I$ et si $G = HC$, alors on retrouve l'observateur considéré dans les paragraphes précédents [31]. En effet dans ce cas :

$$F = A - G$$

et l'équation de l'observateur se réduit à :

$$\dot{z} = Az + Bu + H(y - Cz)$$

et :

$$z = \widehat{x}$$

VII-6.3 ~ Observateur d'ordre réduit

Considérons un système observable strictement propre dont les sorties sont linéairement indépendantes. Il peut toujours être représenté par un modèle d'état [31] :

$$\begin{cases} \dot{x} = Ax + Bu \\ y = Cx \end{cases}$$

avec :

$$x = \begin{bmatrix} x_1 \\ x_2 \end{bmatrix} = \begin{bmatrix} y \\ x_2 \end{bmatrix} \text{ où } x_1 = y \text{ de dimension } p$$

$$A = \begin{bmatrix} A_{11} & A_{12} \\ A_{21} & A_{22} \end{bmatrix}, \; B = \begin{bmatrix} B_1 \\ B_2 \end{bmatrix}, \; C = \begin{bmatrix} I & 0 \end{bmatrix}$$

Partant d'un modèle d'état quelconque, on peut toujours se ramener à cette forme par un changement de représentation d'état appliqué au système original de matrice de passage $M = \begin{bmatrix} C^T & N^T \end{bmatrix}^T$ où N est choisi de telle sorte que M est inversible.

En développant les équations, on peut écrire :

$$\begin{cases} \dot{x}_2 = A_{22}x_2 + \underbrace{\begin{bmatrix} A_{21} & B_2 \end{bmatrix}}_{\widetilde{B}} \underbrace{\begin{bmatrix} y \\ u \end{bmatrix}}_{\widetilde{u}} \\ \underbrace{\dot{y} - A_{11}y - B_1u}_{\widetilde{y}} = A_{12}x_2 \end{cases}$$

En supposant, pour l'instant, que l'on mesure la dérivée de y (on lèvera cette hypothèse plus tard) et comme u est mesurable, alors les signaux $\widetilde{y}$ et $\widetilde{u}$ sont mesurables et l'on peut reconstruire x_2 à l'aide d'un observateur qui s'écrit :

$$\begin{aligned} \dot{\widehat{x}}_2 &= A_{22}\widehat{x}_2 + \widetilde{B}\widetilde{u} + \widetilde{H}(\widetilde{y} - A_{12}\widehat{x}_2) \\ &= (A_{22} - \widetilde{H}A_{12})\widehat{x}_2 + A_{21}y + B_2u + \widetilde{H}(\dot{y} - A_{11}y - B_1u) \end{aligned}$$

En raison de la propriété suivante :

> Si (C, A) est observable alors (A_{12}, A_{22}) est observable

les valeurs propres de $A_{22} - \widetilde{H}A_{12}$ peuvent être fixées de manière arbitraire par un choix approprié de $\widetilde{H}$. Après reconstruction de $\widehat{x}_2$, l'état global reconstruit est donné par :

$$\begin{bmatrix} y \\ \widehat{x}_2 \end{bmatrix}$$

Pour éviter la mesure de la dérivée de y, hypothèse adoptée précédemment, posons :

$$\boxed{\widehat{x}_2 = z + \widetilde{H}y}$$

L'équation de l'observateur de x_2 devient :

$$\boxed{\begin{aligned} \dot{z} \;=\; & \underbrace{(A_{22} - \widetilde{H}A_{12})}_{F}z + \underbrace{\begin{bmatrix} (A_{22} - \widetilde{H}A_{12})\widetilde{H} + A_{21} - \widetilde{H}A_{11} & 0 \end{bmatrix}}_{G} \underbrace{\begin{bmatrix} y \\ x_2 \end{bmatrix}}_{x} \\ & + \underbrace{(B_2 - \widetilde{H}B_1)}_{TB}u \end{aligned}}$$

On remarquera sans peine que $TA - FT = G$, T étant déterminé à partir de :

$$z = \underbrace{\begin{bmatrix} -\widetilde{H} & I \end{bmatrix}}_{T} \underbrace{\begin{bmatrix} y \\ x_2 \end{bmatrix}}_{x}$$

La procédure de synthèse d'un observateur réduit peut être formulée comme suit :

Procédure :

1. Partitionner la représentation d'état selon la forme [1] :

$$A = \begin{bmatrix} A_{11} & A_{12} \\ A_{21} & A_{22} \end{bmatrix}, \; B = \begin{bmatrix} B_1 \\ B_2 \end{bmatrix}, \; C = \begin{bmatrix} I & 0 \end{bmatrix}$$

2. Calculer $\widetilde{H}$ pour fixer les valeurs propres de $A_{22} - \widetilde{H}A_{12}$
3. L'observateur de $\begin{bmatrix} y \\ x_2 \end{bmatrix}$ est donné par [2] :

$$\left\{ \begin{array}{rcl} \dot{z} & = & (A_{22} - \widetilde{H}A_{12})z + \left[(A_{22} - \widetilde{H}A_{12})\widetilde{H} + A_{21} - \widetilde{H}A_{11}\right] y \\ & & +(B_2 - \widetilde{H}B_1)u \\ \widehat{x} & = & \begin{bmatrix} I & 0 \\ \widetilde{H} & I \end{bmatrix} \begin{bmatrix} y \\ z \end{bmatrix} \end{array} \right.$$

[1] Si cela est nécessaire, effectuer un changement de représentation d'état avec matrice de passage $M = \begin{bmatrix} C \\ N \end{bmatrix}$ inversible.

[2] Si cela est nécessaire, revenir dans la base initiale en multipliant $\widehat{x}$ par M^{-1} à gauche.

Exemple : suite de l'exemple 2 du paragraphe VII - 1.3

Soit le système à observer :

$$\left\{ \begin{array}{rcl} \dot{x} & = & \begin{bmatrix} 1 & 1 \\ 0 & 2 \end{bmatrix} x + \begin{bmatrix} 0 \\ 1 \end{bmatrix} u \\ y & = & \begin{bmatrix} 2 & 0 \end{bmatrix} x \end{array} \right.$$

On choisit par exemple $N = \begin{bmatrix} 0 & 2 \end{bmatrix}$ et on a :

$$M = 2I, \quad M^{-1} = \frac{1}{2}I$$

d'où :

$$A_{11} = 1, \; A_{12} = 1, \; A_{21} = 0, \; A_{22} = 2, \; B_1 = 0, \; B_2 = 2$$

On a :

$$A_{22} - \widetilde{H}A_{12} = 2 - \widetilde{H}, \quad \text{On choisit par exemple } \widetilde{H} = 4 \text{ pour avoir } F = -2$$

L'observateur est alors :

$$\left\{\begin{array}{lcl} \dot{z} & = & -2z - 12y + 2u \\ \widehat{\bar{x}} & = & \begin{bmatrix} 1 & 0 \\ 4 & 1 \end{bmatrix}\begin{bmatrix} y \\ z \end{bmatrix} = \begin{bmatrix} y \\ 4y+z \end{bmatrix} \end{array}\right.$$

Pour le système original, on obtient :

$$\left\{\begin{array}{lcl} \dot{z} & = & -2z - 12y + 2u \\ \widehat{x} & = & \frac{1}{2}\begin{bmatrix} 1 & 0 \\ 4 & 1 \end{bmatrix}\begin{bmatrix} y \\ z \end{bmatrix} = \begin{bmatrix} \dfrac{y}{2} \\ 2y + \dfrac{z}{2} \end{bmatrix} \end{array}\right.$$

VII-7. COMMANDE RETOUR D'ÉTAT-OBSERVATEUR

Dans ce paragraphe, on considère le système stabilisable et détectable décrit par les équations d'état suivantes :

$$\left\{\begin{array}{l} \dot{x} = Ax + Bu \\ y = Cx \end{array}\right.$$

On suppose que l'état n'est pas mesurable et que seule la sortie y est accessible à la mesure. On peut alors envisager une commande par retour d'état, mais l'état n'étant pas mesurable, il sera reconstruit à l'aide d'un observateur d'état. Commençons par l'utilisation d'un observateur identité.

VII-7.1 ~ Observateur identité

La commande est la suivante [19] :

$$\left\{\begin{array}{l} \dot{\widehat{x}} = A\widehat{x} + Bu + H(y - C\widehat{x}) \\ u = -L\widehat{x} + l_c y_c \end{array}\right.$$

Le système en boucle fermée est donc d'ordre $2n$. On peut choisir un vecteur d'état constitué par l'état du système et celui de l'observateur. Dans ce cas, il s'écrit $X = (x^T, \widehat{x}^T)^T$. Une représentation d'état est alors donnée par :

$$\boxed{\left\{\begin{array}{l} \dot{X} = \begin{bmatrix} A & -BL \\ HC & A - BL - HC \end{bmatrix} X + \begin{bmatrix} Bl_c \\ Bl_c \end{bmatrix} y_c \\ \\ y = \begin{bmatrix} C & 0 \end{bmatrix} X \end{array}\right.}$$

On peut également prendre comme vecteur d'état, l'état du système et l'erreur de reconstruction $\epsilon = \widehat{x} - x$. On aura dans ce cas $\overline{X} = (x^T, \epsilon^T)^T$ est lié à X par la relation suivante :

$$X = \begin{bmatrix} I & 0 \\ I & I \end{bmatrix} \overline{X}$$

La représentation d'état correspondante est :

$$\begin{cases} \dot{\overline{X}} = \begin{bmatrix} A - BL & -BL \\ 0 & A - HC \end{bmatrix} \overline{X} + \begin{bmatrix} Bl_c \\ 0 \end{bmatrix} y_c \\ y = \begin{bmatrix} C & 0 \end{bmatrix} \overline{X} \end{cases}$$

Cette dernière représentation permet de tirer les conclusions suivantes :

- Les modes du système en boucle fermée sont les modes de $A - BL$ et $A - HC$. On peut donc faire indépendamment la synthèse du retour d'état et de l'observateur ; en boucle fermée on retrouvera les modes liés au retour d'état et ceux liés à la dynamique de reconstruction.

- La dynamique de reconstruction est non commandable, par contre elle est observable et l'erreur de reconstruction ϵ après un transitoire, qui dépendra de l'erreur de reconstruction initiale $\epsilon(0)$ et de la dynamique de reconstruction, s'annulera lorsque $t \longrightarrow \infty$. Mais elle affectera la sortie y. C'est pour cette raison, qu'en général, on choisit la dynamique de reconstruction rapide devant celle du retour d'état.

- La fonction de transfert en boucle fermée s'écrit :

$$G_F(s) = C(sI - A + BL)^{-1} Bl_c$$

  Les modes de l'erreur de reconstruction disparaissent car ils sont non commandables. D'un point de vue entrée/sortie tout se passe comme si l'on mesurait l'état.

- On peut tirer les conclusions précédentes lorsque l'on applique la commande au modèle qui a permis de la calculer, comme on vient de le faire. En pratique, on applique la commande au système réel et non pas au modèle. Les erreurs de modèle et les perturbations font qu'en réalité, la matrice dynamique du système en boucle fermée n'est pas triangulaire. On doit donc prendre quelques précautions et on ne peut pas choisir une dynamique de reconstruction trop rapide car on risque de déstabiliser le système [16].

VII-7.2 ~ Observateur d'ordre réduit

Dans ce cas la commande s'écrit [31] :

$$\begin{cases} \dot{z} = Fz + Gy + TBu \\ u = -L\widehat{x} + l_c y_c = -L_1 y - L_2 z + l_c y_c \end{cases}$$

avec :

$$TA - FT = GC$$
$$L = L_1 C + L_2 T$$

L'observabilité du système suffit à garantir une solution (G, F, T, L_1, L_2) à ces équations. Le système en boucle fermée est alors d'ordre $2n - p$. On peut choisir un vecteur d'état constitué par l'état du système et celui de l'observateur. Dans ce cas, il s'écrit $X = (x^T, z^T)^T$. Une représentation d'état est alors donnée par :

$$\begin{cases} \dot{X} = \begin{bmatrix} A - BL_1C & -BL_2 \\ GC - TBL_1C & F - TBL_2 \end{bmatrix} X + \begin{bmatrix} Bl_c \\ TBl_c \end{bmatrix} y_c \\ \\ y = \begin{bmatrix} C & 0 \end{bmatrix} X \end{cases}$$

On peut également prendre comme vecteur d'état du système et l'erreur de reconstruction $\epsilon = z - Tx$. On aura dans ce cas $\overline{X} = (x^T, \epsilon^T)^T$ qui est lié à X par la relation suivante :

$$X = \begin{bmatrix} I & 0 \\ T & I \end{bmatrix} \overline{X}$$

En utilisant les équations $TA - FT = GC$ et $L = L_1C + L_2T$, on arrive à :

$$\begin{cases} \dot{\overline{X}} = \begin{bmatrix} A - BL & -BL_2 \\ 0 & F \end{bmatrix} \overline{X} + \begin{bmatrix} Bl_c \\ 0 \end{bmatrix} y_c \\ \\ y = \begin{bmatrix} C & 0 \end{bmatrix} \overline{X} \end{cases}$$

Cette dernière représentation permet de tirer les mêmes conclusions que pour l'observateur identité.

VII-7.3 ~ Commande optimale

On a vu dans les paragraphes VII-3 et VII-5 comment on pouvait faire la synthèse d'un retour d'état et d'un observateur optimaux dans le sens où l'on minimise un critère quadratique. On vient de voir dans les paragraphes qui précèdent que l'on peut séparer la synthèse d'un retour d'état de celle d'un observateur, et avoir des garanties en terme de placement de pôles pour la structure retour d'état-observateur résultante. En effet, les modes du système en boucle fermée sont les modes du retour d'état et de la dynamique de l'erreur de reconstruction. On peut se demander si en remplaçant la synthèse par placement de pôles par une synthèse optimale, on obtient un système en boucle fermée avec des propriétés particulières d'un point de vue optimisation. C'est l'objet de ce paragraphe.

a ~ Position du problème

Considérons le critère suivant :

$$J_{RO} = \int_0^\infty \left[x^T(t)Qx(t) + ru^2(t)\right] dt$$

et intéressons-nous à une commande retour d'état-observateur. Le système en boucle fermée est alors :

$$\dot{\overline{X}} = \begin{bmatrix} A - BL & -BL \\ 0 & A - HC \end{bmatrix} \overline{X}$$

et la loi de commande est donnée par :

$$u = -L\widehat{x} = -Lx - L\epsilon$$

En remplaçant dans le critère, on a :

$$J_{RO} = \int_0^\infty \begin{bmatrix} x^T & \epsilon^T \end{bmatrix} \begin{bmatrix} Q + rL^TL & +rL^TL \\ +rL^TL & rL^TL \end{bmatrix} \begin{bmatrix} x \\ \epsilon \end{bmatrix} dt$$

Il s'écrit aussi :

$$J_{RO} = \begin{bmatrix} x_0^T & \epsilon_0^T \end{bmatrix} \Lambda \begin{bmatrix} x_0 \\ \epsilon_0 \end{bmatrix}$$

avec $\Lambda = \Lambda^T$ solution de l'équation de Lyapunov suivante :

$$\begin{bmatrix} A - BL & -BL \\ 0 & A - HC \end{bmatrix}^T \Lambda + \Lambda \begin{bmatrix} A - BL & -BL \\ 0 & A - HC \end{bmatrix} +$$

$$\begin{bmatrix} Q + rL^TL & rL^TL \\ rL^TL & rL^TL \end{bmatrix} = 0$$

Ce qui nous intéresse est d'obtenir la loi de commande optimale. On souhaite donc minimiser le critère en cherchant les gains L et H optimaux.

b ~ Solution

Rappelons comment on fait la synthèse d'un retour d'état et d'un observateur optimaux. Le critère pour le retour d'état, s'écrit :

$$J = \int_0^\infty \left[x^T(t)Qx(t) + u^T(t)ru(t)\right] dt,\ Q = Q^T \geq 0 \text{ et } r > 0$$

et pour l'observateur :

$$J_\epsilon = \int_0^\infty \left[\epsilon^T(t)O_\epsilon\epsilon(t) + v^T(t)w_\epsilon v(t)\right] dt,\ \ O_\epsilon = O_\epsilon^T \geq 0 \text{ et } w_\epsilon > 0$$

La synthèse d'un retour d'état optimal est obtenue en invoquant les résultats du paragraphe VII-3.1, soit :

$$\begin{gathered} A^TP + PA - r^{-1}PBB^TP + Q = 0 \\ r > 0,\ Q = Q^T > 0,\ \ L = r^{-1}B^TP \end{gathered}$$

La synthèse d'un observateur optimal est elle obtenue de la manière suivante (voir paragraphe VII-5) :

$$\begin{gathered} AS + SA^T - w^{-1}SC^TCS + O = 0 \\ w > 0,\ O = O^T > 0,\ \ H = w^{-1}SC^T \end{gathered}$$

Avec :

$$O_\epsilon = S^{-1}OS^{-1},\ \ w_\epsilon = w^{-1}$$

on a encore :

$$\begin{gathered} A^TS_\epsilon + S_\epsilon A - w_\epsilon^{-1}S_\epsilon HH^TS_\epsilon + O_\epsilon = 0 \\ H = w_\epsilon S_\epsilon^{-1}C^T \end{gathered}$$

Partitionnons Λ comme suit :

$$\Lambda = \begin{bmatrix} \Lambda_1 & \Lambda_2 \\ \Lambda_2^T & \Lambda_3 \end{bmatrix}$$

on doit avoir :

$$\begin{gathered} (A - BL)^T\Lambda_1 + \Lambda_1(A - BL) + Q + rL^TL = 0 \\ (A - BL)^T\Lambda_2 + \Lambda_2{}^T(A - HC) - \Lambda_1BL + rL^TL = 0 \\ (A - HC)^T\Lambda_3 + \Lambda_3(A - HC) - L^TB^T\Lambda_2 - \Lambda_2^TBL + rL^TL = 0 \end{gathered}$$

On peut voir facilement qu'en prenant :

$$\boxed{\Lambda_1 = P \text{ et } \Lambda_2 = 0}$$

les trois égalités précédentes se ramènent aux deux suivantes :

$$A^T P + PA - r^{-1}PBB^T P + Q = 0$$

$$(A - HC)^T \Lambda_3 + \Lambda_3(A - HC) + rL^T L = 0$$

Λ_3 est définie positive car $A - HC$ possède des valeurs propres à partie réelle négative. La valeur du critère est alors :

$$J_{RO} = x_0^T P x_0 + \epsilon_0^T \Lambda_3 \epsilon_0$$

La procédure qui s'appuie sur la synthèse d'un retour d'état et d'un observateur optimaux est la suivante :

Procédure :

1. Choix de Q, O, r et w, de telle sorte que $(Q^{1/2}, A)$ détectable et $(A, O^{1/2})$ stabilisable
2. Recherche des solutions semi-définies positives P et S des deux équations algébriques de Riccati suivantes :

$$A^T P + PA - r^{-1}PBB^T P + Q = 0$$
$$AS + SA^T - w^{-1}SC^T CS + O = 0$$

3. La loi de commande s'exprime alors :

$$\left\{ \begin{array}{l} \hat{x} = A\hat{x} + Bu + w^{-1}SC^T(y - C\hat{x}) \\ u = -r^{-1}B^T P\hat{x} + l_c y_c \end{array} \right.$$

4. La valeur du critère est donnée par :

$$J_{RO} = \left[\begin{array}{cc} x_0^T & \epsilon_0^T \end{array} \right] \Lambda \left[\begin{array}{c} x_0 \\ \epsilon_0 \end{array} \right] = x_0^T P x_0 + \epsilon_0^T \Lambda_3 \epsilon_0$$

avec $\Lambda_3 = \Lambda_3^T$ solution de l'équation de Lyapunov suivante :

$$(A - HC)^T \Lambda_3 + \Lambda_3(A - HC) + rL^T L = 0$$

Λ_3 s'écrit également de la manière suivante :

$$\Lambda_3 = \int_0^\infty r\epsilon^T L^T L\epsilon \, dt = \int_0^\infty (u - Lx)^T (u - Lx) \, dt$$

La racine carrée de la trace de Λ_3 représente l'énergie de l'écart entre retour d'état obtenu avec mesure de l'état et retour d'état obtenu avec état reconstruit.

On peut obtenir une loi de commande similaire par une voie et une interprétation complètement différentes, connues sous le nom de commande LQG (Linear Quadratic Gaussian), qui est optimale au sens d'un critère statistique qu'il n'est pas simple de comparer à ce qui précède. Sa formulation dans un cadre stochastique [6],[10] dépasse les objectifs de cet ouvrage.

On pourrait penser que l'on préserve les bonnes propriétés sur les marges de stabilité de la commande linéaire quadratique (LQ). En fait, il n'en est rien et l'on doit prendre des précautions si l'on veut garantir des marges de stabilité acceptables [16], [36].

Exemple : suite de l'exemple du paragraphe VII-3.1

Soit le système s'écrit :

$$\begin{cases} \dot{x} = \begin{bmatrix} 0 & 1 \\ 0 & 0 \end{bmatrix} x + \begin{bmatrix} 0 \\ 1 \end{bmatrix} u \\ \\ y = \begin{bmatrix} 1 & 0 \end{bmatrix} x \end{cases}$$

On considère le critère quadratique :

$$J_R O = \int_0^\infty \left[y^2(t) + r u^2(t) \right] dt, \; r > 0$$

On a vu que dans ce cas :

$$P = \begin{bmatrix} \sqrt{2\sqrt{r}} & \sqrt{r} \\ \sqrt{r} & \sqrt{2r\sqrt{r}} \end{bmatrix}$$

Le gain de retour d'état est alors donné par :

$$L = \begin{bmatrix} \dfrac{1}{\sqrt{r}} & \sqrt{\dfrac{2}{\sqrt{r}}} \end{bmatrix}$$

et :

$$S = \begin{bmatrix} \sqrt{2w\sqrt{w}} & \sqrt{w} \\ \sqrt{w} & \sqrt{2\sqrt{w}} \end{bmatrix}$$

Le gain est alors donné par :

$$H = \begin{bmatrix} \sqrt{\dfrac{2}{\sqrt{w}}} \\ \dfrac{1}{\sqrt{w}} \end{bmatrix}$$

Le système en boucle fermée s'écrit :

$$\begin{bmatrix} A - BL & -BL \\ 0 & A - HC \end{bmatrix} = \begin{bmatrix} 0 & 1 & 0 & 0 \\ -\dfrac{1}{\sqrt{r}} & -\sqrt{\dfrac{2}{\sqrt{r}}} & -\dfrac{1}{\sqrt{r}} & -\sqrt{\dfrac{2}{\sqrt{r}}} \\ 0 & 0 & -\sqrt{\dfrac{2}{\sqrt{w}}} & 1 \\ 0 & 0 & -\dfrac{1}{\sqrt{r}} & 0 \end{bmatrix}$$

La résolution de l'équation de Lyapunov, fastidieuse, conduit à :

$$\Lambda = \begin{bmatrix} \sqrt{2\sqrt{r}} & \sqrt{r} & 0 & 0 \\ \sqrt{r} & \sqrt{2r\sqrt{r}} & 0 & 0 \\ 0 & 0 & \dfrac{\sqrt{2}}{4\sqrt{\sqrt{w}}}(2\sqrt{r}+\sqrt{w}) & -\sqrt{r} \\ 0 & 0 & -\sqrt{r} & \sqrt{2}\left(\dfrac{\sqrt{w\sqrt{w}}}{4} + \dfrac{3\sqrt{\sqrt{w}}\sqrt{r}}{2} + \sqrt{\sqrt{r}\sqrt{w}}\right) \end{bmatrix}$$

VII-8. EXTENSIONS

On peut envisager des structures de commande plus générales que celles considérées dans les paragraphes précédents. Pour les systèmes mono-entrée mono sortie, la stabilisation dans le cas général est possible avec une loi de commande d'ordre $n-1$, à condition de reconstruire l'état avec un observateur d'ordre réduit et à condition que le système possède les propriétés structurelles adéquates (observabilité et commandabilité). Pourtant, dans certains cas, il est possible de stabiliser le système avec une loi de commande d'ordre réduit. On parle alors de compensation dynamique et l'ordre du compensateur peut être choisi a priori plus faible que $n-1$. On suppose que la seule mesure accessible est la sortie y. Le cas extrême est lorque l'ordre est égal à 0. On parle alors de retour de sortie statique.

VII-8.1 ~ Commande par retour de sortie statique

Le système considéré est décrit par :

$$\begin{cases} \dot{x} = Ax + Bu \\ y = Cx \end{cases}$$

La loi de commande par retour de sortie statique s'exprime par :

$$u = -Gy + l_c y_c$$

Le système bouclé est alors donné par :

$$\boxed{\begin{cases} \dot{x} = (A - BGC)x + Bly_c \\ \\ y = Cx \end{cases}}$$

Même si quelques conditions structurelles existent dans la littérature, ce problème est difficile car le nombre de degrés de liberté est bien plus faible que dans le cas du retour d'état. Il n'y a pas de garantie aussi forte que celle donnée par un retour d'état, lorsque le système est commandable. Voici quelques références fondées sur l'utilisation des propriétés des équations de Riccati [22], [23]. Mais il existe d'autres techniques ; voir [37] pour un aperçu un peu plus général.

Exemple

Considérons le système commandable et observable décrit par :

$$\begin{cases} \dot{x} = \begin{bmatrix} 0 & 1 \\ -a_0 & -a_1 \end{bmatrix} x + \begin{bmatrix} 0 \\ 1 \end{bmatrix} u \\ y = \begin{bmatrix} 1 & 0 \end{bmatrix} x \end{cases}$$

Intéressons nous à une commande par retour de sortie statique définie par :

$$u = -g_0 y + l_c y_c$$

Le système bouclé est alors :

$$\begin{cases} \dot{x} = \begin{bmatrix} 0 & 1 \\ -a_0 - g_0 & -a_1 \end{bmatrix} x + \begin{bmatrix} 0 \\ l_c \end{bmatrix} y_c \\ y = \begin{bmatrix} 1 & 0 \end{bmatrix} x \end{cases}$$

On voit que même si le système est commandable et observable, ce n'est pas suffisant pour pouvoir stabiliser le système par retour de sortie statique. Il faut de plus que $a_1 > 0$.

S'il existait des techniques efficaces pour résoudre le problème de synthèse de retour de sortie statique, on pourrait alors résoudre un grand nombre de problèmes de commande et, en particulier, ceux s'appuyant sur ce que l'on appelle un compensateur dynamique d'ordre réduit (ordre a priori fixé) et présenté dans le paragraphe qui suit.

VII-8.2 ~ Commande par compensation dynamique

La loi de commande s'exprime dans ce cas sous la forme :

$$\begin{cases} \dot{\eta} = F\eta + Hy \\ u = -L\eta - Ty + l_c y_c \end{cases}$$

F est une matrice d'ordre $n_c \times n_c$. On dit que le compensateur est d'ordre n_c. η est l'état du compensateur. La matrice H est $n_c \times 1, L\ : 1 \times n_c$ et $T \in \mathbb{R}$. Si l'on définit l'état du système en boucle fermée comme X$= \begin{bmatrix} x^T & \eta^T \end{bmatrix}^T$, alors la représentation d'état du système bouclé est d'ordre $n + n_c$ et s'écrit :

$$\boxed{\begin{cases} \dot{X} = \begin{bmatrix} A - BTC & -BL \\ -TC + HC & F \end{bmatrix} X + \begin{bmatrix} Bl_c \\ 0 \end{bmatrix} y_c \\ \\ y = \begin{bmatrix} C & 0 \end{bmatrix} X \end{cases}}$$

On peut encore la mettre sous la forme :

$$\dot{X} = \begin{bmatrix} A & 0 \\ 0 & 0 \end{bmatrix} X + \begin{bmatrix} B & 0 \\ 0 & I \end{bmatrix} \underbrace{\begin{bmatrix} -T & -L \\ H & F \end{bmatrix}}_{\Theta} \begin{bmatrix} C & 0 \\ 0 & I \end{bmatrix} X + \begin{bmatrix} Bl_c \\ 0 \end{bmatrix} y_c$$

et on voit alors que ce problème est équivalent à un retour de sortie statique sur le système augmenté suivant :

$$\begin{cases} \dot{X} = \begin{bmatrix} A & 0 \\ 0 & 0 \end{bmatrix} X + \begin{bmatrix} B & 0 \\ 0 & I \end{bmatrix} w \\ Y = \begin{bmatrix} C & 0 \\ 0 & I \end{bmatrix} X \end{cases}$$

avec :

$$w = \Theta Y + \begin{bmatrix} l_c \\ 0 \end{bmatrix} y_c$$

Ceci explique pourquoi le problème du retour de sortie statique concentre l'intérêt des automaticiens. On peut également définir la fonction de transfert du compensateur dynamique $R(s)$ qui s'écrit :

$$U(s) = -\underbrace{\left(L(sI - F)^{-1}H + T\right)}_{R(s)} Y(s) + l_c Y_c(s)$$

a ~ Retour d'état-observateur identité

On peut montrer que la commande par retour d'état-observateur appartient à la classe des compensateurs dynamiques. Pour le retour d'état- observateur identité, on a un compensateur d'ordre $2n$ qui s'écrit :

$$U(s) = -\underbrace{\left[L\left(sI - A + BL + HC\right)^{-1} H\right]}_{R(s)} Y(s) + l_c Y_c(s)$$

b ~ Retour d'état-observateur d'ordre réduit

Pour l'observateur d'ordre réduit, on a :

$$\left\{ \begin{array}{lcl} \dot{z} & = & Fz + Gy - TBL_1 y - TBL_2 z + TBl_c y_c \\ u & = & -L_2 z - L_1 y + l_c y_c \end{array} \right.$$

Et donc :

$$\begin{aligned} U(s) \quad = \quad & \underbrace{\left[L_2(sI - F + TBL_2)^{-1}(TBL_1 - G) - L_1\right]}_{R(s)} Y(s) \\ & + \left[-L_2(sI - F + TBL_2)^{-1} TBl_c + l_c\right] y_c \end{aligned}$$

Le compensateur est dans ce cas est d'ordre $n - 1$.

VII-8.3 ~ Commande d'un système décrit par un modèle entrée-sortie

L'objet de ce paragraphe est de montrer comment les techniques de commande par retour d'état permettent de résoudre le problème de commande des systèmes décrits par un modéle entrée-sortie (équation différentielle ou fonction de transfert). En introduisant un modèle espace d'état associé au système original, il est possible de faire la synthèse d'un correcteur à deux degrés de liberté, le problème étant ramené à la synthèse d'un retour d'état, sur le modéle d'état associé au système de départ. On peut ainsi utiliser la flexibilité et les avantages numériques de la synthèse par retour d'état pour résoudre certains problèmes de commande dans un cadre entrée-sortie avec, comme seule mesure nécessaire, la sortie.

Soit le système commandable décrit par l'équation différentielle suivante :

$$a_0 y + a_1 y' + \cdots + a_n y^{(n)} = b_0 u + b_1 u' + \cdots + b_m u^{(m)}$$

On suppose sans perte de généralité que $a_n = 1$. Introduisons le vecteur :

$$X = \left[\begin{array}{cccccccc} y & y' & \cdots & y^{(n-1)} & u & u' & \cdots & u^{(m_c-1)} \end{array}\right]^T, \qquad m_c \geq m$$

Il est facile de déduire que l'on a :

$$\left\{\begin{array}{l}
\dot{X} = \underbrace{\begin{bmatrix}
0 & 1 & \cdots & 0 & 0 & 0 & \cdots & 0 & 0 & \cdots & 0 \\
0 & 0 & \cdots & 0 & 0 & 0 & \cdots & 0 & 0 & \cdots & 0 \\
\vdots & \vdots & \vdots & \vdots & \vdots & \vdots & \vdots & \vdots & \vdots & \vdots & \vdots \\
0 & 0 & \cdots & 1 & 0 & 0 & \cdots & 0 & 0 & \cdots & 0 \\
-a_0 & -a_1 & \cdots & -a_{n-1} & b_0 & b_1 & \cdots & b_m & 0 & \cdots & 0 \\
0 & 0 & \cdots & 0 & 0 & 1 & \cdots & 0 & 0 & \cdots & 0 \\
0 & 0 & \cdots & 0 & 0 & 0 & \cdots & 0 & 0 & \cdots & 0 \\
\vdots & \vdots & \vdots & \vdots & \vdots & \vdots & \vdots & \vdots & \vdots & \vdots & \vdots \\
0 & 0 & \cdots & 0 & 0 & 0 & \cdots & 0 & 0 & \cdots & 0 \\
0 & 0 & \cdots & 0 & 0 & 0 & \cdots & 0 & 0 & \cdots & 1 \\
0 & 0 & \cdots & 0 & 0 & 0 & \cdots & 0 & 0 & \cdots & 0
\end{bmatrix}}_{A} X + \underbrace{\begin{bmatrix} 0 \\ 0 \\ \vdots \\ 0 \\ 0 \\ 0 \\ 0 \\ \vdots \\ 0 \\ 0 \\ 1 \end{bmatrix}}_{B} u^{(m_c)} \\
y = \underbrace{\begin{bmatrix} 1 & 0 & \cdots & 0 & 0 & 0 & \cdots & 0 & 0 & \cdots & 0 \end{bmatrix}}_{C} X
\end{array}\right.$$

Exemple

Considérons le système décrit par :

$$a_0 y + a_1 y' + a_2 y'' + a_3 y^{(3)} + a_4 y^{(4)} + a_5 y^{(5)} + y^{(6)} = b_0 u + b_1 u' + b_2 u''$$

Choisissons $m_c = 4 \geq 2 = m$. Le vecteur X est alors :

$$X = \begin{bmatrix} y & y' & y'' & y^{(3)} & y^{(4)} & y^{(5)} & u & u' & u'' & u^{(3)} \end{bmatrix}^T$$

et la représentation d'état associée :

$$\left\{\begin{array}{l}
X = \begin{bmatrix}
0 & 1 & 0 & 0 & 0 & 0 & 0 & 0 & 0 & 0 \\
0 & 0 & 1 & 0 & 0 & 0 & 0 & 0 & 0 & 0 \\
0 & 0 & 0 & 1 & 0 & 0 & 0 & 0 & 0 & 0 \\
0 & 0 & 0 & 0 & 1 & 0 & 0 & 0 & 0 & 0 \\
0 & 0 & 0 & 0 & 0 & 1 & 0 & 0 & 0 & 0 \\
-a_0 & -a_1 & -a_2 & -a_3 & -a_4 & -a_5 & b_0 & b_1 & b_2 & 0 \\
0 & 0 & 0 & 0 & 0 & 0 & 0 & 1 & 0 & 0 \\
0 & 0 & 0 & 0 & 0 & 0 & 0 & 0 & 1 & 0 \\
0 & 0 & 0 & 0 & 0 & 0 & 0 & 0 & 0 & 1 \\
0 & 0 & 0 & 0 & 0 & 0 & 0 & 0 & 0 & 0
\end{bmatrix} X + \begin{bmatrix} 0 \\ 0 \\ 0 \\ 0 \\ 0 \\ 0 \\ 0 \\ 0 \\ 0 \\ 1 \end{bmatrix} u^{(4)} \\
y = \begin{bmatrix} 1 & 0 & 0 & 0 & 0 & 0 & 0 & 0 & 0 \end{bmatrix} X
\end{array}\right.$$

On a :

$$\frac{Y(s)}{s^4U(s)} = \frac{b_2s^2 + b_1s + b_0}{s^{10} + a_5s^9 + a_4s^8 + a_3s^7 + a_2s^6 + a_1s^5 + a_0s^4}$$

Et dans le cas général :

$$\begin{aligned}\frac{Y(s)}{s^{m_c}U(s)} &= \frac{b_ms^m + \cdots + b_1s + b_0}{s^{n+m_c} + a_{n-1}s^{n+m_c-1} + \cdots + a_1s^{m_c+1} + a_0s^{m_c}} \\ &= \frac{b_ms^m + \cdots + b_1s + b_0}{s^{m_c}\left(s^n + a_{n-1}s^{n-1} + \cdots + a_1s + a_0\right)}\end{aligned}$$

Le résultat suivant est démontré dans [24] :

Le système original est commandable si et seulement si la paire (A, B) est commandable.

D'ailleurs, ce résultat est également obtenu par simple inspection de la fonction de transfert précédente.

On peut par exemple placer les pôles du système $X = AX + Bu^{(m_c)}$ par retour d'état qui s'écrit :

$$\begin{aligned}u^{(m_c)} &= -t_0y - t_1y' - \cdots - t_{n-1}y^{(n-1)} - l_0u - l_1u' - \cdots - l_{m_c-1}u^{(m_c-1)} \\ &\quad + l_{c0}y_c + l_{c1}y_c' + \cdots + l_{cn_c}{y_c}^{(n_c)} \\ &= \begin{bmatrix} -t_0 & -t_1 & \cdots & -t_{n-1} & -l_0 & -l_1 & \cdots & -l_{m_c-1} \end{bmatrix} \begin{bmatrix} y \\ y' \\ \vdots \\ y^{(n-1)} \\ u \\ u' \\ \vdots \\ u^{(m_c-1)} \end{bmatrix} \\ &\quad + l_{c0}y_c + l_{c1}y_c' + \cdots + l_{cn_c}{y_c}^{(n_c)}\end{aligned}$$

t_i pour $i = 0, \cdots, n-1$, l_i pour $i = 0, \cdots, m_c - 1$ et l_{ci} pour $i = 0, \cdots, n_c$ sont les paramètres à déterminer. y_c est la consigne différentiable autant de fois que nécessaire. On peut ainsi écrire :

$$\begin{aligned}L(s)U(s) &= -T(s)Y(s) + M(s)Y_c(s) \\ U(s) &= -\frac{T(s)}{L(s)}Y(s) + \frac{M(s)}{L(s)}Y_c(s)\end{aligned}$$

avec :

$$
\begin{aligned}
L(s) &= l_0 + l_1 s + \cdots + l_{m_c-1} s^{m_c-1} + s^{m_c} \\
T(s) &= t_0 + t_1 s + \cdots + t_{n-1} s^{n-1} \\
M(s) &= l_{c0} + l_{c1} s + \cdots + l_{cn_c} s^{n_c}
\end{aligned}
$$

En remplaçant dans la fonction de transfert, on obtient :

$$
Y(s) = \frac{N(s)}{D(s)} \left(-\frac{T(s)}{L(s)} Y(s) + \frac{M(s)}{L(s)} Y_c(s) \right)
$$

et :

$$
\boxed{G_F(s) = \frac{Y(s)}{Y_c(s)} = \frac{N(s)M(s)}{L(s)D(s) + T(s)N(s)}}
$$

avec :

$$
\begin{aligned}
N(s) &= b_m s^m + \cdots + b_1 s + b_0 \\
D(s) &= s^n + a_{n-1} s^{n-1} + \cdots + a_1 s + a_0
\end{aligned}
$$

Les pôles en boucle fermée sont les pôles choisis pour la commande par retour d'état et sont racines de :

$$
L(s)D(s) + T(s)N(s) = 0
$$

Noter que le nombre de pôles choisis est $n + m_c$. Noter également que pour obtenir un compensateur réalisable, il faut prendre :

$$
\boxed{\begin{array}{c} m_c \geq n - 1 \\ n_c \leq m_c \end{array}}
$$

Ces résultats sont identiques à ceux obtenus dans le cadre des approches entrée-sortie, paragraphe VI-4. On obtient un correcteur à deux degrés de liberté, voir paragraphe VI-4. D'autre part, le fait que l'ordre du compensateur minimal soit $n - 1$ est à rapprocher du résultat obtenu dans le cadre de la commande retour d'état-observateur d'ordre réduit, paragraphe VII-7.2. Enfin, ce qui précède est developpé dans le cadre d'un placement de pôles ; on peut utiliser cette technique pour résoudre d'autres problèmes de commande. Une généralisation au cas multivariable est possible et présentée dans [24].

Exemple : suite de l'exemple 2 du paragraphe VII-1.3

Rappelons que pour cet exemple, on a :

$$\begin{cases} \dot{x} & = & \begin{bmatrix} 1 & 1 \\ 0 & 2 \end{bmatrix} x & + & \begin{bmatrix} 0 \\ 1 \end{bmatrix} u \\ \\ y & = & \begin{bmatrix} 2 & 0 \end{bmatrix} x \end{cases}$$

La fonction de transfert est donnée par :

$$G(s) = \frac{Y(s)}{U(s)} = \frac{2}{(s-1)(s-2)}$$

Une commande par retour d'état-observateur réduit a été obtenue et s'exprime par :

$$\begin{cases} u = -\begin{bmatrix} -6 & -6 \end{bmatrix} \widehat{x} + y_c \\ \\ \dot{z} = -2z - 12y + 2u \\ \\ \widehat{x} = \begin{bmatrix} 0.5 & 0 \\ 2 & 0.5 \end{bmatrix} \begin{bmatrix} y \\ z \end{bmatrix} \end{cases}$$

Les modes du retour d'état sont : -1, -2 et celui de l'observateur est : -2. La fonction de transfert en boucle fermée possède un gain statique unité. Le calcul de la fonction de transfert du correcteur est obtenue par substitution :

$$\begin{aligned} u &= -\begin{bmatrix} -6 & -6 \end{bmatrix} \begin{bmatrix} 0.5 & 0 \\ 2 & 0.5 \end{bmatrix} \begin{bmatrix} y \\ z \end{bmatrix} + y_c \\ &= -15y - 3z + 2y_c \end{aligned}$$

Mais :

$$Z(s) = \frac{-12}{s+2} Y(s) + \frac{2}{s+2} U(s)$$

Et donc :

$$U(s) = -15Y(s) + \frac{36}{s+2} Y(s) - \frac{6}{s+2} U(s) + Y_c(s)$$

D'où :

$$\frac{s+8}{s+2} U(s) = \frac{6-15s}{s+2} Y(s) + Y_c(s)$$

Et finalement :

$$U(s) = -\frac{15s-6}{s+8}Y(s) + \frac{s+2}{s+8}Y_c(s)$$

La fonction de transfert du système bouclé s'écrit :

$$G_F(s) = \frac{2(s+2)}{(s+1)(s+2)^2} = \frac{2}{(s+1)(s+2)}$$

Comme on pouvait s'y attendre, le mode de l'observateur -2 disparait dans la fonction de transfert du système bouclé. Traitons le même problème par la méthode présentée dans ce paragraphe. L'équation différentielle décrivant le système est :

$$2y - 3y' + y'' = 2u$$

Si l'on prend une loi de commande d'ordre minimal, c'est à dire $m_c = n - 1 = 1$, on a pour le système augmenté associé :

$$\dot{X} = \begin{bmatrix} 0 & 1 & 0 \\ -2 & 3 & 2 \\ 0 & 0 & 0 \end{bmatrix} X + \begin{bmatrix} 0 \\ 0 \\ 1 \end{bmatrix} u'$$

Calculons un retour d'état qui fixe les pôles à : $-1,\ -2$ et -2, soit

$$u' = \begin{bmatrix} -t_0 & -t_1 & -l_0 \end{bmatrix} \begin{bmatrix} y \\ y' \\ u \end{bmatrix} + l_{c0}y_c + l_{c1}y_c'$$

Le polynôme caractéristique du système bouclé s'écrit :

$$s^3 + (l_0 - 3)\, s^2 + (2t_1 - 3l_0 + 2)\, s + (2l_0 + 2t_0) = 0$$

En identifiant avec $(s+1)(s+2)^2 = s^3 + 5s^2 + 8s + 4$, on obtient :

$$\begin{aligned} l_0 - 3 &= 5 \\ 2t_1 - 3l_0 + 2 &= 8 \\ 2l_0 + 2t_0 &= 4 \end{aligned}$$

et donc $l_0 = 8,\ t_1 = 15$ et $t_0 = -6$. La loi de commande s'écrit donc :

$$U(s) = -\frac{15s-6}{s+8}Y(s) + \frac{l_{c1}s + l_{c0}}{s+8}Y_c(s)$$

La fonction de transfert du système bouclé est alors :

$$G_F(s) = \frac{2(l_{c1}s + l_{c0})}{(s+1)(s+2)^2}$$

Pour obtenir une fonction de transfert avec un gain statique unité, nous avons les possibilités suivantes :

$$l_{c0} = 2 \quad \text{et} \quad l_{c1} \ \text{quelconque}$$

Parmi celles-ci, si l'on choisit $l_{c0} = 2$ et $l_{c1} = 1$, on arrive à la même loi de commande et la même fonction de transfert en boucle fermée qu'avec la commande retour d'état-observateur réduit.

VII-9. EXERCICES

Exercice 1 : Soit le système décrit par :

$$\dot{x} = \begin{bmatrix} 2 & -1 & 0 \\ 3 & -2 & -1 \\ -2 & 2 & 1 \end{bmatrix} x + \begin{bmatrix} 1 \\ 1 \\ -1 \end{bmatrix} u$$

1. Étudier la commandabilité de ce système.
2. On désire calculer une commande par retour d'état $u = -Lx + l_c y_c$. Calculer L pour que le système se comporte comme un système du second ordre de pôles $-2+2j$ et $2-2j$, le troisième étant pris à -4.
3. On mesure une sortie qui est donnée par $y = \begin{bmatrix} 1 & 0 & 1 \end{bmatrix} x$. Exprimer la commande obtenue en 2) en fonction de cette sortie.
4. Calculer l_c pour que l'erreur de position soit nulle en régime permanent.

Exercice 2 : On considère le système suivant :

$$x = \begin{bmatrix} 2 & 1 \\ 0 & 1 \end{bmatrix} x + \begin{bmatrix} 0 \\ 1 \end{bmatrix} u$$
$$y = \begin{bmatrix} 3 & 1 \end{bmatrix} x$$

1. Étudier la stabilité de ce système.
2. On boucle le système en introduisant une commande de la forme $u = -Ly$. Pour quelle valeur de L le système sera t-il stable ?
3. Quelle valeur de L conduit à un coefficient d'amortissement $\zeta = 0.5$?
4. Quelle valeur de L conduit à un système juste oscillant ? Quelle est alors la fréquence des oscillations ?
5. Soit $L = 10$. Calculer la réponse $y(t)$ du système à une condition initiale $x(0) = \begin{bmatrix} 0 & 1 \end{bmatrix}^T$?

Exercice 3 : On considère le système :

$$x = \begin{bmatrix} 0 & 1 \\ 0 & 0 \end{bmatrix} x + \begin{bmatrix} 0 \\ 1 \end{bmatrix} u$$
$$y = \begin{bmatrix} 1 & 0 \end{bmatrix} x, \quad x(0) = \begin{bmatrix} 1 & 0 \end{bmatrix}^T$$

1. Calculer le régime libre $x(t)$ pour $u = 0$. Expliquer le résultat.
2. Étudier la commandabilité et l'observabilité de ce système.
3. On suppose une loi de commande linéaire de la forme :

$$u = -\begin{bmatrix} l_1 & l_2 \end{bmatrix} x + y_c$$

   où y_c est la consigne. Écrire les nouvelles équations d'état et étudier la stabilité en fonction de l_1 et l_2.
4. Calculer les valeurs de l_1 et l_2 permettant :
   - d'obtenir pour ce système de second ordre une pulsation propre non amortie $\omega_n = 1rd/s$.
   - de minimiser le critère :

$$J = \int_0^\infty y^2(t)dt$$

   On mettra J sous la forme :

$$J = \int_0^\infty x^T(t)Qx(t)dt$$

   et on utilisera le fait que l'on peut l'exprimer en fonction de $x(0)$ grâce à une fonction de Lyapunov $V(x)$ telle que $V(x) = -x^T Qx$.
5. Afin de pouvoir mettre en oeuvre cette loi de commande, construire un observateur pour estimer l'état du système. On prendra tous les pôles de l'observateur égaux à -1.
6. Calculer la fonction de transfert $Y(s)/Y_c(s)$ du système obtenu en appliquant la loi de commande au système grâce à l'observateur que l'on vient de construire.

Exercice 4 : On considère le système :

$$x = \begin{bmatrix} 1 & 1 & 0 \\ 0 & -1 & 1 \\ 0 & 0 & 0 \end{bmatrix} x + \begin{bmatrix} 0 \\ 0 \\ 1 \end{bmatrix} u$$
$$y = \begin{bmatrix} 1 & 0 & 0 \end{bmatrix} x$$

1. Étudier la commandabilité et l'observabilité de ce système.
2. Étudier la stabilité de ce système. Préciser la forme des trajectoires dans l'espace d'état.
3. Peut-on stabiliser le système avec un retour de sortie : $u = y_c - ky, \quad k \in \mathbb{R}$? (on passera par les nouvelles équations d'état du système).
4. Montrer que le système pourrait être stabilisé par retour d'état : $u = y_c - \begin{bmatrix} l_1 & l_2 & l_3 \end{bmatrix} x$ (on écrira les nouvelles équations d'état).

5. Calculer le vecteur de retour d'état $L = \begin{bmatrix} l_1 & l_2 & l_3 \end{bmatrix}$ qui permettrait d'obtenir pour le système un mode triple $\lambda = -1$.
6. Exprimer la commande u correspondante en fonction de $y,\ y'$ et y''.
7. En supposant que le système est un dispositif électrique dont seule la tension de sortie y est accessible, par quel dispositif pourrait-on mettre en oeuvre cette commande ? Quels en seraient les inconvénients ?

Exercice 5 : Une antenne d'émission radioélectrique est commandée en rotation au moyen d'un moteur électrique. On se propose d'étudier l'asservissement de position angulaire. L'ensemble amplificateur, moteur et antenne, peut être modélisé par les équations d'état suivantes :

$$x = \begin{bmatrix} 0 & 1 \\ 0 & -1 \end{bmatrix} x + \begin{bmatrix} 0 \\ 1 \end{bmatrix} u$$
$$y = \begin{bmatrix} 1 & 0 \end{bmatrix} x,$$

La structure de commande est, dans un premier temps, la suivante :

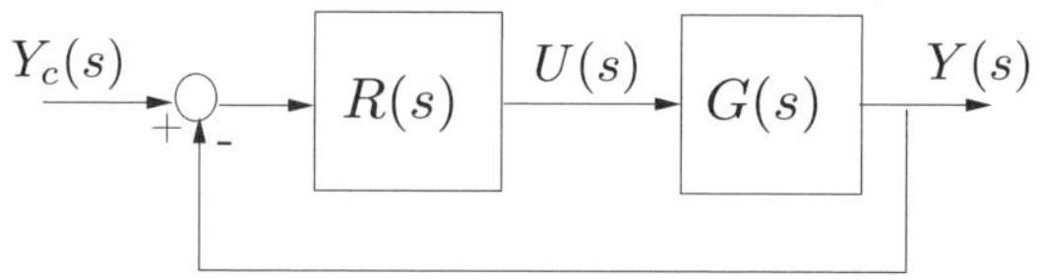

I) ÉTUDE DU SYSTEME DANS LE CAS $R(s) = K$

1. Calculer la valeur de K permettant d'obtenir, pour le système bouclé, une marge de phase de 45 degrés.
2. Calculer la valeur de K permettant d'obtenir, pour une consigne en rampe de pente unité, une erreur de vitesse $\epsilon_v = \sqrt{2}/2\ .10^{-2}$. Placer les points correspondants sur le lieu d'Evans du système. Quelle est, pour cette valeur de K, la valeur du coefficient d'amortissement ζ du système ?

II) SYNTHESE D'UN RÉGULATEUR DE TYPE RETARD DE PHASE

On désire faire la synthèse d'un régulateur de type retard de phase de fonction de transfert :

$$\frac{1 + b\tau s}{1 + \tau s}, \quad b < 1$$

pour obtenir simultanément une marge de phase $\phi_M = 45$ degrés et, pour une consigne en rampe de pente unité, une erreur de vitesse $\epsilon_v = \sqrt{2}/2\ .10^{-2}$.

1. Calculer les paramètres b et τ du régulateur.
2. Tracer le lieu d'Evans du système corrigé. Expliquer l'effet du régulateur.

III) CORRECTION DU SYSTÈME PAR RETOUR TACHYMÉTRIQUE

On met en oeuvre un retour tachymétrique de gain μ, associé à un gain de boucle K, selon le schéma de la figure suivante :

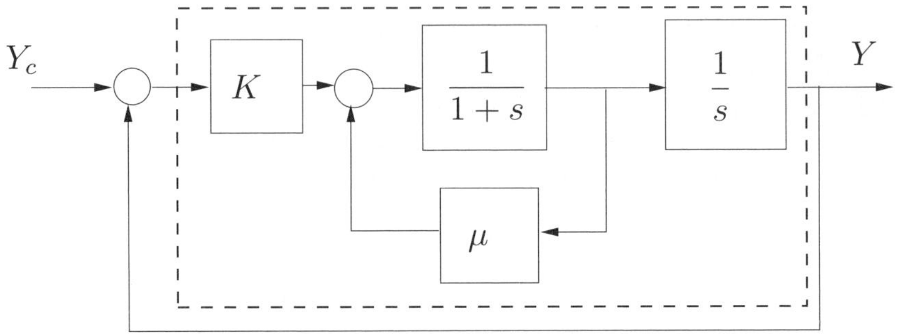

1. Calculer la fonction de transfert du système situé à l'intérieur du cadre en pointillés.
2. Calculer les valeurs de K et de μ permettant d'obtenir simultanément une marge de phase $\varphi_M = 45$ degrés et, pour une consigne en rampe de pente unité, une erreur de vitesse $\epsilon_v = \sqrt{2}/2\,.10^{-2}$.
3. Exprimer la commande du système en terme de retour d'état : $u = Ky_c - \begin{bmatrix} l_1 & l_2 \end{bmatrix} x$.

IV) MISE EN OEUVRE D'UN OBSERVATEUR

On suppose que seule la sortie du système y est accessible. On décide de concevoir un observateur afin de reconstruire l'état du système.

1. Mettre les équations du procédé sous forme canonique d'observation.
2. Calculer un observateur avec une dynamique de l'erreur caractérisée par des modes tous fixés à -2.
3. Écrire le modèle du procédé global (procédé, observateur), obtenu en ajoutant aux variables d'état du procédé, celles de l'observateur.
4. Étudier la commandabilité et l'observabilité de l'ensemble.

Exercice 6 : La mise en équation d'un système physique a conduit à un modèle décrit dans l'espace d'état par :

$$\frac{dx}{dt} = \begin{pmatrix} a & 1 \\ 0 & -2 \end{pmatrix} x + \begin{pmatrix} 0 \\ 1 \end{pmatrix} u$$

où a est un paramètre dont on ne connaît pas précisément la valeur, mais dont on sait qu'il appartient à l'intervalle $[0, 6]$. On souhaite corriger ce système à l'aide d'une commande par retour d'état :

$$u = e - Kx = e - \begin{pmatrix} k_1 & k_2 \end{pmatrix} x$$

telle qu'il soit asymptotiquement stable pour n'importe quelle valeur de a appartenant à l'intervalle $[0, 6]$.

1. Calculer un retour d'état qui réponde aux exigences.
2. Calculer les modes du système bouclé par cette commande pour la valeur nominale $a = 3$.

Exercice 7 : On considère le système représenté par les équations suivantes :

$$x = \begin{bmatrix} 0 & 1 & 0 \\ 0 & 0 & 1 \\ 0 & 1 & 0 \end{bmatrix} x + \begin{bmatrix} 0 \\ 0 \\ 1 \end{bmatrix} u$$
$$y = \begin{bmatrix} 4 & 1 & 0 \end{bmatrix} x$$

On souhaite corriger ce système pour qu'il devienne stable et comporte un mode oscillatoire dominant caractérisé par une pulsation propre $\omega_n = 2\, rd/s$ et un coefficient d'amortissement $\zeta = 0.5$.

I) CORRECTEUR PROPORTIONNEL : $R(s) = K$

Un correcteur proportionnel est mis en cascade selon le schéma de la figure suivante :

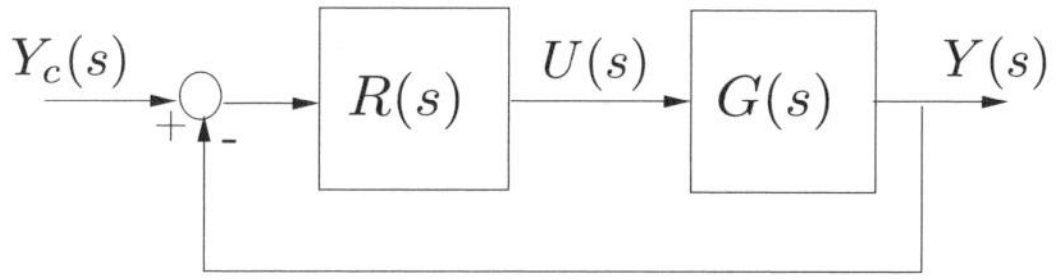

1. Tracer le lieu d'Evans du système en fonction de $K > 0$.
2. Expliquer le fonctionnement du système. Peut-on obtenir les performances désirées ?

II) COMMANDE PAR RETOUR PROPORTIONNEL-DÉRIVÉ

On envisage une compensation de type retour proportionnel-dérivé selon le schéma de la figure suivante :

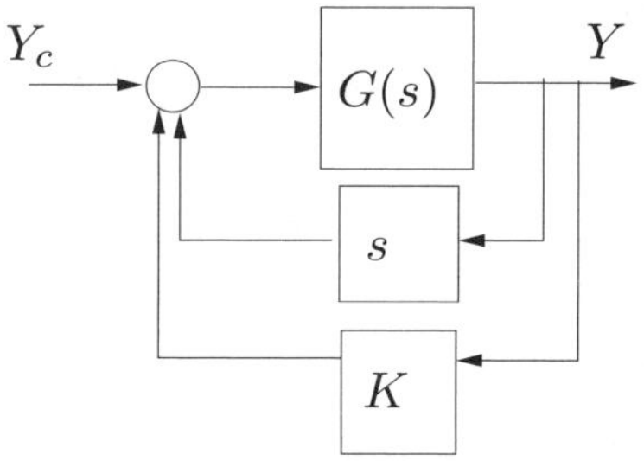

1. Tracer le lieu d'Evans en fonction de K. Peut-on obtenir les performances souhaitées ?
2. Représenter schématiquement et commenter la réponse impulsionnelle de ce système pour $K = 0$ et $K = 1$.

III) COMMANDE PAR RETOUR D'ÉTAT

En supposant que l'état du système est accessible, on envisage une commande par retour d'état.

1. Calculer une commande par retour d'état $u = y_c - Lx$ permettant d'obtenir pour le système un mode complexe caractérisé par : $\omega_n = 2\ rd/s$, $\zeta = 0.5$ et un mode réel $\lambda = -2$.
2. Montrer que cette commande peut s'exprimer sous la forme :

$$u = l_c y_c - [k_1 y + k_2 y' + k_3 y'']$$

où les constantes l_c, k_1, k_2 et k_3 sont à déterminer.

3. Quelle consigne y_c doit-on appliquer au système pour avoir une sortie constante de valeur unité en régime permanent ?

IV) MISE EN PLACE D'UN OBSERVATEUR

On veut mettre en place un observateur pour reconstruire l'état du système.

1. Calculer un observateur de dynamique $(\lambda + 2)^3$ pour reconstruire l'état du système.
2. Donner une représentation d'état du système global.

Exercice 8 : On considère le système monovariable suivant :

$$x = Ax + bu$$
$$y = cx$$

$$x(0) = \begin{bmatrix} -1 \\ 0 \end{bmatrix}, \quad A = \begin{bmatrix} 0 & 1 \\ 0 & 1 \end{bmatrix}, \quad b = \begin{bmatrix} 0 \\ 1 \end{bmatrix}, \quad c = \begin{bmatrix} 1 & 0 \end{bmatrix}$$

I) ANALYSE DU SYSTÈME.

1. Étudier la stabilité des états d'équilibre du système.
2. Calculer l'évolution de l'état x du système en régime libre ($u = 0$). Expliquer le résultat.
3. Étudier la commandabilité et l'observabilité du système.

II) COMMANDE PAR RETOUR D'ÉTAT

On suppose une loi de commande linéaire de la forme :

$$u = -Lx + y_c, \quad L = \begin{bmatrix} l_1 & l_2 \end{bmatrix}$$

où y_c représente la consigne.

1. Écrire les nouvelles équations d'état.
2. Pour quelles valeurs de l_1 et l_2 le système est-il asymptotiquement stable ?
3. Calculer les valeurs de l_1 et l_2 permettant d'obtenir simultanément :
   - une pulsation propre non amortie $\omega_n = 1rd/s$.

- la minimisation du critère :

$$J = \int_0^\infty y^2(t)dt$$

que l'on mettra sous la forme :

$$J = \int_0^\infty x^T(t)Qx(t)dt$$

4. Écrire les équations d'état obtenues avec ces valeurs.

III) Afin de pouvoir mettre en oeuvre la commande, on décide de construire un observateur permettant de reconstruire l'état du système puisqu'on ne dispose que de la sortie $y = x_1$. On introduit pour cela une variable supplémentaire z telle que :

$$\begin{bmatrix} z \\ y \end{bmatrix} = \begin{bmatrix} m^T \\ c^T \end{bmatrix} x = Nx \quad \text{avec}\, m^T = \begin{bmatrix} m_1 & m_2 \end{bmatrix}$$

Si la matrice N est régulière, x pourra être reconstitué à partir de z et y :

$$\widehat{x} = N^{-1} \begin{bmatrix} z \\ y \end{bmatrix}$$

1. Montrer qui si z est générée selon l'équation :

$$\dot{z} = -z + y + hu$$

on peut trouver en utilisant l'expression de $\begin{bmatrix} z & y \end{bmatrix}^T$ des relations entre A, b, c^T, m^T et h. En déduire les valeurs de m^T et h. En déduire les valeurs de m^T et h.

2. Écrire les équations de l'observateur.

Exercice 9 : On considère le système décrit par les équations :

$$\dot{x} = \begin{bmatrix} 0 & 1 \\ 0 & 0 \end{bmatrix} x + \begin{bmatrix} 0 \\ 1 \end{bmatrix} u$$
$$x(0) = \begin{bmatrix} 1 & 1 \end{bmatrix}^T$$

1. Étudier la stabilité de ce système. Calculer le régime libre.
2. On boucle le système à l'aide d'une commande par retour d'état de la forme :

$$u = -\begin{bmatrix} 1 & m \end{bmatrix} x$$

Écrire les nouvelles équations d'état. Pour quelles valeurs de m, le système est-il asymptotiquement stable ?

3. Quelle valeur de m permet de minimiser le critère :

$$J = \frac{1}{2}\int_0^\infty \left[x^T(t)x(t) + u^2(t)\right] dt\,?$$

Quelle est alors la valeur du critère J ?

Exercice 10 : On considère le système décrit par la représentation d'état suivante :

$$\dot{x} = \begin{bmatrix} 0 & 1 \\ 0 & 0 \end{bmatrix} x + \begin{bmatrix} 0 \\ 1 \end{bmatrix} u$$
$$y = \begin{bmatrix} 1 & 0 \end{bmatrix} x$$

On définit le critère de performance suivant :

$$J_K(u) = \int_0^\infty (y(t)^2 + r^2u^2(t))dt, \quad r \in \mathbb{R}$$

1. Donner une interprétation de ce critère.
2. Calculer la commande par retour d'état $u = -Lx + l_c y_c$ qui minimise le critère précédent. Déduire la valeur de l_c qui garantit une erreur de position nulle en régime permanent.
3. En déduire l'équation caractéristique du système en boucle fermée.
4. Tracer le lieu d'Evans de l'équation caractéristique en boucle fermée en fonction de r. Quel est le temps d'établissement de ce système en fonction de r ?
5. Calculer la fonction de transfert entre le signal de référence y_c et le signal de commande u.
6. En supposant que l'actionneur délivre une amplitude limitée égale à ± 5, donner les valeurs de r qui garantissent que l'on restera dans le cadre d'un fonctionnement linéaire (sans saturation), pour une référence en échelon de position d'amplitude e_0 (on supposera que le signal de commande est maximal en 0^+). En déduire les valeurs (fonction de e_0) des temps d'établissement atteignables à l'aide de cet actionneur dans le cadre d'un fonctionnement linéaire.

   Comme l'état n'est pas mesurable, on décide de faire la synthèse d'un observateur. Pout cela, on exploite la dualité entre commandabilité et observabilité, ce qui nous amène à définir le système suivant dit "dual" :

$$\dot{z} = \begin{bmatrix} 0 & 0 \\ 1 & 0 \end{bmatrix} z + \begin{bmatrix} 1 \\ 0 \end{bmatrix} v$$
$$w = \begin{bmatrix} 0 & 1 \end{bmatrix} z$$

   et on lui associe le critère de performance suivant :

$$J_L(v) = \int_0^\infty (w(t)^2 + s^2v^2(t))dt, \; s \in \mathbb{R}$$

7. Montrer que l'équation caractéristique de la dynamique de l'erreur de reconstruction est identique à celle du retour d'état. On donnera le gain H de l'observateur correspondant, ainsi que l'expression de l'observateur.
8. Donner l'expression de la fonction de transfert en boucle fermée.

Annexe A
SCHÉMA-BLOCS

Il s'agit d'une méthode de représentation dans laquelle des blocs sont associés à des éléments de systèmes et à leurs fonctions de transfert. On peut ainsi construire une représentation schématique d'un système qui est aussi un modèle mathématique, avec des règles de calcul ou de réduction associées [25].

A-1. ÉLÉMENTS DES SCHÉMA-BLOCS

A-1.1 ~ Bloc

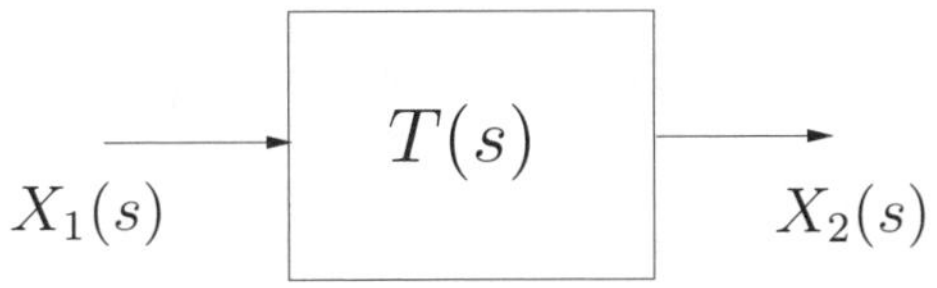

Il traduit la relation linéaire (en général fonction de transfert) entre deux variables :

$$X_2(s) = T(s)\ X_1(s)$$

A-1.2 ~ Sommateur algébrique

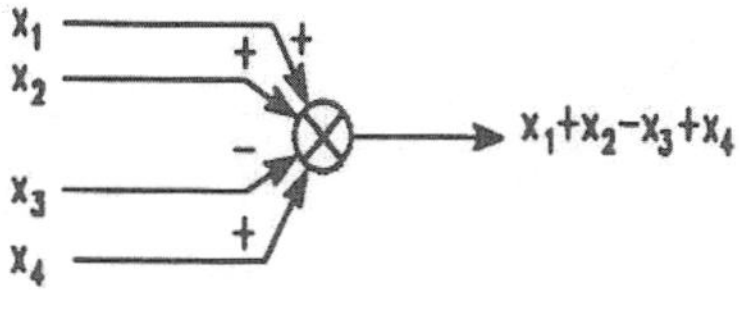

Il réalise la somme algébrique des signaux convergeant sur le sommateur.

A-1.3 ~ Capteur

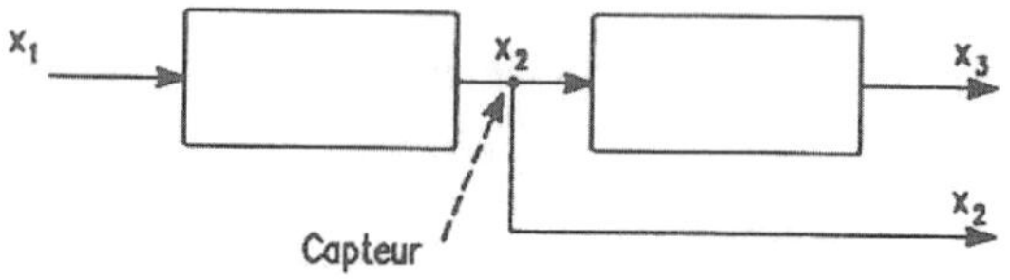

Il permet de capter une variable à l'endroit où elle apparaît pour l'amener à un autre point du schéma-bloc.

A-2. RÈGLES DE TRANSFORMATION DES SCHÉMA-BLOCS

Ces règles sont utilisées lorsque l'on veut réduire un schéma-bloc.

A-2.1 ~ Permutation de sommateur et de capteur

Les règles de permutation de sommateur et de capteur sont résumées ci-dessous.

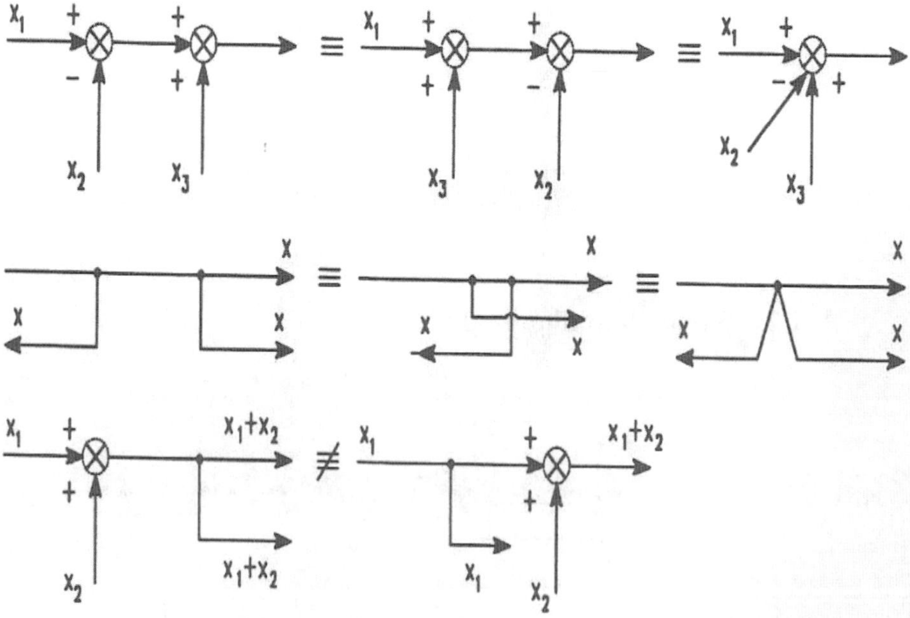

A-2.2 ~ Permutation de bloc et de sommateur ou capteur

On peut également permuter un bloc avec un sommateur ou un capteur en respectant les règles suivantes :

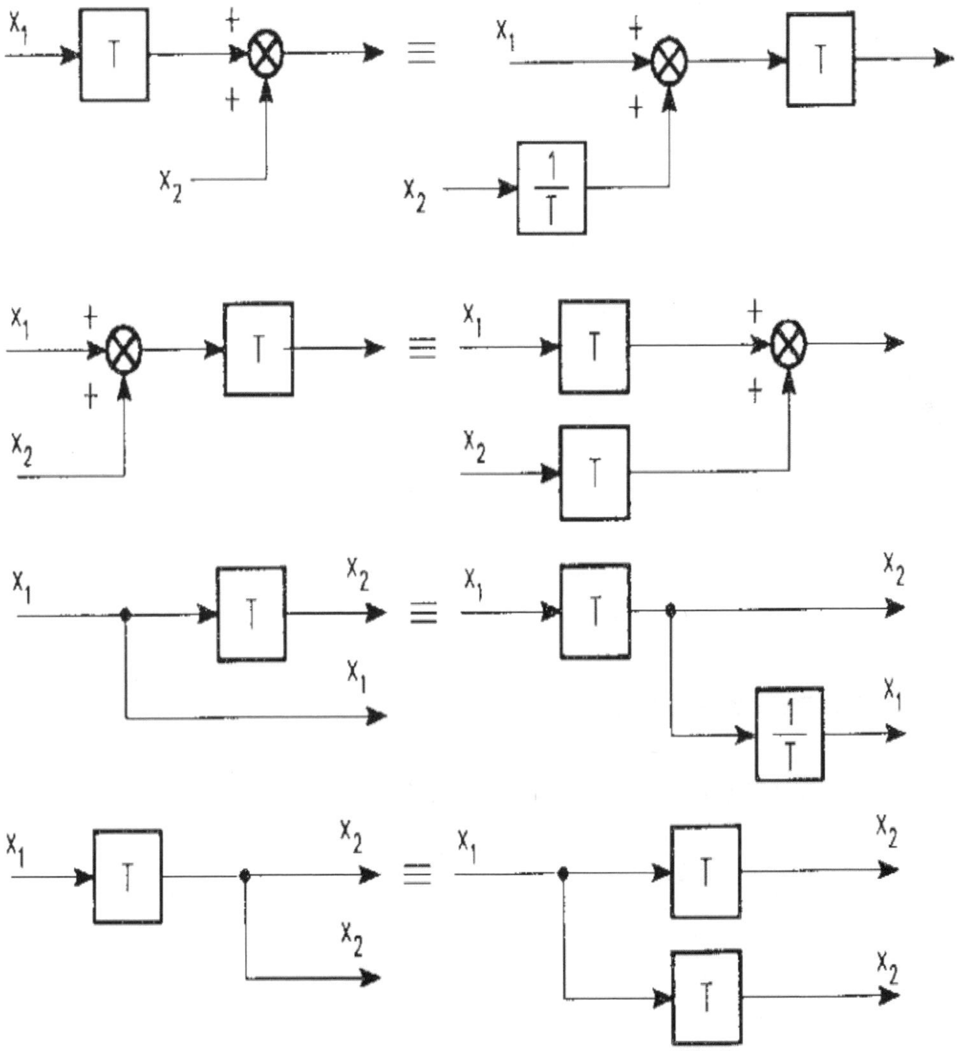

A-2.3 ~ Agrégation de blocs

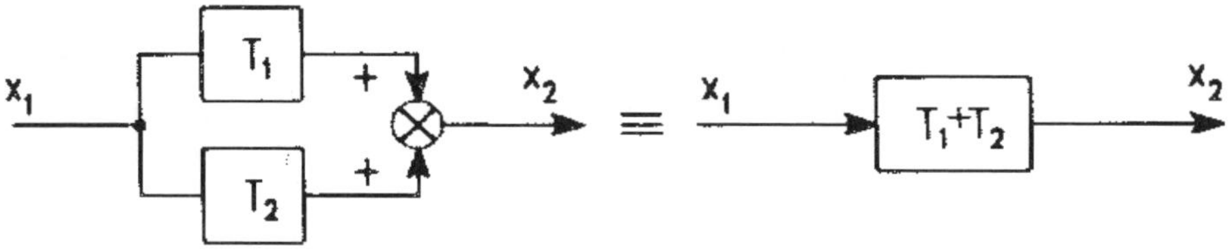

A-2.4 ~ Réduction d'une boucle

La réduction d'une boucle est très souvent utilisée dans le cadre des systèmes bouclés.

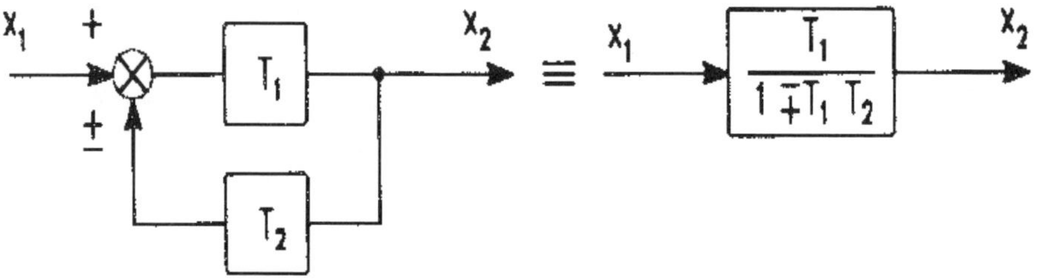

A-3. SYSTÈMES BOUCLÉS ÉLÉMENTAIRES

A-3.1 ~ Système à retour non unitaire

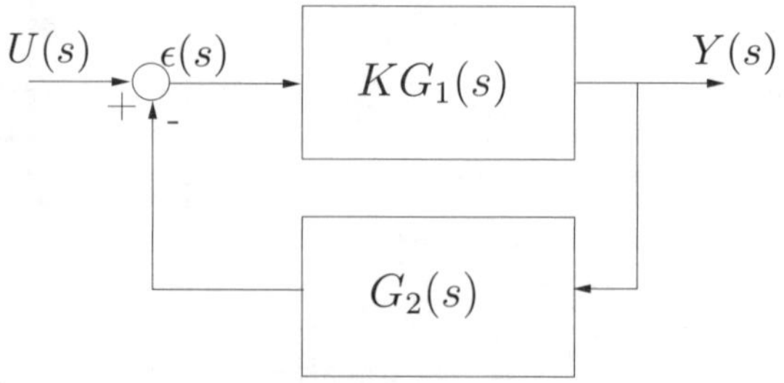

Dans un tel système, l'entrée U et la sortie Y sont de natures différentes. La sortie est ramenée à une unité comparable à celle de l'entrée par l'intermédiaire d'un capteur.

La fonction de transfert de la chaîne directe est :

$$K\,G_1\,(s)$$

La fonction de transfert du capteur est :

$$G_2\,(s)$$

La fonction de transfert de la boucle, appelée également "gain de boucle" ou "fonction de transfert en boucle ouverte" est :

$$K\,G\,(s) = K\,G_1\,(s)\,G_2\,(s)$$

La fonction de transfert en boucle fermée est :

$$H\,(s) = \frac{K\,G_1\,(s)}{1 + K\,G_1\,(s)\;G_2\,(s)}$$

et l'équation caractéristique du système :

$$1 + K\,G\,(s) = 1 + K\,G_1\,(s)\;G_2\,(s) = 0$$

A-3.2 ~ Système à retour unitaire

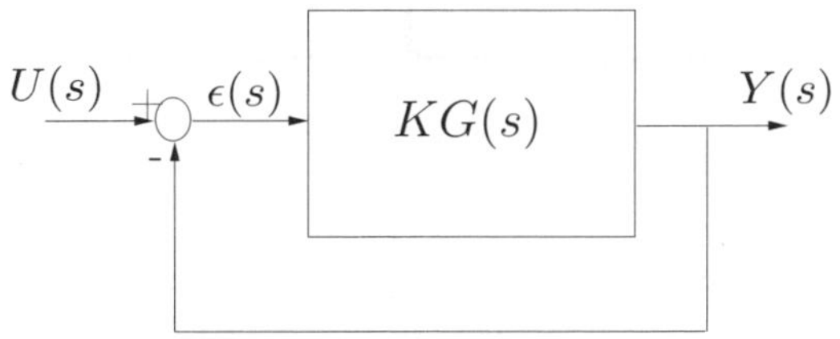

Dans un tel système, l'entrée U et la sortie Y sont de même nature ou mesurées avec des unités comparables. On a alors :

$$KG(s) = KG_1(s),\;\; G_2(s) = 1$$

A-3.3 ~ Réduction d'un système à retour non unitaire à un système à retour unitaire

Il peut être avantageux, dans certaines applications, de passer d'une structure à retour non unitaire à une structure à retour unitaire. On peut le faire de la manière suivante :

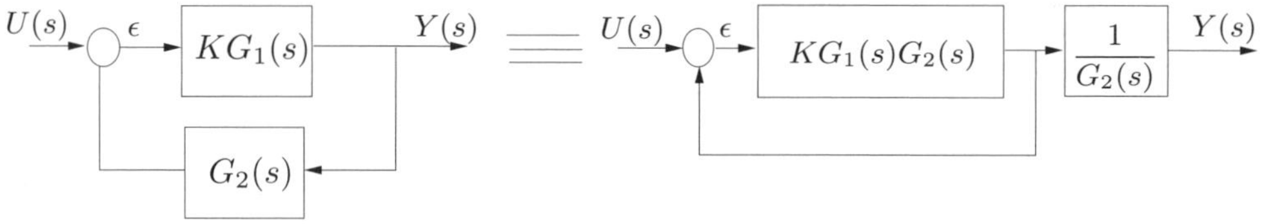

A-4. EXEMPLE DE SCHÉMA-BLOC

Considérons le système électrique suivant :

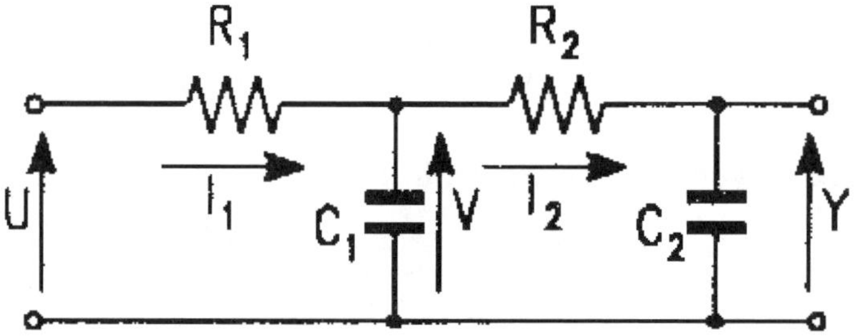

Les équations élémentaires le représentant sont (en transformées de Laplace) :

$$I_1 = \frac{U - V}{R_1} \qquad I_2 = \frac{V - Y}{R_2}$$

$$V = \frac{I_1 - I_2}{C_1 s} \qquad Y = \frac{I_2}{C_2 s}$$

Ces équations peuvent être représentées par le schéma-bloc suivant :

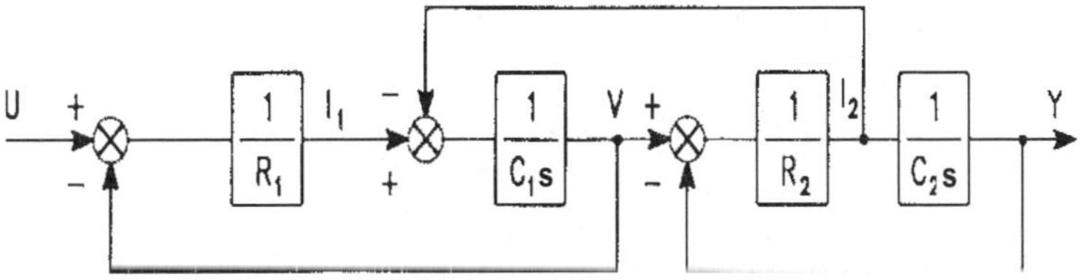

En utilisant successivement un certain nombre de règles de transformation, ce schéma-bloc peut être réduit à un seul bloc donnant la fonction de transfert globale entre U et Y.

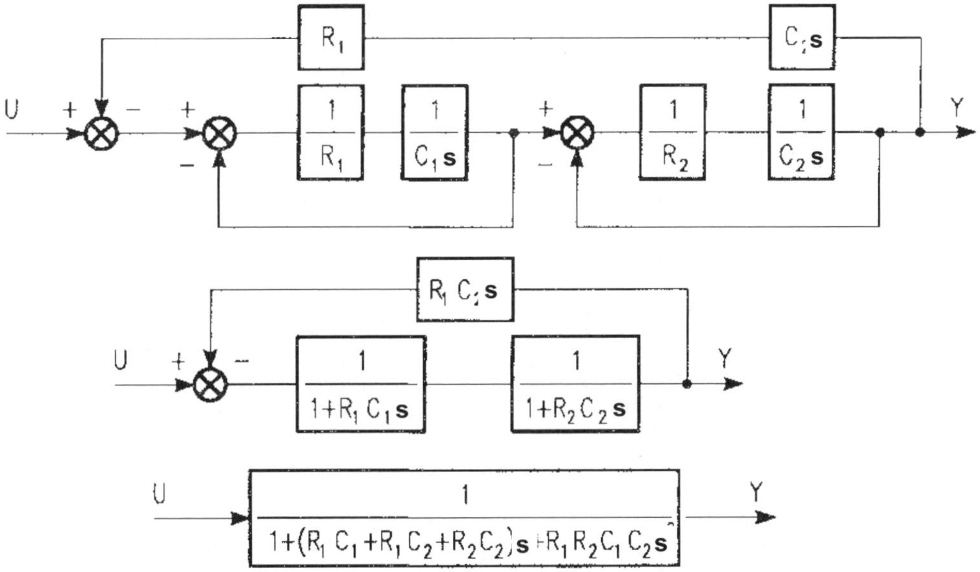

Annexe B
TRANSFORMATION DE LAPLACE

B-1. DÉFINITION

C'est une transformation qui associe à toute fonction localement intégrable de la variable réelle t, nulle pour $t < 0$ et vérifiant des conditions restrictives convenables, la fonction de la variable complexe définie par (Pour plus de détails, consulter [17]) :

$$\boxed{F(s) = \mathcal{L}[f(t)] = \int_0^{+\infty} e^{-st} f(t)dt}$$

B-2. PROPRIÉTÉS

1. Linéarité

$$\boxed{\mathcal{L}[\alpha\, f(t) + \beta\, g(t)] = \alpha\, \mathcal{L}[f(t)] + \beta\, \mathcal{L}[g(t)]}$$

2. Produit de convolution : La transformée de Laplace du produit de convolution défini par :

$$(f * g)(t) = \int_0^t f(\tau)\, g(t-\tau)\, d\tau = \int_0^t f(t-\tau)\, g(\tau)\, d\tau$$

est donnée par :

$$\boxed{\mathcal{L}[(f * g)(t)] = F(s)\, G(s)}$$

3. Théorème du retard

$$\boxed{\mathcal{L}[f(t-a)] = e^{-as}\mathcal{L}[f(t)] = e^{-as}F(s)}$$

4. Théorème de la dérivation

$$\mathcal{L}\left[\frac{d^m f(t)}{dt^m}\right] = s^m F(s) - s^{m-1} f(0) - \cdots \quad - f^{(m-1)}(0)$$

5. Théorème de l'intégration

$$\mathcal{L}\left[\int_0^t f(\tau)d\tau\right] = \frac{1}{s} F(s)$$

6. Théorème de la valeur initiale

$$\lim_{t\to 0} f(t) = \lim_{s\to\infty} s\, F(s)$$

7. Théorème de la valeur finale

$$\lim_{t\to\infty} f(t) = \lim_{s\to 0} s\, F(s)$$

si les pôles de $sF(s)$ sont à partie réelle négative.

B-3. TRANSFORMÉES DE LAPLACE DES PRINCIPAUX SIGNAUX

Transformée de Laplace $F(s) = \mathcal{L}[f(t)]$	Signal continu $f(t)$	Transformée de Laplace $F(s) = \mathcal{L}[f(t)]$	Signal continu $f(t)$
1	$\delta(t)$	$\frac{1}{s+a}$	e^{-at}
e^{-as}	$\delta(t-a)$	$\frac{1}{(s+a)^2}$	te^{-at}
e^{-hTs}	$\delta(t-hT)$	$\frac{b-a}{(s+a)(s+b)}$	$e^{-at} - e^{-bt}$
$\frac{1}{s}$	$\Gamma(t)$	$\frac{a}{s(s+a)}$	$1 - e^{-at}$
$\frac{1}{s^2}$	t	$\frac{\omega}{s^2+\omega^2}$	$\sin \omega t$
$\frac{2}{s^3}$	t^2	$\frac{s}{s^2+\omega^2}$	$\cos \omega t$

Annexe C
ÉLÉMENTS DE CALCUL MATRICIEL

Concernant l'algèbre linéaire et la théorie des matrices, le lecteur intéressé peut consulter [21].

C-1. DÉFINITIONS

C-1.1 ~ Matrice :

C'est un tableau d'éléments à n lignes et m colonnes :

$$A_{(n,m)} = (a_{ij}) = \begin{bmatrix} a_{11} & a_{12} & \cdots & a_{1m} \\ a_{21} & a_{22} & \cdots & a_{2m} \\ \cdots & \cdots & \cdots & \cdots \\ a_{n1} & a_{n2} & \cdots & a_{nm} \end{bmatrix}$$

C-1.2 ~ Déterminant

Le déterminant d'une matrice carrée A est défini par :

$$\det A = \begin{vmatrix} a_{11} & a_{12} & \cdots & a_{1m} \\ a_{21} & a_{22} & \cdots & a_{2m} \\ \cdots & \cdots & \cdots & \cdots \\ a_{n1} & a_{n2} & \cdots & a_{nm} \end{vmatrix}$$

Il se calcule en faisant la somme des éléments a_{ij} d'une ligne $i = I$ quelconque (ou d'une colonne $j = J$ quelconque) de la matrice A pondérés par leurs cofacteurs Δ_{ij} :

$$\det A = \sum_{j=1}^{m} a_{Ij}\Delta_{Ij} = \sum_{i=1}^{n} a_{iJ}\Delta_{iJ}$$

Le cofacteur Δ_{ij} d'un élément a_{ij} d'une matrice A est donné par la relation :

$$\Delta_{ij} = (-1)^{i+j} M_{ij}$$

où M_{ij} est le mineur de a_{ij}, c'est-à-dire le déterminant de la matrice obtenue en supprimant la ligne i et la colonne j de la matrice A.

Exemple :

$$A = \begin{bmatrix} 1 & 2 & 3 \\ 1 & 1 & 2 \\ 2 & 1 & 1 \end{bmatrix} = \begin{bmatrix} a_{11} & a_{12} & a_{13} \\ a_{21} & a_{22} & a_{23} \\ a_{31} & a_{32} & a_{33} \end{bmatrix}$$

$$\Delta_{11} = \begin{vmatrix} a_{22} & a_{23} \\ a_{32} & a_{33} \end{vmatrix} = a_{22}a_{33} - a_{32}a_{23} = -1$$

$$\Delta_{12} = -\begin{vmatrix} a_{21} & a_{23} \\ a_{31} & a_{33} \end{vmatrix} = -a_{21}a_{33} + a_{31}a_{23} = 3$$

$$\Delta_{13} = \begin{vmatrix} a_{21} & a_{22} \\ a_{31} & a_{32} \end{vmatrix} = a_{21}a_{32} - a_{31}a_{22} = -1$$

$$\begin{aligned} \det A &= \begin{vmatrix} 1 & 2 & 3 \\ 1 & 1 & 2 \\ 2 & 1 & 1 \end{vmatrix} \\ &= a_{11}\Delta_{11} + a_{12}\Delta_{12} + a_{13}\Delta_{13} \\ &= -1 + 6 - 3 = 2 \end{aligned}$$

On pouvait tout aussi bien le calculer par une autre relation, par exemple :

$$\begin{aligned} \det A &= a_{12}\Delta_{12} + a_{22}\Delta_{22} + a_{32}\Delta_{32} \\ &= 6 - 5 + 1 = 2 \end{aligned}$$

C-1.3 ~ Rang d'une matrice

C'est le nombre de lignes (ou de colonnes) de la matrice linéairement indépendantes.

Une matrice carrée est de rang plein si son déterminant est non nul.

Le rang d'une matrice carrée est égal à la dimension de la sous-matrice non singulière la plus grande que l'on peut extraire de la matrice.

Exemple :

$$A = \begin{bmatrix} 1 & 2 & 3 \\ -1 & 1 & 2 \\ 2 & 1 & 1 \end{bmatrix} = \begin{bmatrix} a_{11} & a_{12} & a_{13} \\ a_{21} & a_{22} & a_{23} \\ a_{31} & a_{32} & a_{33} \end{bmatrix}$$

Elle est de rang 2 car $\det A = 0$, mais :

$$M_{11} = \begin{vmatrix} a_{22} & a_{23} \\ a_{32} & a_{33} \end{vmatrix} = -1 \neq 0$$

Excmplc :

$$A = \begin{bmatrix} 1 & 2 & 3 \\ -1 & 1 & 2 \end{bmatrix} = \begin{bmatrix} a_{11} & a_{12} & a_{13} \\ a_{21} & a_{22} & a_{23} \end{bmatrix}$$

Son rang ne peut pas être supérieur à 2, car elle possède bien 3 colonnes, mais seulement 2 lignes. Ces 2 lignes n'étant pas colinéaires, la matrice est de rang 2.

C-1.4 ~ Transposition d'une matrice

La transposée A' (ou A^T) d'une matrice A s'obtient en échangeant ses lignes et ses colonnes.

Exemple :

$$A = \begin{bmatrix} 1 & 2 & 3 \\ -1 & 1 & 2 \end{bmatrix} = \begin{bmatrix} a_{11} & a_{12} & a_{13} \\ a_{21} & a_{22} & a_{23} \end{bmatrix} = (a_{ij})$$

alors :

$$A' = A^T = \begin{bmatrix} 1 & -1 \\ 2 & 1 \\ 3 & 2 \end{bmatrix} = \begin{bmatrix} a_{11} & a_{21} \\ a_{12} & a_{22} \\ a_{13} & a_{23} \end{bmatrix} = (a_{ji})$$

C-1.5 ~ Multiplication matricielle

Le produit d'une matrice $A_{(n,l)}$ par une matrice $B_{(l,m)}$ est une matrice $C_{(n,m)}$ d'éléments :

$$c_{ij} = \sum_{k=1}^{l} a_{ik} b_{kj}$$

Exemple :

$$A = \begin{bmatrix} 1 & 2 & 3 \\ -1 & 1 & 2 \end{bmatrix} \qquad B = \begin{bmatrix} 2 & 1 \\ 1 & -1 \\ 1 & 3 \end{bmatrix}$$

$$C = AB = \begin{bmatrix} 7 & 8 \\ 1 & 4 \end{bmatrix}$$

Attention : la multiplication matricielle est associative et distributive, mais non commutative :

$$AB \neq BA$$

Exemple :

$$A = \begin{bmatrix} 1 & 2 \\ 0 & 1 \end{bmatrix} \qquad B = \begin{bmatrix} 3 & -1 \\ 1 & 2 \end{bmatrix}$$

$$AB = \begin{bmatrix} 5 & 3 \\ 1 & 2 \end{bmatrix} \qquad BA = \begin{bmatrix} 3 & 5 \\ 1 & 4 \end{bmatrix}$$

C-1.6 ~ Inversion d'une matrice

L'inverse A^{-1} d'une matrice carrée A est telle que le produit par la matrice initiale est égal à la matrice identité :

$$AA^{-1} = A^{-1}A = I$$

L'inverse d'une matrice n'existe que si son déterminant est différent de zéro (matrice régulière). Si le déterminant est nul, la matrice est dite singulière.

L'inverse de la matrice régulière A se calcule par la relation :

$$A^{-1} = \frac{(\Delta ij)'}{\det A} = \frac{(\Delta ji)}{\det A}$$

Elle est égale au rapport de la matrice des cofacteurs conjuguée $(\Delta ij)'$ par le déterminant de A.

Exemple :

$$A = \begin{bmatrix} 2 & 3 & 1 \\ 1 & 2 & 2 \\ 1 & 2 & 4 \end{bmatrix}$$

$$\Delta ij = \begin{bmatrix} 4 & -2 & 0 \\ -10 & 7 & -1 \\ 4 & -3 & 1 \end{bmatrix} \qquad \det(A) = 2$$

$$A^{-1} = \begin{bmatrix} 2 & -5 & 2 \\ -1 & 3,5 & -1,5 \\ 0 & -0,5 & 0,5 \end{bmatrix}$$

C-1.7 ~ Opérations multiples

$$(ABC)^{-1} = C^{-1}B^{-1}A^{-1}$$

$$(ABC)' = C'B'A'$$

$$(A')^{-1} = (A^{-1})'$$

C-1.8 ~ Trace d'une matrice

Soit une matrice $A_{(n,n)} = (a_{ij})$. Sa trace est définie par :

$$trace(A) = \sum_{i=1}^{n} a_{ii}$$

Soient $A_{(n,n)}$et $B_{(n,n)}$ deux matrices. On a les propriétés suivantes sur les traces :

$$\begin{aligned} trace(A^T) &= trace(A) \\ trace(A+B) &= trace(A) + trace(B) \\ trace(\alpha A) &= \alpha trace(A) \end{aligned}$$

Soient $A_{(n,m)}$et $B_{(m,n)}$ deux matrices. On a :

$$trace(AB) = trace(B^T A^T) = trace(BA) = trace(A^T B^T)$$

$$trace(A^T A) = \sum_{i=1}^{n}\sum_{j=1}^{n} a_{ij}^2$$

Exemple :

$$A = \begin{bmatrix} 2 & 3 & 1 \\ 1 & 2 & 2 \\ 1 & 2 & 4 \end{bmatrix}$$

$$trace(A) = 2 + 2 + 4 = 8$$

C-1.9 ~ Matrices partitionnées

Considérons la matrice partitionnée :

$$A = \begin{bmatrix} A_{11} & A_{12} \\ A_{21} & A_{22} \end{bmatrix}$$

avec $A_{11(n,n)}$ et $A_{22(m,m)}$ inversibles. On peut écrire :

$$\begin{aligned} A &= \begin{bmatrix} I & A_{12}A_{22}^{-1} \\ 0 & I \end{bmatrix} \begin{bmatrix} A_{11} - A_{12}A_{22}^{-1}A_{21} & 0 \\ 0 & A_{22} \end{bmatrix} \begin{bmatrix} I & 0 \\ A_{22}^{-1}A_{21} & I \end{bmatrix} \\ &= \begin{bmatrix} I & 0 \\ A_{21}A_{11}^{-1} & I \end{bmatrix} \begin{bmatrix} A_{11} & 0 \\ 0 & A_{22} - A_{21}A_{11}^{-1}A_{12} \end{bmatrix} \begin{bmatrix} I & A_{11}^{-1}A_{12} \\ 0 & I \end{bmatrix} \end{aligned}$$

De ces égalités, on peut déduire les propriétés suivantes pour la matrice partitionnée, en supposant, pour certaines d'entre elles, que $A_{11} - A_{12}A_{22}^{-1}A_{21}$ et $A_{22} - A_{21}A_{11}^{-1}A_{12}$ sont inversibles :

$$A^{-1} =$$

$$= \begin{bmatrix} A_{11}^{-1} + A_{11}^{-1}A_{12}\left(A_{22} - A_{21}A_{11}^{-1}A_{12}\right)^{-1}A_{21}A_{11}^{-1} & -A_{11}^{-1}A_{12}\left(A_{22} - A_{21}A_{11}^{-1}A_{12}\right)^{-1} \\ -\left(A_{22} - A_{21}A_{11}^{-1}A_{12}\right)^{-1}A_{21}A_{11}^{-1} & \left(A_{22} - A_{21}A_{11}^{-1}A_{12}\right)^{-1} \end{bmatrix}$$

$$= \begin{bmatrix} \left(A_{11} - A_{12}A_{22}^{-1}A_{21}\right)^{-1} & -\left(A_{11} - A_{12}A_{22}^{-1}A_{21}\right)^{-1}A_{12}A_{22}^{-1} \\ -A_{22}^{-1}A_{21}\left(A_{11} - A_{12}A_{22}^{-1}A_{21}\right)^{-1} & A_{22}^{-1} + A_{22}^{-1}A_{21}\left(A_{11} - A_{12}A_{22}^{-1}A_{21}\right)^{-1}A_{12}A_{22}^{-1} \end{bmatrix}$$

$$\left(A_{11} - A_{12}A_{22}^{-1}A_{21}\right)^{-1} = A_{11}^{-1} + A_{11}^{-1}A_{12}\left(A_{22} - A_{21}A_{11}^{-1}A_{12}\right)^{-1}A_{21}A_{11}^{-1}$$

$$A_{11}^{-1}A_{12}\left(A_{22} - A_{21}A_{11}^{-1}A_{12}\right)^{-1} = \left(A_{11} - A_{12}A_{22}^{-1}A_{21}\right)^{-1}A_{12}A_{22}^{-1}$$

$$\begin{aligned} \det A &= \det A_{11}\ \det\left(A_{22} - A_{21}A_{11}^{-1}A_{12}\right) \\ &= \det A_{22}\ \det\left(A_{11} - A_{12}A_{22}^{-1}A_{21}\right) \end{aligned}$$

Exemple :

$$A = \begin{bmatrix} 2 & 3 & 1 \\ 1 & 2 & 2 \\ 1 & 2 & 4 \end{bmatrix}$$

On a vu que :

$$A^{-1} = \begin{bmatrix} 2 & -5 & 2 \\ -1 & 3,5 & -1,5 \\ 0 & -0,5 & 0,5 \end{bmatrix}$$

Posons maintenant :

$$A_{11} = 2, A_{12} = \begin{bmatrix} 3 & 1 \end{bmatrix}, A_{21} = \begin{bmatrix} 1 \\ 1 \end{bmatrix}, A_{22} = \begin{bmatrix} 2 & 2 \\ 2 & 4 \end{bmatrix}$$

En utilisant la formule :

$$A^{-1} = \begin{bmatrix} A_{11}^{-1} + A_{11}^{-1} A_{12} \left(A_{22} - A_{21} A_{11}^{-1} A_{12} \right)^{-1} A_{21} A_{11}^{-1} & -A_{11}^{-1} A_{12} \left(A_{22} - A_{21} A_{11}^{-1} A_{12} \right)^{-1} \\ - \left(A_{22} - A_{21} A_{11}^{-1} A_{12} \right)^{-1} A_{21} A_{11}^{-1} & \left(A_{22} - A_{21} A_{11}^{-1} A_{12} \right)^{-1} \end{bmatrix}$$

On a :

$$\left(A_{22} - A_{21} A_{11}^{-1} A_{12} \right)^{-1} = \frac{1}{2} \begin{bmatrix} 7 & -3 \\ -1 & 1 \end{bmatrix}$$

$$A_{11}^{-1} + A_{11}^{-1} A_{12} \left(A_{22} - A_{21} A_{11}^{-1} A_{12} \right)^{-1} A_{21} A_{11}^{-1} = 2$$

$$-A_{11}^{-1} A_{12} \left(A_{22} - A_{21} A_{11}^{-1} A_{12} \right)^{-1} = \begin{bmatrix} -5 & 2 \end{bmatrix}$$

$$- \left(A_{22} - A_{21} A_{11}^{-1} A_{12} \right)^{-1} A_{21} A_{11}^{-1} = \begin{bmatrix} -1 \\ 0 \end{bmatrix}$$

On retrouve bien le même résultat.

C-2. ANALYSE SPECTRALE D'UNE MATRICE

Une matrice $A_{(n,n)}$ permet de définir une transformation linéaire dans un espace à n dimensions :

$$w = Av$$

Dans le cas où les vecteurs v et w sont colinéaires :

$$w = \lambda v$$

le scalaire λ et le vecteur v constituent respectivement une valeur propre et un vecteur propre de la matrice A. Ils vérifient :

$$w = Av = \lambda v$$

soit :

$$(\lambda I - A)\, v = 0$$

Pour que ce système possède des solutions v non nulles, il faut que la matrice $\lambda I - A$ soit singulière, c'est-à-dire que :

$$\det(\lambda I - A) = \text{poly}(A) = P(\lambda) = 0$$

Le polynôme $P(\lambda)$ est appelé polynôme caractéristique de la matrice A.

$$P(\lambda) = \lambda^n + a_{n-1}\lambda^{n-1} + \cdots + a_1 \lambda + a_0$$

C-2.1 ~ Calcul des valeurs propres et des vecteurs propres

Les valeurs propres sont les n solutions de l'équation caractéristique de A :

$$P(\lambda) = 0$$

Dans le cas général, les valeurs propres, qui constituent le spectre $\sigma(A)$ de la matrice A, peuvent être réelles ou complexes, distinctes ou multiples. Dans ce dernier cas, on dit que le spectre de la matrice est dégénéré.

Les vecteurs propres, obtenus par résolution de l'équation :

$$Av = \lambda v$$

sont définis à une constante multiplicative près.

Exemple :

$$A = \begin{bmatrix} 1 & 2 \\ 3 & 2 \end{bmatrix}$$

Son polynôme caractéristique :

$$\det(\lambda I - A) = \begin{vmatrix} \lambda - 1 & -2 \\ -3 & \lambda - 2 \end{vmatrix} = \lambda^2 - 3\lambda - 4$$

s'annule pour $\lambda_1 = -1$ et $\lambda_2 = 4$ qui constituent les valeurs propres de la matrice A.

Il vient pour la détermination du vecteur propre v_1 associé à la valeur propre λ_1

$$Av_1 = \lambda_1 v_1$$

soit :

$$\begin{bmatrix} 1 & 2 \\ 3 & 2 \end{bmatrix} \begin{bmatrix} v_{11} \\ v_{12} \end{bmatrix} = - \begin{bmatrix} v_{11} \\ v_{12} \end{bmatrix}$$

qui conduit à la relation :

$$v_{11} + v_{12} = 0$$

soit :

$$v_1 = \begin{bmatrix} v_{11} \\ v_{12} \end{bmatrix} = c_1 \begin{bmatrix} 1 \\ -1 \end{bmatrix}$$

où c_1 est une constante arbitraire. Si l'on souhaite normer v_1, on choisira c_1 tel que :

$$\|v_1\|^2 = \left(v_{11}^2 + v_{12}^2\right) = 2c_1^2 = 1$$

soit :

$$c_1 = \sqrt{2}/2$$

Le vecteur propre v_2 associé à la valeur propre λ_2 vérifie :

$$Av_2 = \lambda_2 v_2$$

soit :

$$\begin{bmatrix} 1 & 2 \\ 3 & 2 \end{bmatrix} \begin{bmatrix} v_{21} \\ v_{22} \end{bmatrix} = 4 \begin{bmatrix} v_{21} \\ v_{22} \end{bmatrix}$$

qui conduit à la relation :

$$-3v_{21} + 2v_{22} = 0$$

soit :

$$v_2 = \begin{bmatrix} v_{21} \\ v_{22} \end{bmatrix} = c_2 \begin{bmatrix} 2 \\ 3 \end{bmatrix}$$

où c_2 est une constante arbitraire. Si l'on souhaite normer v_2, on choisira c_2 tel que :

$$\|v_2\|^2 = \left(v_{21}^2 + v_{22}^2\right) = 13c_2^2 = 1$$

soit :

$$c_2 = 1/\sqrt{13}$$

C-2.2 ~ Matrice modale

C'est la matrice qui a pour colonnes les vecteurs propres de la matrice A :

$$M = \begin{bmatrix} v_1 & v_2 & \cdots & v_n \end{bmatrix}$$

C-2.3 ~ Diagonalisation d'une matrice

L'ensemble des relations :

$$Av_i = \lambda_i v_i \qquad i = 1, \cdots, n$$

peut s'écrire sous forme matricielle :

$$\begin{bmatrix} Av_1 & Av_2 & \cdots & Av_n \end{bmatrix} = \begin{bmatrix} \lambda_1 v_1 & \lambda_2 v_2 & \cdots & \lambda_n v_n \end{bmatrix}$$

soit :

$$AM = M\Lambda$$

avec :

$$\Lambda = \begin{bmatrix} \lambda_1 & & & \\ & \lambda_2 & & \\ & & \ddots & \\ & & & \lambda_n \end{bmatrix}$$

Il vient donc la relation de diagonalisation d'une matrice :

$$\Lambda = M^{-1}AM$$

Dans l'exemple précédent :

$$M = \begin{bmatrix} 1 & 2 \\ -1 & 3 \end{bmatrix} \qquad M^{-1} = \frac{1}{5}\begin{bmatrix} 3 & -2 \\ 1 & 1 \end{bmatrix}$$

$$\Lambda = M^{-1}AM = \begin{bmatrix} -1 & 0 \\ 0 & 4 \end{bmatrix} = \begin{bmatrix} \lambda_1 & 0 \\ 0 & \lambda_2 \end{bmatrix}$$

C-2.4 ~ Cas de valeurs propres multiples

S'il existe une valeur propre λ_i d'ordre de multiplicité p, la forme diagonale associée, appelée forme de Jordan, comporte sur sa diagonale des blocs de Jordan :

$$\begin{bmatrix} \lambda_i & 1 & & \\ & \ddots & \ddots & \\ & & \ddots & 1 \\ & & & \lambda_i \end{bmatrix}$$

Le nombre de blocs de Jordan associés à une valeur propre λ_i multiple est égal à l'ordre de dégénérescence q de la matrice par rapport à cette valeur propre, c'est-à-dire au nombre de vecteurs propres linéairement indépendants que l'on peut associer à cette valeur propre.

a ~ Cas $q = p$

Si $q = p$, les blocs de Jordan sont scalaires et la matrice modale a pour colonnes associées à λ_i les vecteurs propres linéairement indépendants.

Exemple :

$$A = \begin{bmatrix} 1 & 0 & 0 \\ 1 & 1 & 1 \\ -1 & 0 & 0 \end{bmatrix}$$

L'équation caractéristique :

$$\det(\lambda I - A) = \lambda^3 - 2\lambda^2 + \lambda = \lambda(\lambda - 1)^2 = 0$$

admet pour racines les valeurs propres $\lambda_1 = 0$ simple et $\lambda_2 = 1$ double. Le vecteur propre v_1 est solution de :

$$Av_1 = \lambda_1 v_1 = 0$$

soit :

$$\begin{bmatrix} 1 & 0 & 0 \\ 1 & 1 & 1 \\ -1 & 0 & 0 \end{bmatrix} \begin{bmatrix} v_{11} \\ v_{12} \\ v_{13} \end{bmatrix} = 0$$

d'où :

$$v_1 = \begin{bmatrix} 0 \\ 1 \\ -1 \end{bmatrix}$$

Le vecteur propre v_2 est solution de :

$$Av_2 = \lambda_2 v_2 = 0$$

soit :

$$\begin{bmatrix} 1 & 0 & 0 \\ 1 & 1 & 1 \\ -1 & 0 & 0 \end{bmatrix} \begin{bmatrix} v_{21} \\ v_{22} \\ v_{23} \end{bmatrix} = \begin{bmatrix} v_{21} \\ v_{22} \\ v_{23} \end{bmatrix}$$

soit encore :

$$v_{21} + v_{23} = 0$$

qui conduit aux deux vecteurs linéairement indépendants :

$$v_{2a} = \begin{bmatrix} 0 \\ 1 \\ 0 \end{bmatrix} \text{ et } v_{2b} = \begin{bmatrix} 1 \\ 0 \\ -1 \end{bmatrix}$$

On en déduit la matrice modale :

$$M = \begin{bmatrix} v_1 & v_{2a} & v_{2b} \end{bmatrix} = \begin{bmatrix} 0 & 0 & 1 \\ 1 & 1 & 0 \\ -1 & 0 & -1 \end{bmatrix}$$

On peut vérifier que :

$$M^{-1}AM = \begin{bmatrix} 0 & 0 & 0 \\ 0 & 1 & 0 \\ 0 & 0 & 1 \end{bmatrix}$$

donne bien le résultat escompté, avec deux blocs de Jordan scalaires associés à la valeur propre double $\lambda_2 = 1$.

b ~ Cas $q = 1$

Si $q = 1$, un seul bloc de Jordan est associé à λ_i et les colonnes de la matrice modale sont déterminées par identification.

Exemple :

$$A = \begin{bmatrix} 0 & 1 & 0 \\ 0 & 0 & 1 \\ 1 & -3 & 3 \end{bmatrix}$$

Cette matrice étant sous forme compagne, le polynôme caractéristique s'écrit immédiatement :

$$P(\lambda) = \lambda^3 - 3\lambda^2 + 3\lambda - 1 = (\lambda - 1)^3 = 0$$

Il fait apparaître une valeur propre triple $\lambda_1 = 1$, à laquelle est associé un vecteur propre v_1, solution de :

$$Av_1 = \lambda_1 v_1 = 0$$

soit :

$$\begin{bmatrix} 0 & 1 & 0 \\ 0 & 0 & 1 \\ 1 & -3 & 3 \end{bmatrix} \begin{bmatrix} v_{11} \\ v_{12} \\ v_{13} \end{bmatrix} = \begin{bmatrix} v_{11} \\ v_{12} \\ v_{13} \end{bmatrix}$$

Il vient :

$$v_1 = \begin{bmatrix} 1 \\ 1 \\ 1 \end{bmatrix}$$

Il n'est pas possible de trouver plusieurs vecteurs propres linéairement indépendants et donc $q = 1$. Un seul bloc de Jordan est alors associé à la valeur propre triple.

La matrice modale est déterminée par la résolution, colonne à colonne, de :

$$AM = MJ$$

soit :

$$A \begin{bmatrix} v_1 & v_2 & v_3 \end{bmatrix} = \begin{bmatrix} v_1 & v_2 & v_3 \end{bmatrix} \begin{bmatrix} \lambda_1 & 1 & 0 \\ 0 & \lambda_1 & 1 \\ 0 & 0 & \lambda_1 \end{bmatrix}$$

soit encore :

$$
\begin{aligned}
Av_1 &= \lambda_1 v_1 \\
Av_2 &= \lambda_1 v_2 + v_1 \\
Av_3 &= \lambda_1 v_3 + v_2
\end{aligned}
$$

qui conduit par exemple à :

$$
v_1 = \begin{bmatrix} 1 \\ 1 \\ 1 \end{bmatrix} \qquad v_2 = \begin{bmatrix} 0 \\ 1 \\ 2 \end{bmatrix} \qquad v_3 = \begin{bmatrix} 0 \\ 0 \\ 1 \end{bmatrix}
$$

c ~ Cas $1 < q < p$

Si $1 < q < p$, la forme de Jordan comporte q blocs de Jordan associés à λ_i qui doivent être déterminés par identification.

Exemple :

Soit la matrice :

$$
A = \begin{bmatrix} 0 & 0 & 1 & 0 \\ 0 & 0 & 0 & 1 \\ 0 & 0 & 0 & 0 \\ 0 & 0 & 0 & 0 \end{bmatrix}
$$

qui admet comme valeur propre quadruple $\lambda_1 = 0$. On peut lui associer deux vecteurs propres linéairement indépendants :

$$
v_{1a} = \begin{bmatrix} 1 \\ 0 \\ 0 \\ 0 \end{bmatrix} \qquad v_{1b} = \begin{bmatrix} 0 \\ 1 \\ 0 \\ 0 \end{bmatrix}
$$

Le degré de dégénérescence est donc $q = 2$. Les formes de Jordan à deux blocs de Jordan possibles sont :

$$
J_1 = \begin{bmatrix} 0 & 0 & 0 & 0 \\ 0 & 0 & 1 & 0 \\ 0 & 0 & 0 & 1 \\ 0 & 0 & 0 & 0 \end{bmatrix}
$$

et :

$$J_2 = \begin{bmatrix} 0 & 1 & 0 & 0 \\ 0 & 0 & 0 & 0 \\ 0 & 0 & 0 & 1 \\ 0 & 0 & 0 & 0 \end{bmatrix}$$

L'identification avec J_1 conduit à :

$$AM = MJ_1$$

soit :

$$\begin{aligned} Av_1 &= \lambda_1 v_1 = 0 \\ Av_2 &= \lambda_1 v_2 = 0 \\ Av_3 &= \lambda_1 v_3 + v_2 = v_2 \\ Av_4 &= \lambda_1 v_4 + v_3 = v_3 \end{aligned}$$

Si l'on choisit :

$$v_1 = v_{1a} \qquad v_2 = v_{1b}$$

il vient pour la résolution de v_3 :

$$A \begin{bmatrix} v_{31} \\ v_{32} \\ v_{33} \\ v_{34} \end{bmatrix} = \begin{bmatrix} 0 \\ 1 \\ 0 \\ 0 \end{bmatrix}$$

soit :

$$v_{33} = 0 \quad v_{34} = 1$$

et pour la résolution de v_4 :

$$A \begin{bmatrix} v_{41} \\ v_{42} \\ v_{43} \\ v_{44} \end{bmatrix} = \begin{bmatrix} v_{31} \\ v_{32} \\ 0 \\ 1 \end{bmatrix}$$

dont la dernière ligne conduit à l'impossibilité :

$$0 = 1$$

La permutation entre v_{1a} et v_{1b} conduit à une impossibilité du même type.

Par contre, le choix de J_2 convient et conduit à la matrice de transformation :

$$M = M^{-1} = \begin{bmatrix} 1 & 0 & 0 & 0 \\ 0 & 0 & 1 & 0 \\ 0 & 1 & 0 & 0 \\ 0 & 0 & 0 & 1 \end{bmatrix}$$

C-2.5 ~ Théorème de Cayley-Hamilton

Toute matrice carrée A vérifie sa propre équation caractéristique, soit :

$$P(A) = A^n + a_{n-1}A^{n-1} + \cdots + a_1 A + a_0 I = 0$$

C-3. MATRICES SPÉCIALES

C-3.1 ~ Matrices compagnes

Elles ont pour particularité que leur polynôme caractéristique :

$$P(\lambda) = \lambda^n + a_{n-1}\lambda^{n-1} + \cdots + a_1\lambda + a_0$$

se déduit d'une seule ligne ou d'une seule colonne.

Il existe deux formes de matrices compagnes horizontales, la seconde A_2 étant rencontrée dans le logiciel Matlab.

$$A_1 = \begin{bmatrix} 0 & 1 & 0 & \cdots & 0 \\ 0 & & \ddots & \ddots & \\ \vdots & & & \ddots & 0 \\ 0 & & & & 1 \\ -a_0 & -a_1 & \cdots & -a_{n-2} & -a_{n-1} \end{bmatrix}$$

$$A_2 = \begin{bmatrix} -a_{n-1} & -a_{n-2} & \cdots & -a_1 & -a_0 \\ 1 & 0 & & & 0 \\ 0 & \ddots & & & \vdots \\ \vdots & \ddots & \ddots & & \vdots \\ 0 & \cdots & 0 & 1 & 0 \end{bmatrix}$$

Il existe deux formes de matrices compagnes verticales, la seconde A_4 étant rencontrée dans le logiciel Matlab.

$$A_3 = \begin{bmatrix} -a_{n-1} & 1 & 0 & \cdots & 0 \\ -a_{n-2} & & \ddots & \ddots & \\ \vdots & & & \ddots & 0 \\ 0 & & & & 1 \\ -a_0 & 0 & \cdots & 0 & 0 \end{bmatrix}$$

$$A_4 = \begin{bmatrix} 0 & \cdots & \cdots & 0 & -a_0 \\ 1 & & & & -a_1 \\ 0 & \ddots & & & \vdots \\ \vdots & & \ddots & & -a_{n-2} \\ 0 & \cdots & 0 & 1 & -a_{n-1} \end{bmatrix}$$

C-3.2 ~ Matrice de Vandermonde

Ce sont des matrices ayant l'une des structures suivantes :

$$\begin{bmatrix} 1 & 1 & \cdots & 1 \\ a_1 & a_2 & \cdots & a_n \\ a_1^2 & a_2^2 & \cdots & a_n^2 \\ \vdots & \vdots & & \vdots \\ a_1^{n-1} & a_2^{n-1} & \cdots & a_n^{n-1} \end{bmatrix}$$

ou :

$$\begin{bmatrix} 1 & a_1 & a_1^2 & \cdots & a_1^{n-1} \\ 1 & a_2 & a_2^2 & \cdots & a_2^{n-1} \\ \vdots & \vdots & \vdots & & \vdots \\ 1 & a_n & a_n^2 & \cdots & a_n^{n-1} \end{bmatrix}$$

Il est à noter que la matrice modale d'une matrice compagne A_1 horizontale à valeurs propres distinctes λ_1, λ_2, $\cdots$, λ_n est la matrice de Vandermonde, suivante obtenue à partir des valeurs propres :

$$V_1 = \begin{bmatrix} 1 & 1 & \cdots & 1 \\ \lambda_1 & \lambda_2 & \cdots & \lambda_n \\ \lambda_1^2 & \lambda_2^2 & \cdots & \lambda_n^2 \\ \vdots & \vdots & & \vdots \\ \lambda_1^{n-1} & \lambda_2^{n-1} & \cdots & \lambda_n^{n-1} \end{bmatrix}$$

C-3.3 ~ Matrice de Toeplitz

Soit une matrice A de polynôme caractéristique :

$$P(\lambda) = \lambda^n + a_{n-1}\,\lambda^{n-1} + \cdots + a_1\,\lambda + a_0$$

On peut lui associer la matrice de Toeplitz :

$$\mathcal{A} = \begin{bmatrix} 1 & 0 & \cdots & \cdots & 0 \\ a_{n-1} & 1 & \ddots & & \vdots \\ \vdots & \ddots & \ddots & \ddots & \\ a_2 & & \ddots & \ddots & 0 \\ a_1 & a_2 & \cdots & a_{n-1} & 1 \end{bmatrix}$$

C-4. Fonctions de matrices

Considérons la fonction scalaire $f\,(x)$ définie par son développement en série :

$$f\,(x) = \sum_{k=0}^{\infty} f_k \frac{x^k}{k!} \quad \text{avec} \quad f_k = \left.\frac{df^k\,(x)}{dx^k}\right|_{x=0}$$

La fonction correspondante de la matrice carrée A est définie par :

$$f\,(A) = \sum_{k=0}^{\infty} f_k \frac{A^k}{k!}$$

C-4.1 ~ Exponentielle de matrice

Par application de ce qui précède :

$$e^{At} = I + A\frac{t}{1!} + A^2\frac{t^2}{2!} + \cdots + A^k\frac{t^k}{k!} + \cdots$$

Si A est une matrice (n, n), il vient :

$$A^k = \sum_{m=0}^{n-1} \alpha_{km} A^m, \quad \forall k$$

C-4.2 ~ Calcul par la transformation de Laplace

Soit le système :

$$\dot{x}(t) = Ax(t) \quad \text{avec} \quad x(0) = x_0$$

Il admet pour solution :

$$x(t) = e^{At} x_0$$

Par transformation de Laplace :

$$\begin{aligned} sX(s) - x_0 &= AX(s) \\ (sI - A)X(s) &= x_0 \\ X(s) &= (sI - A)^{-1} x_0 \\ x(t) &= \mathcal{L}^{-1}\left[(sI - A)^{-1} x_0\right] \end{aligned}$$

Il vient :

$$e^{At} = \mathcal{L}^{-1}\left[(sI - A)^{-1}\right]$$

C-4.3 ~ Calcul par la méthode des modes

Si l'on utilise la propriété suivante de la transformation de similarité :

$$T = M^{-1}AM$$

$$A^k = AA\cdots A = MTM^{-1}MTM^{-1}\cdots MTM^{-1} = MT^kM^{-1}$$

il vient :

$$\begin{aligned} e^{At} &= \sum_{k=0}^{\infty} A^k \frac{t^k}{k!} = \sum_{k=0}^{\infty} MT^kM^{-1}\frac{t^k}{k!} \\ &= M\left(\sum_{k=0}^{\infty} T^k \frac{t^k}{k!}\right) M^{-1} = Me^{Tt}M^{-1} \end{aligned}$$

Si T est une matrice diagonale Λ

$$e^{Tt} = e^{\Lambda t} = \sum_{k=0}^{\infty} \Lambda^k \frac{t^k}{k!}$$

$$= \sum_{k=0}^{\infty} \frac{t^k}{k!} \begin{bmatrix} \lambda_1^k & & & \\ & \lambda_2^k & & \\ & & \ddots & \\ & & & \lambda_n^k \end{bmatrix} = \begin{bmatrix} e^{\lambda_1 t} & & & \\ & e^{\lambda_2 t} & & \\ & & \ddots & \\ & & & e^{\lambda_n t} \end{bmatrix}$$

Si T est une matrice de Jordan :

$$J = \begin{bmatrix} L_1 & & & \\ & L_2 & & \\ & & \ddots & \\ & & & L_m \end{bmatrix}$$

avec :

$$L_i = \begin{bmatrix} \lambda_i & 1 & & \\ & \lambda_i & \ddots & \\ & & \ddots & 1 \\ & & & \lambda_i \end{bmatrix}_{(l,l)}$$

alors :

$$e^{Jt} = \begin{bmatrix} e^{L_1 t} & & & \\ & e^{L_2 t} & & \\ & & \ddots & \\ & & & e^{L_m t} \end{bmatrix}$$

avec :

$$e^{L_i t} = e^{\lambda_i t} \begin{bmatrix} 1 & t & \cdots & \frac{t^{l-2}}{(l-2)!} & \frac{t^{l-1}}{(l-1)!} \\ & 1 & t & \cdots & \frac{t^{l-2}}{(l-2)!} \\ & & \ddots & \ddots & \vdots \\ & & & \ddots & t \\ & & & & 1 \end{bmatrix}$$

Annexe D
CORRECTION DES EXERCICES

Dans cette annexe, les solutions succinctes des exercices sont proposées.

D-1. CORRECTION DES EXERCICES DU CHAPITRE I

Exercice 1 :

1. Appelons i_1 le courant dans R_1, i_2 le courant dans R_2 et v la tension aux bornes de C_1. On a :

$$i_1 = \frac{u-v}{R_1} \qquad \frac{dv}{dt} = \frac{i_1 - i_2}{C_1} \qquad i_1 = \frac{v-y}{R_2} \qquad \frac{dy}{dt} = \frac{i_2}{C_2}$$

L'équation différentielle est :

$$R_1R_2C_1C_2y'' + (R_1C_1 + R_2C_2 + R_1C_2)y' + y = u$$

2. La fonction de transfert est obtenue en prenant la transformée de Laplace :

$$G(s) = \frac{1}{R_1R_2C_1C_2s^2 + (R_1C_1 + R_2C_2 + R_1C_2)s + 1}$$

3. Ordre 2, pas de zéros, les pôles sont les racines de :

$$R_1R_2C_1C_2s^2 + (R_1C_1 + R_2C_2 + R_1C_2)s + 1 = 0$$

Exercice 2 :

1. Appelons i le courant dans l'inductance L. On a :

$$\frac{u-y}{R_1} = i + C\frac{dy}{dt} + \frac{y}{R_2} \qquad y = L\frac{di}{dt}$$

L'équation différentielle est :

$$y'' + \left(\frac{1}{R_1C} + \frac{1}{R_2C}\right)y' + \frac{1}{LC}y = \frac{u'}{R_1C}$$

2. ordre 2, 1 zéro $s = 0$, les pôles sont les racines de :

$$s^2 + \left(\frac{1}{R_1C} + \frac{1}{R_2C}\right)s + \frac{1}{LC} = 0$$

3. En prenant $x_1 = i$ et $x_2 = y$, on obtient :

$$\frac{dx}{dt} = \begin{bmatrix} 0 & \frac{1}{L} \\ -\frac{1}{C} & -\left(\frac{1}{R_1C} + \frac{1}{R_2C}\right) \end{bmatrix} x + \begin{bmatrix} 0 \\ \frac{1}{R_1C} \end{bmatrix} u$$
$$y = \begin{bmatrix} 0 & 1 \end{bmatrix} x$$

En partant de l'équation différentielle et en choisissant $z_1 = y - \alpha_2 u, \;\; z_2 = z_1' - \alpha_1 u$, on arrive à $\alpha_1 = \frac{1}{R_1C}$, $\alpha_2 = 0$ et :

$$\frac{dx}{dt} = \begin{bmatrix} 0 & 1 \\ -\frac{1}{LC} & -\left(\frac{1}{R_1C} + \frac{1}{R_2C}\right) \end{bmatrix} x + \begin{bmatrix} \frac{1}{R_1C} \\ -\frac{1}{R_1C}\left(\frac{1}{R_1C} + \frac{1}{R_2C}\right) \end{bmatrix} u$$
$$y = \begin{bmatrix} 1 & 0 \end{bmatrix} x$$

4. En appliquant $G(s) = C(sI - A)^{-1}B + D$, on obtient :

$$G(s) = \frac{\frac{1}{R_1C}}{s^2 + \left(\frac{1}{R_1C} + \frac{1}{R_2C}\right)s + \frac{1}{LC}}$$

Exercice 3 :

1. On a : $k_1(u - z) = f\frac{d}{dt}(z - y)$ et $f\frac{d}{dt}(z - y) = k_2 y$. L'équation différentielle est :

$$(k_1 + k_2)fy' + k_1k_2y = fk_1u'$$

Système d'ordre 1.

2. La fonction de transfert est obtenue en prenant la transformée de Laplace :

$$G(s) = \frac{fk_1 s}{(k_1 + k_2)fs + k_1 k_2}$$

Exercice 4 :

1. Il s'agit d'un réducteur qui peut être vu comme un amplificateur ($\alpha > 1$) ou atténuateur ($\alpha < 1$) de couple (boîte à vitesse). Il y a une analogie avec le transformateur électrique.
2. Appelons Γ le couple qui s'oppose à la rotation de l'arbre moteur. On a :

$$u - \Gamma = J_m \frac{d^2\Theta}{dt^2} + f_m \frac{d\Theta}{dt}$$
$$\alpha\Gamma = J_c \frac{d^2 y}{dt^2} + f_c \frac{dy}{dt}$$
$$\alpha = \frac{\Theta}{y}$$

Et donc :

$$\left(\alpha J_m + \frac{J_c}{\alpha}\right) y'' + \left(\alpha_{fm} + \frac{f_c}{\alpha}\right) y = u$$

3. La fonction de transfert est :

$$G(s) = \frac{1}{s\left[\left(\alpha J_m + \frac{J_c}{\alpha}\right) s + \left(\alpha_{fm} + \frac{f_c}{\alpha}\right)\right]}$$

Exercice 5 :

1. À partir des équations élementaires, en prenant comme vecteur d'état $x_1 = i,\ x_2 = \theta$ et $x_3 = \frac{d\theta}{dt}$, on a :

$$\frac{dx}{dt} = \begin{bmatrix} -\frac{R}{L} & 0 & 0 \\ 0 & 0 & 1 \\ \frac{K}{J} & 0 & -\frac{f}{J} \end{bmatrix} x + \begin{bmatrix} \frac{1}{L} \\ 0 \\ 0 \end{bmatrix} u$$
$$y = \begin{bmatrix} 0 & 1 & 0 \end{bmatrix} x$$

2. En appliquant $G(s) = C(sI - A)^{-1}B + D$, on a :

$$G(s) = \frac{\dfrac{K}{Rf}}{s\left(1 + \dfrac{L}{R}s\right)\left(1 + \dfrac{J}{f}s\right)}$$

3. Lorsque le coefficient L est négligeable, alors on prend $x_1 = \theta$ et $x_2 = \dfrac{d\theta}{dt}$ et :

$$\frac{dx}{dt} = \begin{bmatrix} 0 & 1 \\ 0 & -\dfrac{f}{J} \end{bmatrix} x + \begin{bmatrix} 0 \\ \dfrac{K}{RJ} \end{bmatrix} u$$
$$y = \begin{bmatrix} 1 & 0 \end{bmatrix} x$$

$$G(s) = \frac{\dfrac{K}{Rf}}{s\left(1 + \dfrac{J}{f}s\right)}$$

Exercice 6 : voir paragraphe I-4.2.

Exercice 7 :

$$G(s) = \frac{s+1}{s(s+2)(s-1)} = \frac{-1/2}{s} + \frac{2/3}{s+1} + \frac{-1/6}{s-1} = \frac{s+1}{s^3 + s^2 - 2s}$$

d'où :

$$\frac{dx}{dt} = \begin{bmatrix} 0 & 0 & 0 \\ 0 & -1 & 0 \\ 0 & 0 & 1 \end{bmatrix} x + \begin{bmatrix} 1 \\ 1 \\ 1 \end{bmatrix} u$$
$$y = \begin{bmatrix} -1/2 & 2/3 & -1/6 \end{bmatrix} x$$

$$\frac{dz}{dt} = \begin{bmatrix} 0 & 1 & 0 \\ 0 & 0 & 1 \\ 0 & 2 & -1 \end{bmatrix} z + \begin{bmatrix} 0 \\ 0 \\ 1 \end{bmatrix} u$$
$$y = \begin{bmatrix} 1 & 1 & 0 \end{bmatrix} z$$

$$\frac{ds}{dt} = \begin{bmatrix} -1 & 1 & 0 \\ 2 & 0 & 1 \\ 0 & 0 & 0 \end{bmatrix} s + \begin{bmatrix} 0 \\ 1 \\ 1 \end{bmatrix} u$$

$$y = \begin{bmatrix} 1 & 0 & 0 \end{bmatrix} s$$

$$G(s) = \frac{s+1}{s(s-1)^3} = \frac{-1}{s} + \frac{1}{s-1} + \frac{-1}{(s-1)^2} + \frac{2}{(s-1)^3} = \frac{s+1}{s^4 - 3s^3 + 3s^2 - s}$$

$$\frac{dx}{dt} = \begin{bmatrix} 0 & 0 & 0 & 0 \\ 0 & 1 & 1 & 0 \\ 0 & 0 & 1 & 1 \\ 0 & 0 & 0 & 1 \end{bmatrix} x + \begin{bmatrix} -1 \\ 0 \\ 0 \\ 1 \end{bmatrix} u$$

$$y = \begin{bmatrix} 1 & 2 & -1 & 1 \end{bmatrix} x$$

$$\frac{dz}{dt} = \begin{bmatrix} 0 & 1 & 0 & 0 \\ 0 & 0 & 1 & 0 \\ 0 & 0 & 0 & 1 \\ 0 & 1 & -3 & 3 \end{bmatrix} z + \begin{bmatrix} 0 \\ 0 \\ 0 \\ 1 \end{bmatrix} u$$

$$y = \begin{bmatrix} 1 & 1 & 0 & 0 \end{bmatrix} z$$

$$\frac{ds}{dt} = \begin{bmatrix} 3 & 1 & 0 & 0 \\ -3 & 0 & 1 & 0 \\ 1 & 0 & 0 & 1 \\ 0 & 0 & 0 & 0 \end{bmatrix} s + \begin{bmatrix} 0 \\ 0 \\ 1 \\ 1 \end{bmatrix} u$$

$$y = \begin{bmatrix} 1 & 0 & 0 & 0 \end{bmatrix} x$$

$$G(s) = \frac{1}{s^3(s-1)^2} = \frac{3}{s} + \frac{2}{s^2} + \frac{1}{s^3} + \frac{-3}{s-1} + \frac{1}{(s-1)^2} = \frac{1}{s^5 - 2s^4 + s^3}$$

$$\frac{dx}{dt} = \begin{bmatrix} 0 & 1 & 0 & 0 & 0 \\ 0 & 0 & 1 & 0 & 0 \\ 0 & 0 & 0 & 0 & 0 \\ 0 & 0 & 0 & 1 & 1 \\ 0 & 0 & 0 & 0 & 1 \end{bmatrix} x + \begin{bmatrix} 0 \\ 0 \\ 1 \\ 0 \\ 1 \end{bmatrix}$$

$$y = \begin{bmatrix} 1 & 2 & 3 & 1 & -3 \end{bmatrix} x$$

$$\frac{dz}{dt} = \begin{bmatrix} 0 & 1 & 0 & 0 & 0 \\ 0 & 0 & 1 & 0 & 0 \\ 0 & 0 & 0 & 1 & 0 \\ 0 & 0 & 0 & 0 & 1 \\ 0 & 0 & 0 & -1 & 2 \end{bmatrix} z + \begin{bmatrix} 0 \\ 0 \\ 0 \\ 0 \\ 1 \end{bmatrix}$$
$$y = \begin{bmatrix} 1 & 0 & 0 & 0 & 0 \end{bmatrix} z$$

$$\frac{ds}{dt} = \begin{bmatrix} 2 & 1 & 0 & 0 & 0 \\ -1 & 0 & 1 & 0 & 0 \\ 0 & 0 & 0 & 1 & 0 \\ 0 & 0 & 0 & 0 & 1 \\ 0 & 0 & 0 & 0 & 0 \end{bmatrix} s + \begin{bmatrix} 0 \\ 0 \\ 0 \\ 0 \\ 1 \end{bmatrix}$$
$$y = \begin{bmatrix} 1 & 0 & 0 & 0 & 0 \end{bmatrix} s$$

Exercice 8 :

1. Posons :

$$x_1 = y - \alpha_3 u$$
$$x_2 = x_1' - \alpha_2 u$$
$$x_3 = x_2' - \alpha_1 u$$

En choisissant $\alpha_1 = 1$, $\alpha_2 = \alpha_3 = 0$, on arrive à :

$$\frac{dx}{dt} = \begin{bmatrix} 0 & 1 & 0 \\ 0 & 0 & 1 \\ 0 & 2 & -1 \end{bmatrix} x + \begin{bmatrix} 0 \\ 1 \\ 0 \end{bmatrix} u$$
$$y = \begin{bmatrix} 1 & 0 & 0 \end{bmatrix} x$$

2. La fonction de transfert est :

$$G(s) = \frac{s+1}{s\,(s-1)\,(s+2)}$$

Exercice 9 : voir paragraphes VII-1.3 et VII-4.4.

Exercice 10 :

1. Les points d'équilibre sont :

$$x_{e1} = \begin{bmatrix} 0 \\ 0 \\ 0 \end{bmatrix} \text{ et } x_{e2} = \begin{bmatrix} -1 \\ 1 \\ 1/4 \end{bmatrix}$$

2. Après linéarisation on a :

$$\frac{d\Delta x}{dt} = \begin{bmatrix} 1 & 1 & -3 \\ 0 & 1 & -2 \\ 0 & 0 & -1 \end{bmatrix} \Delta x + \begin{bmatrix} 2 \\ 2 \\ 1 \end{bmatrix} \Delta u$$
$$\Delta y = \begin{bmatrix} 1 & -1 & 1 \end{bmatrix} \Delta x$$

3. Avec le changement de vecteur d'état :

$$\Delta x = \begin{bmatrix} 1 & 2 & -1 \\ 1 & 0 & 2 \\ 1 & 0 & 0 \end{bmatrix} z \text{ soit } z = \begin{bmatrix} 0 & 0 & 1 \\ 1/2 & 1/4 & -3/4 \\ 0 & 1/2 & -1/2 \end{bmatrix} \Delta x$$

on a :

$$\frac{dz}{dt} = \begin{bmatrix} -1 & 0 & 0 \\ 0 & 1 & 1 \\ 0 & 0 & 1 \end{bmatrix} z + \begin{bmatrix} 1 \\ 3/4 \\ 1/2 \end{bmatrix} \Delta u$$
$$\Delta y = \begin{bmatrix} 1 & 2 & -3 \end{bmatrix} z$$

4. La fonction de transfert est alors :

$$G(s) = \frac{s^2 - s + 2}{(s+1)(s-1)^2}$$

Exercice 11 :

1. Après linéarisation, on obtient :

$$\frac{d\Delta x}{dt} = \begin{bmatrix} -1 & -1 & 1 \\ -2 & -1 & 2 \\ -2 & -1 & 2 \end{bmatrix} \Delta x + \begin{bmatrix} -1 \\ -2 \\ 0 \end{bmatrix} \Delta u$$
$$\Delta y = \begin{bmatrix} 0 & 0 & 1 \end{bmatrix} \Delta x$$

2. La fonction de transfert est :

$$G(s) = \frac{2(2s-1)}{s\,(s+1)\,(s-1)} = \frac{4s-2}{s^3-s}$$

3. On obtient la forme diagonale par le changement de base :

$$M = \begin{bmatrix} 1 & 1 & 0 \\ 1 & 0 & 1 \\ 1 & 1 & 1 \end{bmatrix} \text{ avec } M^{-1} = \begin{bmatrix} 1 & 1 & -1 \\ 0 & -1 & 1 \\ -1 & 0 & 1 \end{bmatrix}$$

et :

$$\frac{dz}{dt} = \begin{bmatrix} -1 & 0 & 0 \\ 0 & 0 & 0 \\ 0 & 0 & 1 \end{bmatrix} z + \begin{bmatrix} -3 \\ 2 \\ 1 \end{bmatrix} \Delta u$$
$$\Delta y = \begin{bmatrix} 1 & 1 & 1 \end{bmatrix} z$$

4. Les formes compagnes s'écrivent :

$$\frac{ds}{dt} = \begin{bmatrix} 0 & 1 & 0 \\ 0 & 0 & 1 \\ 0 & 0 & 1 \end{bmatrix} s + \begin{bmatrix} 0 \\ 0 \\ 1 \end{bmatrix} \Delta u$$
$$\Delta y = \begin{bmatrix} -2 & 4 & 0 \end{bmatrix} s$$

$$\frac{dv}{dt} = \begin{bmatrix} 1 & 1 & 0 \\ 0 & 0 & 1 \\ 0 & 0 & 0 \end{bmatrix} v + \begin{bmatrix} 0 \\ 4 \\ -2 \end{bmatrix} \Delta u$$
$$\Delta y = \begin{bmatrix} 1 & 0 & 0 \end{bmatrix} v$$

Exercice 12 :

1. Posons :

$$x_1 = y - \alpha_3 u$$
$$x_2 = x_1' - \alpha_2 u$$
$$x_3 = x_2' - \alpha_1 u$$

En choisissant $\alpha_1 = 1$, $\alpha_2 = \alpha_3 = 0$, on arrive à :

$$\frac{dx}{dt} = \begin{bmatrix} 0 & 1 & 0 \\ 0 & 0 & 1 \\ -2 & -7 & -5 \end{bmatrix} x + \begin{bmatrix} 0 \\ 1 \\ -3 \end{bmatrix} u$$
$$y = \begin{bmatrix} 1 & 0 & 0 \end{bmatrix} x$$

2. Le vecteur d'état z conduisant à la forme diagonale est donné par :

$$x = \begin{bmatrix} 1 & 1 & 0 \\ \lambda_1 & \lambda_2 & \lambda_3 \\ \lambda_1^2 & \lambda_2^2 & \lambda_3^2 \end{bmatrix} z$$

où :

$$\lambda_1 = -2, \quad \lambda_2 = \frac{-3+\sqrt{5}}{2} \quad \text{et} \quad \lambda_3 = \frac{-3-\sqrt{5}}{2}$$

3. La fonction de transfert est :

$$G(s) = \frac{s+2}{(s+2)(s^2+3s+1)} = \frac{1}{s^2+3s+1}$$

Exercice 13 :

1. On vérifie sans peine que l'on peut mettre le système sous la forme donnée.
2. En linéarisant les équations autour du point d'équilibre, on obtient :

$$\frac{d\Delta x}{dt} = \begin{bmatrix} 0 & 1 & 0 & 0 \\ -4 & 0 & 0 & 0 \\ 0 & 0 & 0 & 1 \\ 3 & 0 & 0 & 0 \end{bmatrix} \Delta x + \begin{bmatrix} 0 \\ 4/5 \\ 0 \\ -3/5 \end{bmatrix} \Delta u$$
$$\Delta y = \begin{bmatrix} 0 & 0 & 1 & 0 \end{bmatrix} \Delta x$$

3. La fonction de transfert est :

$$G(s) = \frac{-3/5}{s^2+4}$$

Exercice 14 :

1. La matrice de passage permettant d'obtenir la forme diagonale est :

$$M = \begin{bmatrix} 1 & 1 & 0 \\ -1 & 0 & -1 \\ 0 & 0 & 1 \end{bmatrix} \quad \text{et} \quad M^{-1} = \begin{bmatrix} 0 & -1 & -1 \\ 1 & 1 & 1 \\ 0 & 0 & 1 \end{bmatrix}$$

La forme diagonale s'écrit :

$$\frac{dx}{dt} = \begin{bmatrix} 0 & 0 & 0 \\ 0 & 1 & 1 \\ 0 & 0 & 1 \end{bmatrix} x + \begin{bmatrix} -1 \\ 2 \\ 1 \end{bmatrix} u$$
$$y = \begin{bmatrix} 1 & 1 & 0 \end{bmatrix} x$$

2. La fonction de transfert est :

$$G(s) = \frac{s^2 + s - 1}{s\,(s-1)^2} = \frac{-1}{s} + \frac{2}{s-1} + \frac{1}{(s-1)^2}$$

et donc :

$$\frac{dx}{dt} = \begin{bmatrix} 0 & 0 & 0 \\ 0 & 1 & 1 \\ 0 & 0 & 1 \end{bmatrix} x + \begin{bmatrix} 1 \\ 0 \\ 1 \end{bmatrix} u$$
$$y = \begin{bmatrix} -1 & 1 & 2 \end{bmatrix} x$$

Noter que, bien que les deux représentations d'état ci-dessus aient des matrices dynamiques identiques (forme de Jordan), les matrices d'entrée et de sortie sont différentes. Mais elles conduisent à la même fonction de transfert.

Exercice 15 :

1. Les équations élémentaires sont :

$$u = Ri + \frac{L}{z}\frac{di}{dt}$$
$$M\frac{d^2z}{dt^2} = Mg - K\frac{i^2}{z^2}$$

2. En prenant le vecteur d'état $x_1 = i,\ x_2 = z$ et $x_3 = z'$, on obtient :

$$\begin{aligned}
\frac{dx_1}{dt} &= -\frac{R}{L}x_1x_2 + \frac{1}{L}x_2u \\
\frac{dx_2}{dt} &= x_3 \\
\frac{dx_3}{dt} &= -\frac{K}{M}\frac{x_1^2}{x_2^2} + g
\end{aligned}$$

Le système est non linéaire (ne vérifie pas le principe de superposition).

3. Le point d'équilibre est caractérisé par :

$$x_{10} = \frac{u_0}{R},\quad x_{20}^2 = \frac{Kx_{10}^2}{gM} = \frac{Ku_0^2}{R^2gM} = z_0^2,\quad x_{30} = 0$$

En linéarisant les équations autour de ce point, on obtient :

$$\begin{aligned}
\frac{d\Delta x}{dt} &= \begin{bmatrix} -\frac{R}{L}z_0 & 0 & 0 \\ 0 & 0 & 1 \\ -\frac{2Rg}{z_0} & \frac{2g}{z_0} & 0 \end{bmatrix}\Delta x + \begin{bmatrix} \frac{z_0}{L} \\ 0 \\ 0 \end{bmatrix}\Delta u \\
\Delta y &= \begin{bmatrix} 0 & 1 & 0 \end{bmatrix}\Delta x
\end{aligned}$$

soit :

$$\begin{aligned}
\frac{d\Delta x}{dt} &= \begin{bmatrix} -z_0 & 0 & 0 \\ 0 & 0 & 1 \\ -\frac{20}{z_0} & \frac{20}{z_0} & 0 \end{bmatrix}\Delta x + \begin{bmatrix} z_0 \\ 0 \\ 0 \end{bmatrix}\Delta u \\
\Delta y &= \begin{bmatrix} 0 & 1 & 0 \end{bmatrix}\Delta x
\end{aligned}$$

4. La fonction de transfert est alors :

$$\begin{aligned}
G(s) &= \frac{-20}{(s+z_0)\left(s^2 - \frac{20}{z_0}\right)} \\
&= \frac{-20}{(s+z_0)\left(s+\sqrt{\frac{20}{z_0}}\right)\left(s-\sqrt{\frac{20}{z_0}}\right)}
\end{aligned}$$

En prenant $z_0 = 1$:

$$G(s) = \frac{-20}{(s+1)\left(s+\sqrt{20}\right)\left(s-\sqrt{20}\right)}$$

$$= \frac{\frac{20}{19}}{(s+1)} + \frac{\frac{\sqrt{20}}{2(1-\sqrt{20})}}{\left(s+\sqrt{20}\right)} + \frac{-\frac{\sqrt{20}}{2(1+\sqrt{20})}}{\left(s-\sqrt{20}\right)}$$

et :

$$\frac{dz}{dt} = \begin{bmatrix} -1 & 0 & 0 \\ 0 & -\sqrt{20} & 0 \\ 0 & 0 & \sqrt{20} \end{bmatrix} z + \begin{bmatrix} 20/19 \\ \frac{\sqrt{20}}{2(1-\sqrt{20})} \\ -\frac{\sqrt{20}}{2(1+\sqrt{20})} \end{bmatrix} \Delta u$$

$$\Delta y = \begin{bmatrix} 1 & 1 & 1 \end{bmatrix} z$$

Exercice 16 :

1. En prenant le vecteur d'état suggéré, on arrive à :

$$\frac{dx_1}{dt} = -b_1 a_1 x_1 + a_0 u + b_1 a_1 T_a$$
$$\frac{dx_2}{dt} = b_2 a_2 x_1 - b_2(a_2 - a_3)x_2 + b_2 a_3 x_3$$
$$\frac{dx_3}{dt} = b_3 a_3 x_2 - b_3 a_3 x_3$$
$$y = -\frac{c_2}{c_1} x_2 + \frac{c_3 x_3^3}{c_1 x_2^2}$$

Le système est non linéaire.

2. En linéarisant le modèle, on obtient la forme donnée avec :

$$\alpha_1 = b_1 a_1, \quad \alpha_2 = b_2 a_2, \quad \alpha_3 = b_2 a_3, \quad \alpha_4 = b_3 a_3$$

$$\beta_1 = a_0, \quad \gamma_1 = \frac{c_3}{c_1} \frac{T_{Hg}^{*2}}{T_g^{*2}} \left(3 - 2\frac{T_{Hg}^*}{T_g^*}\right), \quad \gamma_2 = \frac{c_2}{c_1}$$

3. Le système linéarisé est alors :

$$\frac{d\Delta x}{dt} = \begin{bmatrix} -1 & 0 & 0 \\ 2 & -3 & 1 \\ 0 & 2 & -2 \end{bmatrix} \Delta x + \begin{bmatrix} 1 \\ 0 \\ 0 \end{bmatrix} \Delta u$$
$$\Delta y = \begin{bmatrix} 0 & -1 & 1 \end{bmatrix} \Delta x$$

Le système est d'ordre 3. La fonction de transfert est :

$$G(s) = \frac{-2s}{(s+1)^2(s+4)}$$

L'équation différentielle est alors :

$$\Delta y''' + 6\Delta y'' + 9\Delta y' + 4\Delta y = -2\Delta u'$$

4. Les formes compagnes sont :

$$\frac{dz}{dt} = \begin{bmatrix} 0 & 1 & 0 \\ 0 & 0 & 1 \\ -4 & -9 & -6 \end{bmatrix} z + \begin{bmatrix} 0 \\ 0 \\ 1 \end{bmatrix} \Delta u$$
$$\Delta y = \begin{bmatrix} 0 & -2 & 0 \end{bmatrix} z$$

$$\frac{dz}{dt} = \begin{bmatrix} -6 & 1 & 0 \\ -9 & 0 & 1 \\ -4 & 0 & 0 \end{bmatrix} z + \begin{bmatrix} 0 \\ -2 \\ 0 \end{bmatrix} \Delta u$$
$$\Delta y = \begin{bmatrix} 1 & 0 & 0 \end{bmatrix} z$$

La forme diagonale est obtenue avec une matrice de passage :

$$M = \begin{bmatrix} 0 & 0 & 3/2 \\ 1 & 1 & 1 \\ -1 & 2 & 0 \end{bmatrix}$$

et alors :

$$\frac{dz}{dt} = \begin{bmatrix} -4 & 0 & 0 \\ 0 & -1 & 1 \\ 0 & 0 & -1 \end{bmatrix} z + \begin{bmatrix} -4/9 \\ -2/9 \\ 2/3 \end{bmatrix} \Delta u$$
$$\Delta y = \begin{bmatrix} 8/9 & -1/3 & -1/3 \end{bmatrix} z$$

Exercice 17 :

1. En appelant z le déplacement de la masse m_1, on a :

$$\begin{aligned} k_1(U-Z) - fs(Z-Y) &= m_1 s^2 Z \\ fs(Z-Y) - k_2 Y &= m_2 s^2 Y \\ k_3(V-D) - k_4 D &= m_3 s^2 D \end{aligned}$$

d'où :

$$\begin{aligned} G_1(s) &= \frac{f k_1 s}{m_1 m_2 s^4 + f(m_1+m_2)s^3 + (m_1 k_2 + m_2 k_1)s^2 + f(k_1+k_2)s + k_1 k_2} \\ &= \frac{s}{(s+1)^2 (s^2+1)} \end{aligned}$$

$$G_2(s) = \frac{k_3}{m_3 s^2 + k_3 + k_4} = \frac{1}{(s^2+1)}$$

2. Les formes compagnes correspondantes :

$$\begin{aligned} \frac{dx}{dt} &= \begin{bmatrix} 0 & 1 & 0 & 0 \\ 0 & 0 & 1 & 0 \\ 0 & 0 & 0 & 1 \\ -1 & -2 & -2 & -2 \end{bmatrix} x + \begin{bmatrix} 0 \\ 0 \\ 0 \\ 1 \end{bmatrix} u \\ y &= \begin{bmatrix} 0 & 1 & 0 & 0 \end{bmatrix} x \end{aligned}$$

$$\begin{aligned} \frac{dz}{dt} &= \begin{bmatrix} 0 & 1 \\ -1 & 0 \end{bmatrix} z + \begin{bmatrix} 0 \\ 1 \end{bmatrix} \Delta u \\ \Delta y &= \begin{bmatrix} 1 & 0 \end{bmatrix} z \end{aligned}$$

3. En posant $u = d$, les équations deviennent :

$$\begin{aligned} k_1(U-Z) - fs(Z-Y) &= m_1 s^2 Z \\ fs(Z-Y) - k_2 Y &= m_2 s^2 Y \\ k_3(V-U) - k_4 U - k_1(U-Z) &= m_3 s^2 U \end{aligned}$$

On arrive à :

$$G_3(s) = \frac{s}{s^6 + 2s^5 + 5s^4 + 8s^3 + 6s^2 + 5s + 2} \neq G_1(s) G_2(s)$$

4. Quand on induit un déplacement v, on a un déplacement d si le second système n'est pas connecté. Pour un même déplacement v, le déplacement d n'est pas le même lorsque le second système est connecté (analogie avec les circuits électriques).

Exercice 18 :

1. En régime permanent on a :

$$\overline{Q}_1 = \overline{Q}_2 = \overline{Q}_3 = 0.5m^3/s \text{ et } \overline{Q}_3 = 1m^3/s$$
$$\overline{H}_1 = 0.25m, \; \overline{H}_2 = 0.75m \text{ et } \overline{H}_3 = 0.5m$$

2. Les résistances sont données par :

$$R_i = \frac{2\overline{Q}_i}{K_i^2} = 1 \quad i = 1, \cdots, 4.$$

et les capacités :

$$C_1 = C_3 = 2 \text{ et } C_2 = 1$$

3. Les équations élémentaires sont :

$$\frac{dh_1}{dt} = \frac{q - q_1 - q_2}{C_1} \qquad \frac{dh_2}{dt} = \frac{q_1 - q_3}{C_2} \qquad \frac{dh_3}{dt} = \frac{q_2 + q_3 - q_4}{C_3}$$

$$q_1 = \frac{h_1}{R_1} \quad q_2 = \frac{h_1}{R_2} \quad q_3 = \frac{h_2 - h_3}{R_3} \quad q_4 = \frac{h_3}{R_4}$$

4. En prenant les niveaux h_i comme variables d'état, on a :

$$\frac{dx}{dt} = \begin{bmatrix} -\left(\frac{1}{R_1C_1} + \frac{1}{R_2C_1}\right) & 0 & 0 \\ \frac{1}{R_1C_2} & -\frac{1}{R_3C_2} & \frac{1}{R_3C_3} \\ \frac{1}{R_2C_3} & \frac{1}{R_3C_3} & -\left(\frac{1}{R_3C_3} + \frac{1}{R_4C_3}\right) \end{bmatrix} x + \begin{bmatrix} \frac{1}{C_1} \\ 0 \\ 0 \end{bmatrix} u$$
$$y = \begin{bmatrix} 0 & 0 & 1 \end{bmatrix} x$$

soit :

$$\frac{dx}{dt} = \begin{bmatrix} -1 & 0 & 0 \\ 1 & -1 & 1 \\ 1/2 & 1/2 & -1 \end{bmatrix} x + \begin{bmatrix} 1/2 \\ 0 \\ 0 \end{bmatrix} u$$
$$y = \begin{bmatrix} 0 & 0 & 1 \end{bmatrix} x$$

La fonction de transfert est alors :

$$G(s) = \frac{s+2}{4(s+1)(s+1+\frac{\sqrt{2}}{2})(s+1-\frac{\sqrt{2}}{2})}$$

5. On a :

$$G(s) = \frac{-\frac{1}{2}}{s+1} + \frac{\frac{1}{2}\left(\frac{1}{2}-\frac{\sqrt{2}}{4}\right)}{s+1+\frac{\sqrt{2}}{2}} + \frac{\frac{1}{2}\left(\frac{1}{2}+\frac{\sqrt{2}}{4}\right)}{s+1-\frac{\sqrt{2}}{2}}$$

d'où :

$$\frac{dx}{dt} = \begin{bmatrix} -1 & 0 & 0 \\ 0 & -\left(1+\frac{\sqrt{2}}{2}\right) & 0 \\ 0 & 0 & -\left(1-\frac{\sqrt{2}}{2}\right) \end{bmatrix} x + \begin{bmatrix} 1 \\ 1 \\ 1 \end{bmatrix} u$$

$$y = \begin{bmatrix} -\frac{1}{2} & \frac{1}{2}\left(\frac{1}{2}-\frac{\sqrt{2}}{4}\right) & \frac{1}{2}\left(\frac{1}{2}+\frac{\sqrt{2}}{4}\right) \end{bmatrix} x$$

6. L'équation différentielle s'écrit :

$$y''' + 3y'' + 5/2\ y' + 1/2\ y = 1/2\ u + 1/4\ u'$$

et les formes compagnes :

$$\frac{dx}{dt} = \begin{bmatrix} 0 & 1 & 0 \\ 0 & 0 & 1 \\ -1/2 & -5/2 & -3 \end{bmatrix} x + \begin{bmatrix} 0 \\ 0 \\ 1 \end{bmatrix} u$$
$$y = \begin{bmatrix} 1/2 & 1/4 & 0 \end{bmatrix} x$$

$$\frac{dx}{dt} = \begin{bmatrix} -3 & 1 & 0 \\ -5/2 & 0 & 1 \\ -1/2 & 0 & 03 \end{bmatrix} x + \begin{bmatrix} 0 \\ 1/4 \\ 1/2 \end{bmatrix} u$$
$$y = \begin{bmatrix} 1 & 0 & 0 \end{bmatrix} x$$

7. Pour la sortie $y = h_1$, la fonction de transfert est :

$$G(s) = \frac{1}{2\,(s+1)}$$

et l'équation différentielle :

$$y''' + 3y'' + 5/2\ y' + 1/2\ y = 1/4\ u + u' + 1/2u''$$

D-2. CORRECTION DES EXERCICES DU CHAPITRE II

Exercice 1 :

1. En écrivant les équations élémentaires, déduites du schéma-bloc, on arrive à la représentation d'état :

$$\frac{dx}{dt} = \begin{bmatrix} -1 & 1 & 2 \\ 0 & 2 & 8 \\ 0 & 0 & -1 \end{bmatrix} x + \begin{bmatrix} 0 \\ 0 \\ 1 \end{bmatrix} u$$
$$y = \begin{bmatrix} 1 & 0 & 0 \end{bmatrix} x$$

2. On peut calculer la fonction de transfert par réduction du schéma-bloc (voir annexe A) ou par la formule $C(sI - A)^{-1}B + D$. On obtient :

$$G(s) = \frac{2s+4}{(s+1)^2\,(s-2)}$$

3. Une matrice de passage permettant d'obtenir une représentation d'état sous forme diagonale est :

$$M = \begin{bmatrix} 2/9 & -2/3 & -2/9 \\ 2/3 & 0 & -8/3 \\ 0 & 0 & 1 \end{bmatrix} \qquad M^{-1} = \begin{bmatrix} 0 & 3/2 & 4 \\ -3/2 & 1/2 & 1 \\ 0 & 0 & 1 \end{bmatrix}$$

et :

$$\frac{dz}{dt} = \begin{bmatrix} 2 & 0 & 0 \\ 0 & -1 & 1 \\ 0 & 0 & -1 \end{bmatrix} z + \begin{bmatrix} 4 \\ 1 \\ 1 \end{bmatrix} u$$
$$y = \begin{bmatrix} 2/9 & -2/3 & -2/9 \end{bmatrix} z$$

4. On peut calculer la réponse, soit à partir des équations d'état, soit à partir de la solution de l'équation différentielle :

$$y''' - 3y' - 2 = 0$$

On obtient alors :

$$y(t) = \frac{11}{9}e^{2t} - \frac{2}{9}e^{-t} - \frac{2}{3}te^{-t}$$

5. Les réponses fréquentielles dans les différents plans sont les suivantes :

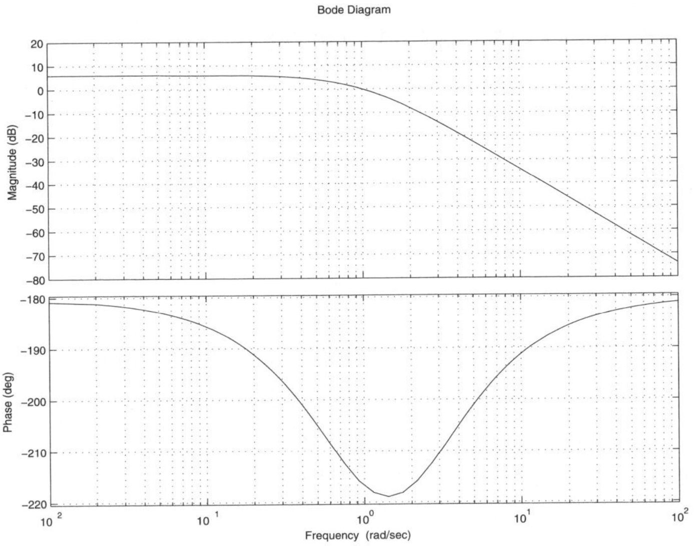

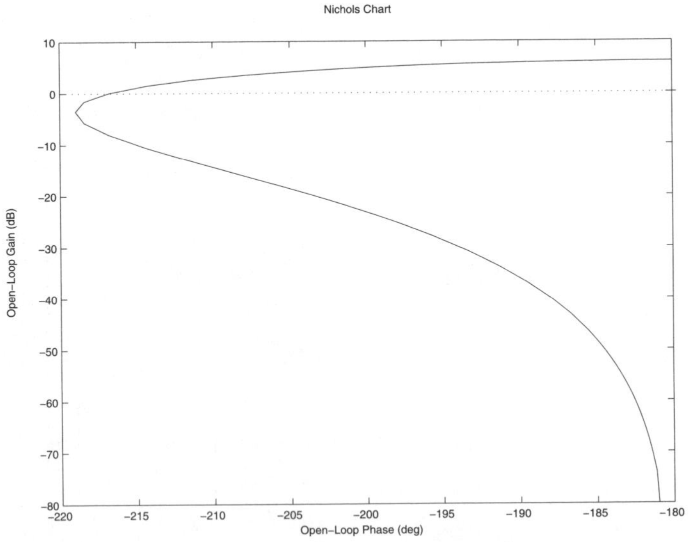

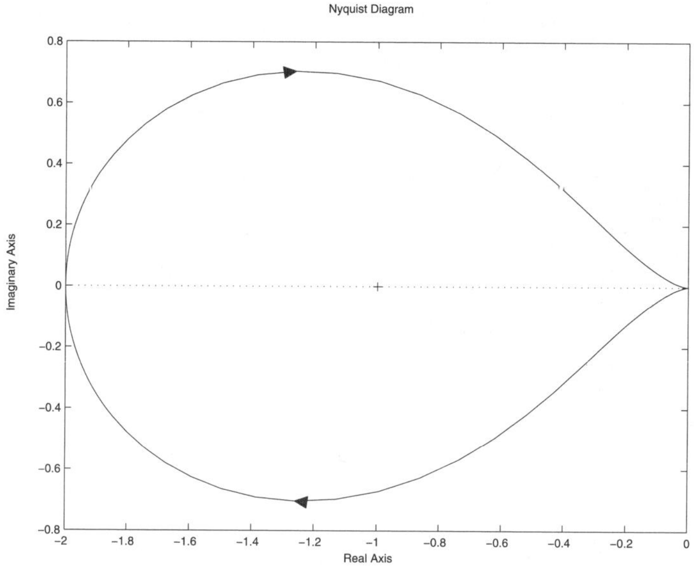

Exercice 2 : Les réponses dans le plan de Bode sont les suivantes (on peut en déduire facilement les réponses dans le plan de Black) :

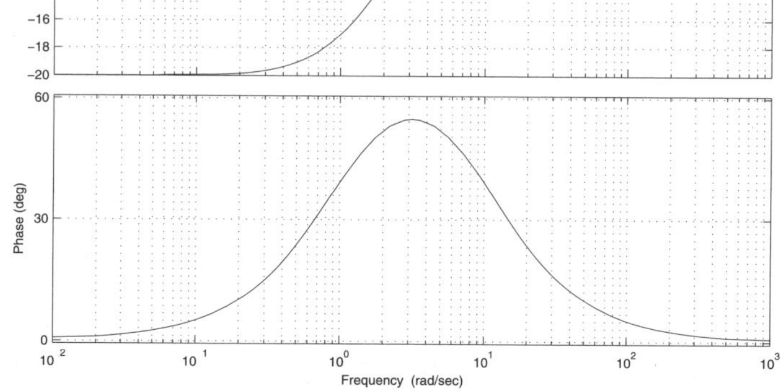

$G_1(s)$

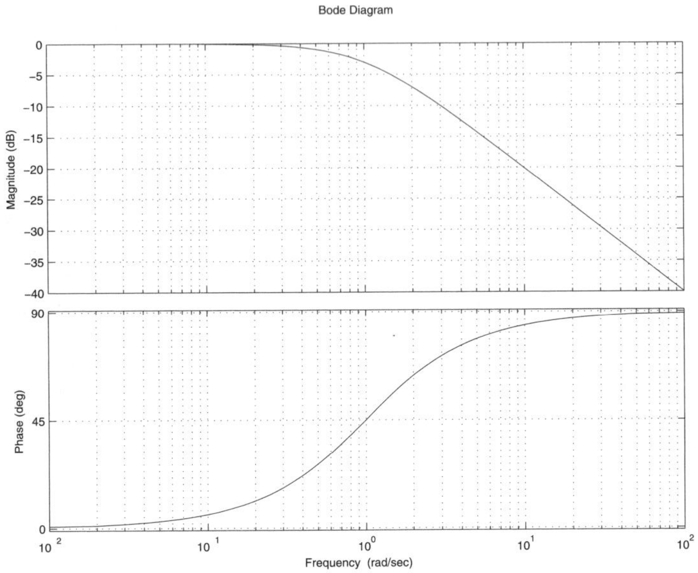
Bode Diagram
Magnitude (dB)
0
−5
−10
−15
−20
−25
−30
−35
−40
Phase (deg)
90
45
0
10 2
10 1
10^0
10^1
10^2
Frequency (rad/sec)

$G_2(s)$

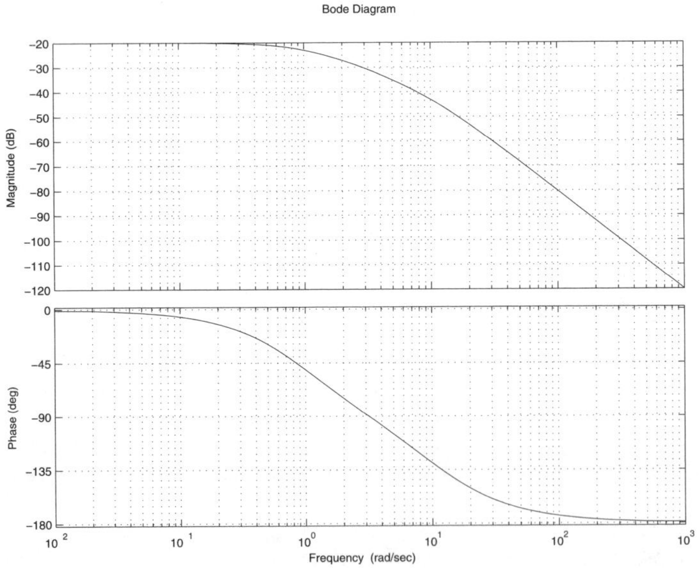
Bode Diagram
Magnitude (dB)
-20
-30
-40
-50
-60
-70
-80
-90
−100
−110
−120
Phase (deg)
0
−45
−90
−135
−180
10 2
10 1
10^0
10^1
10^2
10^3
Frequency (rad/sec)

$G_3(s)$

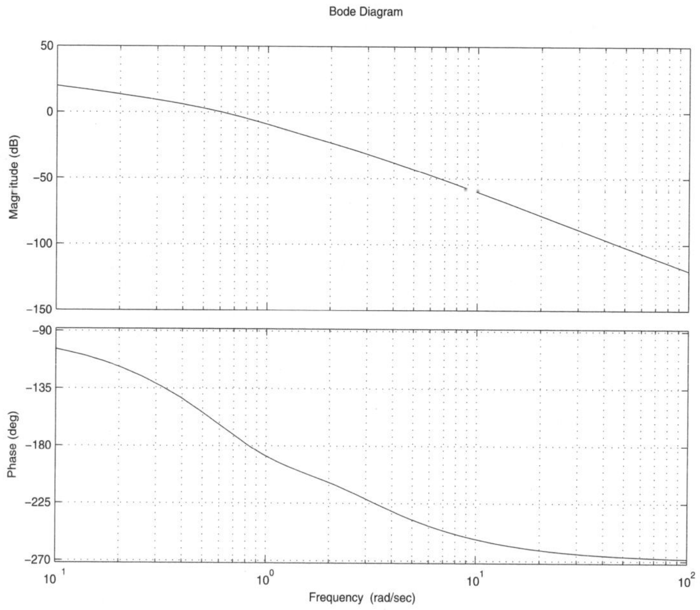
Bode Diagram
Magnitude (dB)
Phase (deg)
Frequency (rad/sec)

$G_4(s)$

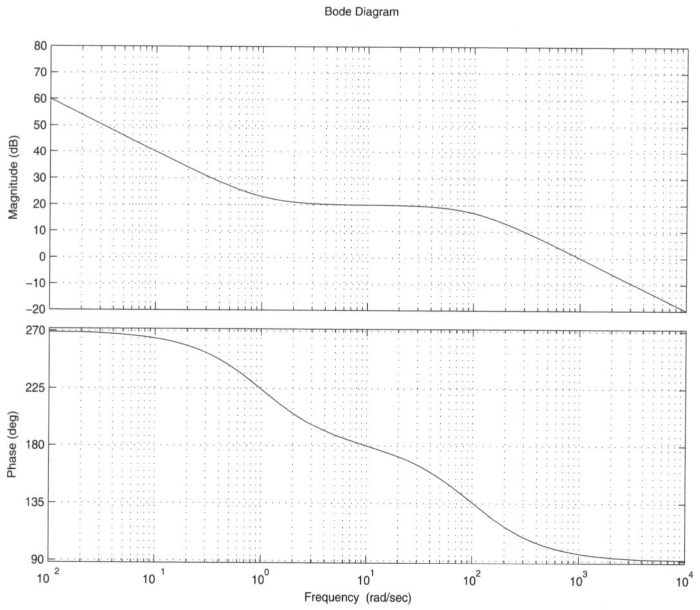
Bode Diagram
Magnitude (dB)
Phase (deg)
Frequency (rad/sec)

$G_5(s)$

Exercice 3 :

1. Avec la matrice de passage :

$$M = \begin{bmatrix} 1 & -1 \\ 1 & 1 \end{bmatrix} \qquad M^{-1} = \frac{1}{2}\begin{bmatrix} 1 & 1 \\ -1 & 1 \end{bmatrix}$$

on obtient :

$$\frac{dz}{dt} = \begin{bmatrix} 1 & 0 \\ 0 & -1 \end{bmatrix} z + \begin{bmatrix} 1/2 \\ 1/2 \end{bmatrix} u$$
$$y = \begin{bmatrix} 1 & -1 \end{bmatrix} z$$

2. La fonction de transfert est alors :

$$G(s) = \frac{1}{s^2 - 1}$$

La réponse à un échelon de position est obtenue par exemple à l'aide de la formule :

$$Y(s) = G(s)U(s) + C(sI - A)^{-1}x(0)$$

qui conduit à :

$$Y(s) = \frac{s^2 + s + 1}{s(s+1)(s-1)} = \frac{-1}{s} + \frac{3/2}{s-1} + \frac{1/2}{s+1}$$

Et donc :

$$y(t) = -1 + \frac{3}{2}e^{t} + \frac{1}{2}e^{-t}$$

Exercice 4 :

On obtient en décomposant les courbes de réponses en fréquence, dans l'ordre :

$$G_1(s) = \frac{10}{s(s+1)} \quad G_2(s) = \frac{50(1+0.2s)}{s(1+2s)} \quad G_3(s) = \frac{(1+s)^2}{s^3}$$

Les réponses à un échelon unitaire sont alors :

$$Y_1(s) = \frac{10}{s^2(s+1)} = -\frac{10}{s} + \frac{10}{s^2} + \frac{10}{s+1} \Rightarrow y_1(t) = -10 + 10t + 10e^{-t}$$

$$Y_2(s) = \frac{50(1+0.2s)}{s^2(1+2s)} = -\frac{90}{s} + \frac{50}{s^2} + \frac{90}{s+\frac{1}{2}} \Rightarrow y_2(t) = -90 + 50t + 90e^{-0.5t}$$

$$Y_3(s) = \frac{(1+s)^2}{s^4} = \frac{1}{s^2} + \frac{2}{s^3} + \frac{1}{s^4} \Rightarrow y_4(t) = t + 2t^2 + \frac{t^3}{3!}$$

Exercice 5 :

1. Le calcul à partir de la représentation d'état conduit à la fonction de transfert :

$$G(s) = \frac{b}{s(s+a)}$$

2. Une matrice de passage permettant d'obtenir la forme diagonale est :

$$M = \begin{bmatrix} 1 & 1 & 1 \\ 0 & -a & -b \\ 0 & \frac{a^2}{b} & b \end{bmatrix} \qquad M^{-1} = \begin{bmatrix} 1 & \frac{(a+b)}{ab} & \frac{1}{a} \\ 0 & -\frac{b}{ab-a^2} & -\frac{b}{ab-a^2} \\ 0 & -\frac{a}{ab-b^2} & -\frac{b}{ab-b^2} \end{bmatrix}$$

La représentation d'état correspondante est alors :

$$\frac{dz}{dt} = \begin{bmatrix} 0 & 0 & 0 \\ 0 & -a & 0 \\ 0 & 0 & -b \end{bmatrix} z + \begin{bmatrix} \frac{1}{a} \\ -\frac{b}{ab-a^2} \\ -\frac{b}{ab-b^2} \end{bmatrix} u$$

$$y = \begin{bmatrix} b & b-a & 0 \end{bmatrix} z$$

3. La réponse à un échelon est donnée par :

$$Y(s) = \frac{b}{s^2(s+a)} = -\frac{b/a^2}{s} + \frac{b/a}{s^2} + \frac{b/a^2}{a+s} \Rightarrow y(t) = -\frac{b}{a^2} + \frac{b}{a}t + \frac{b}{a^2}e^{-at}$$

4. Si a est positif le régime permament est parfaitement défini et pour $u(t) = \sin(t)$, le gain est :

$$|G(j1)| = \left.\frac{|b|}{\omega\sqrt{\omega^2+a^2}}\right|_{\omega=1} = \frac{|b|}{\sqrt{1+a^2}}$$

et le déphasage :

$$\varphi_1 = -90^\circ - \arctan\frac{1}{a}$$

le régime permanent est :

$$\frac{|b|}{\sqrt{1+a^2}}\sin(t+\varphi_1)$$

Exercice 6 :

1. On prend la transformée de Laplace de l'équation différentielle et on trouve :

$$G(s) = \frac{1}{s^2 + s + 1}$$

2. Il n'y a pas de zéro fini et les pôles sont :

$$s_{1,2} = -\frac{1}{2} \pm j\frac{\sqrt{3}}{2}$$

3. L'équation caractéristique du système bouclé s'écrit :

$$r^2 + (1 - k_2)r + (1 - k_1) = r^2 + \sqrt{2}r + 1$$

On obtient :

$$k_1 = 0 \quad \text{et} \quad k_2 = 1 - \sqrt{2}$$

4. Le gain statique est égal à l'unité si $k_3 = 1$.
5. Avec $\zeta = \sqrt{2}/2$ et $\omega_n = 1$, la réponse à un échelon sera oscillatoire, de pulsation propre amortie :

$$\omega_p = \omega_n\sqrt{1 - \zeta^2} = \sqrt{2}/2$$

avec un premier dépassement et un temps de pic donnés par :

$$D = e^{-\frac{\zeta\pi}{\sqrt{1-\zeta^2}}} = e^{-\pi} \qquad t_p = \frac{\pi}{\omega_n\sqrt{1 - \zeta^2}} = \sqrt{2}\pi$$

Exercice 7 :

1. Le régime permament est caractérisé par le gain :

$$|G(j10)| = \left.\frac{60}{\sqrt{1 + 10^{-4}\omega^2}\sqrt{(100 - \omega^2)^2 + 100\omega^2}}\right|_{\omega=10} \simeq 0.6 \ (-4.5dB)$$

et le déphasage :

$$\varphi(10) = -\arctan 0.1 - \arctan \left.\frac{10\omega}{100 - \omega^2}\right|_{\omega=10} \simeq -96°$$

On peut vérifier sur les courbes de réponse en fréquence :

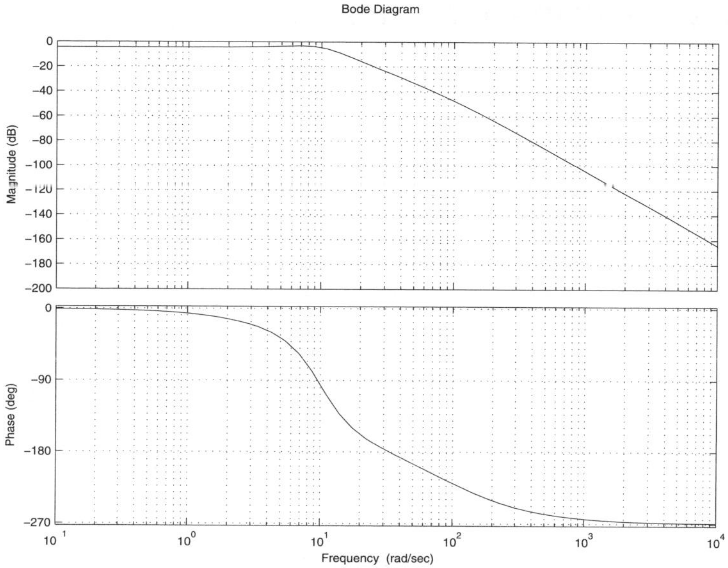

2. On aura :

$$G(s) \simeq \frac{60}{s^2 + 10s + 100}$$

la pulsation $\omega_n = 10$, l'amortissement $\zeta = 1/2$ et le gain statique $K = 0.6$. Avec ces paramètres, on peut calculer les caractéristiques de la réponse indicielle approchée. La figure suivante compare les deux réponses, système complet et système approché.

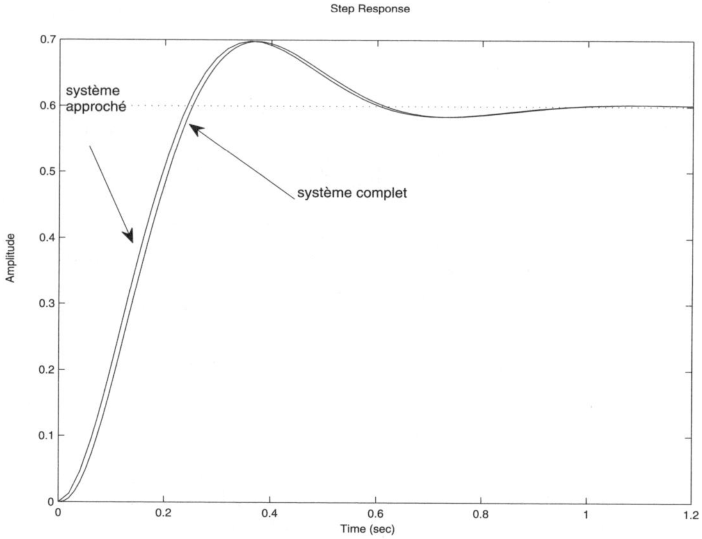

D-3. CORRECTION DES EXERCICES DU CHAPITRE III

Exercice 1 :

1. On a pour le régime libre :

$$x(t) = \begin{bmatrix} 2 & 0 & -2 \\ -2 & -1 & -2 \\ 0 & 1 & 2 \end{bmatrix} \begin{bmatrix} e^t & 0 & 0 \\ 0 & 1 & 0 \\ 0 & 0 & e^{-t} \end{bmatrix} \begin{bmatrix} 0 & -\frac{1}{2} & -\frac{1}{2} \\ 1 & 1 & 2 \\ -\frac{1}{2} & -\frac{1}{2} & -\frac{1}{2} \end{bmatrix} \begin{bmatrix} 1 \\ 0 \\ 0 \end{bmatrix}$$

$$= \begin{bmatrix} e^{-t} \\ e^{-t} - 1 \\ 1 - e^{-t} \end{bmatrix}$$

2. Les points d'équilibre sont définis par :

$$x_1 = 0, \ x_2 = -x_3$$

et ils sont instables car le système possède un mode égal à 1.

3. En bouclant le système, la matrice dynamique du système bouclé s'écrit :

$$A_c = \begin{bmatrix} 1 & 2 & 2 \\ 1+a & b & 0 \\ -1 & -1 & -1 \end{bmatrix}$$

Son polynôme caractéristique est :

$$s^3 - bs^2 + (-2a - 1)\, s - b = 0$$

La table de Routh est alors :

s^3	1	$-(2a+1)$
s^2	$-b$	$-b$
s	$-(2a+2)$	
s^0	$-b$	

et l'on conclut que pour avoir la stabilité asymptotique, il faut :

$$a < -1 \text{ et } b < 0$$

4. La fonction de transfert en boucle ouverte est :

$$G(s) = \frac{s^2 + 2s - 1}{s(s+1)(s-1)}$$

5. La matrice de passage permettant d'obtenir la forme diagonale est :

$$M = \begin{bmatrix} 2 & 0 & -2 \\ -2 & -1 & -2 \\ 0 & 1 & 2 \end{bmatrix}$$

On obtient la forme diagonale à partir de la forme compage horizontale par une matrice de Vandermonde (voir annexe C) à condition que les valeurs propres soient distinctes, ce qui est le cas. Cette matrice s'écrit :

$$V = \begin{bmatrix} 1 & 1 & 1 \\ -1 & 0 & 1 \\ 1 & 0 & 1 \end{bmatrix}$$

La matrice de passage recherchée est alors :

$$MV^{-1} = \begin{bmatrix} 2 & 0 & -2 \\ -2 & -1 & -2 \\ 0 & 1 & 2 \end{bmatrix} \begin{bmatrix} 0 & -\frac{1}{2} & \frac{1}{2} \\ 1 & 0 & -1 \\ 0 & \frac{1}{2} & \frac{1}{2} \end{bmatrix} = \begin{bmatrix} 0 & -2 & 0 \\ -1 & 0 & -1 \\ 1 & 1 & 0 \end{bmatrix}$$

Exercice 2 :

1. La table de Routh s'écrit :

s^4	1	$4a^2$	$9a^2 + 2b^2 - 8$
s^3	1	2	
s^2	$4a^2 - 2$	$9a^2 + 2b^2 - 8$	
s	$-a^2 - 2b^2 + 4$		
s^0	$9a^2 + 2b^2 - 8$		

Le système est stable asymptotiquement si :

$$4a^2 > 0$$
$$4a^2 - 2 > 0$$
$$-a^2 - 2b^2 + 4 > 0$$
$$9a^2 + 2b^2 - 8 > 0$$

2. Les deux dernières inégalités sont respectivement l'intérieur et l'extérieur d'ellipses caractérisées par :

$$\frac{a^2}{2^2} + \frac{b^2}{\sqrt{2}^2} - 1 = 0 \quad \text{et} \quad \frac{a^2}{\left(\frac{2\sqrt{3}}{2}\right)^2} + \frac{b^2}{2^2} - 1 = 0$$

La première inégalité conduit à $a \neq 0$ alors que la deuxième à $-\frac{\sqrt{2}}{2} \leq a \leq \frac{\sqrt{2}}{2}$. L'intersection de tous ces lieux est représentée sur la figure suivante :

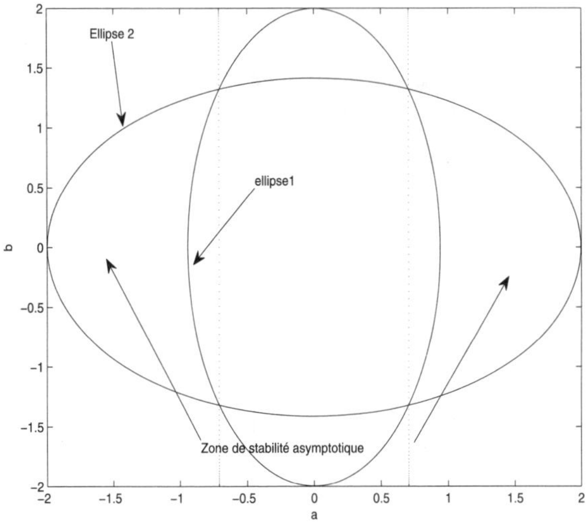

Exercice 3 :

Pour le premier système, le lieu des racines est le suivant :

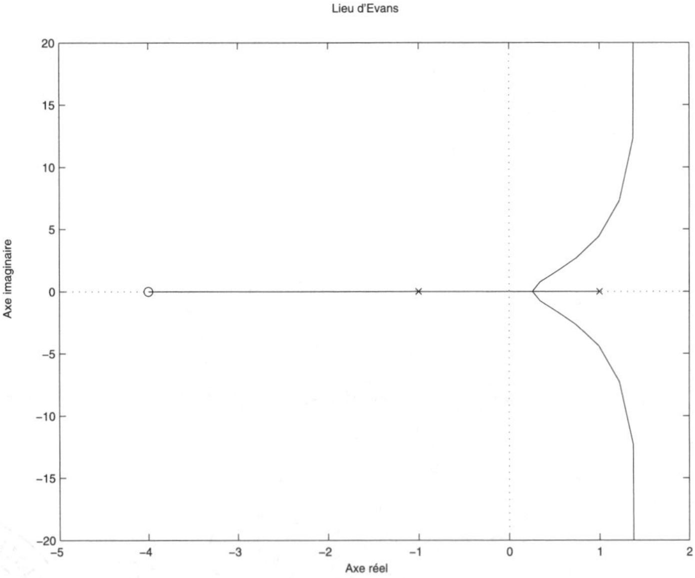

Pour le deuxième :

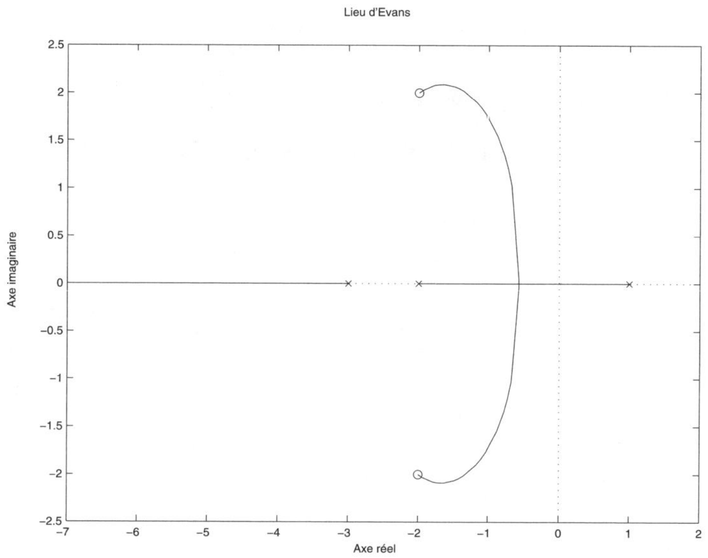

Exercice 4 :

1. De simples manipulations conduisent à :

$$\frac{Y_c - Y}{Y_c} = \frac{1}{1 + T_1(s)T_2(s)G(s)}$$

2. Le lieu d'Evans correspond à :

$$1 + \frac{k}{s^2 + 4s + 5} = 0$$

En appliquant le théorème de la valeur finale, on obtient :

$$y_c(\infty) - y(\infty) = \frac{1}{1 + \frac{k}{5}} = \frac{1}{5} \Rightarrow k = 20$$

Pour cette valeur de k, on a :

$$\zeta = \frac{2}{5} \text{ et } Q = \frac{1}{2\zeta\sqrt{1-\zeta^2}} = \frac{25}{4\sqrt{21}}$$

Les modes du système sont $p_{1,2} = -2 \pm \sqrt{21}$ et la réponse indicielle :

$$y(t) = 1 - \frac{5e^{-2t}}{\sqrt{21}} \sin(\sqrt{21}t + \arccos\frac{2}{5})$$

3. Le polynôme caractéristique en boucle fermée est donné par :

$$s^3 + (4+a)s^2 + (5+4a)s + 5a + k = 0$$

La table de Routh :

s^3	1	$5+4a$
s^2	$4+a$	$5a+k$
s^1	$\frac{4a^2+16a+20-k}{a+4}$	
s^0	$5a+k$	

$$\Rightarrow \begin{cases} a > -4 \\ a > -\frac{5}{4} \\ k > -5a \\ k < 4a^2+16a+20 \end{cases}$$

$$\Rightarrow \begin{cases} a > -\frac{5}{4} \\ k > -5a \\ k < 4a^2+16a+20 \end{cases}$$

Pour les cas limites on a :

$$\begin{cases} a = -\frac{5}{4} \\ k = -5a \\ k = 4a^2+16a+20 \end{cases} \Rightarrow$$

s^3	1	0
s^2	$11/4$	0
s^1	0	
s^0	1	

$s^2 = 0 \Rightarrow$ instabilité

$$\begin{cases} a > -\frac{5}{4} \\ k = -5a \\ k < 4a^2+16a+20 \end{cases} \Rightarrow$$

s^3	1	$5+4a$
s^2	$4+a$	$5a+k$
s^1	$(4+a)\,(5+4a)$	
s^0	0	

$s\left[s^2 + (4+a)\,s + (5+4a)\right] = 0 \Rightarrow$ stabilité simple

$$\begin{cases} k > -5a \\ a > -\frac{5}{4} \\ k = 4a^2+16a+20 \end{cases} \Rightarrow$$

s^3	1	$5+4a$
s^2	$4+a$	$5a+k$
s^1	0	
s^0	$5a+k$	

Polynôme auxiliaire $Q(s) = s^2 + \frac{5a+k}{4+a} \Rightarrow$ stabilité simple

Un simple calcul conduit à :

$$\epsilon(\infty) = \frac{1}{1 + \dfrac{k}{5a}}$$

et la valeur de a qui minimise $\epsilon(\infty)$ est $a = 0$. Si $a = 3$, la valeur de k qui permet d'avoir $\epsilon(\infty) = 0.1$ est $k = 135$. Le système est alors instable, car les conditions issues du critère de Routh conduisent à :

$$\begin{aligned} 4 + a &= 7 > 0 \\ 5 + 5a &= 17 > 0 \\ 5a + 135 &= 150 > 0 \\ 4a^2 + 16a + 20 - k &= 36 + 48 + 20 - 135 < 0 \end{aligned}$$

4. On doit tracer le lieu d'Evans correspondant à :

$$1 + \frac{k}{(s^2 + 4s + 5)(s + 3)(s + 1)} = 0$$

On obtient l'équation du lieu en remplaçant s par $x + jy$ et en discutant les équations obtenues. On a alors :

$$\begin{cases} (x+2)^4 - 6(x+2)^2 y^2 + y^4 - 1 + k = 0 \\ \\ 4(x+2)^3 - 4(x+2)y^3 = 0 \end{cases}$$

- Si $y \neq 0$ et $x \neq -2$ alors $y = \pm(x + 2)$

- Si $y \neq 0$ et $x = -2$ alors $y^4 - 1 + k = 0 \Rightarrow k = 1 - y^4 > 0$ et $-1 < y < 1$

- Si $y = 0$ alors $(x + 2)^4 - 1 + k = 0 \Rightarrow k = 1 - (x + 2)^4$ et $-3 < x < -1$

Le lieu est représenté sur la figure suivante :

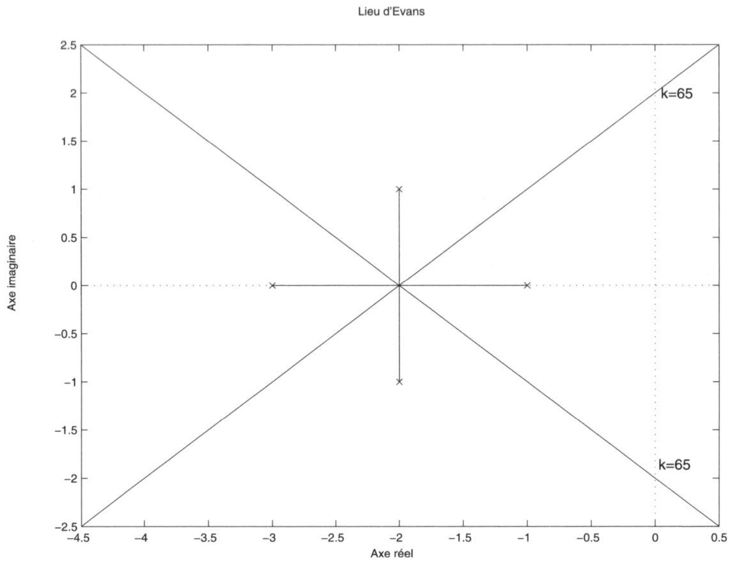

Le système bouclé se comporte comme indiqué dans ce qui suit :

$0 < k < 1$	2 pôles réels stables, 2 pôles complexes stables
$1 < k < 65$	4 pôles complexes stables
$k > 65$	2 racines complexes stables et 2 instables

L'erreur est donnée par :

$$\epsilon(\infty) = \frac{1}{1 + \frac{k}{15}} = 0.1 \Rightarrow k = 135$$

Le système étant instable, on ne peut atteindre une erreur de 0.1.

Exercice 5 :

1. La fonction de transfert est donnée par :

$$G(s) = \frac{1}{s^2 + 2s + 1 + K}$$

2. En identifiant avec le polynôme caractéristique d'un système du second ordre, on a :

$$\omega_n = \sqrt{1+K} \qquad \zeta = \frac{1}{\sqrt{1+K}} = \frac{1}{2} \Rightarrow K = 3$$

et on déduit que :

$$G(s) = \frac{1}{s^2 + 2s + 4}$$

d'où la réponse indicielle :

$$y(t) = \frac{1}{2\sqrt{3}} e^{-t} \sin(\sqrt{3}t + \arccos\frac{1}{2})$$

Pour $u(t) = \sin t$, le régime permament s'écrit :

$$y(t) = \frac{1}{\sqrt{13}} \sin(t + \arctan\frac{2}{3})$$

3. La fonction de transfert en boucle fermée est :

$$H(s) = \frac{s+2}{(s+1)^2(s+2) + K(s+a)}$$

Le polynôme caractéristique :

$$s^3 + 4s^2 + (5+K)s + 2 + aK = 0$$

La table de Routh :

s^3	1	$5+K$
s^2	4	$2+aK$
s^1	$18+4K-aK$	
s^0	$2+aK$	

Le système sera asymptotiquement stable si :

$$5+K>0 \quad 2+aK>0 \quad 18+4K-aK>0$$

Exercice 6 :

1. L'équation caractéristique est :

$$s(s+1)^2 + = s^3 + 2s^2 + s + K = 0$$

La table de Routh :

s^3	1	1
s^2	2	K
s^1	$2-K$	0
s^0	K	

Le système est stable asymptotiquement si $0 < K < 2$.

2. Les courbes de réponse en fréquence dans le plan de Bode sont représentées sur la figure qui suit :

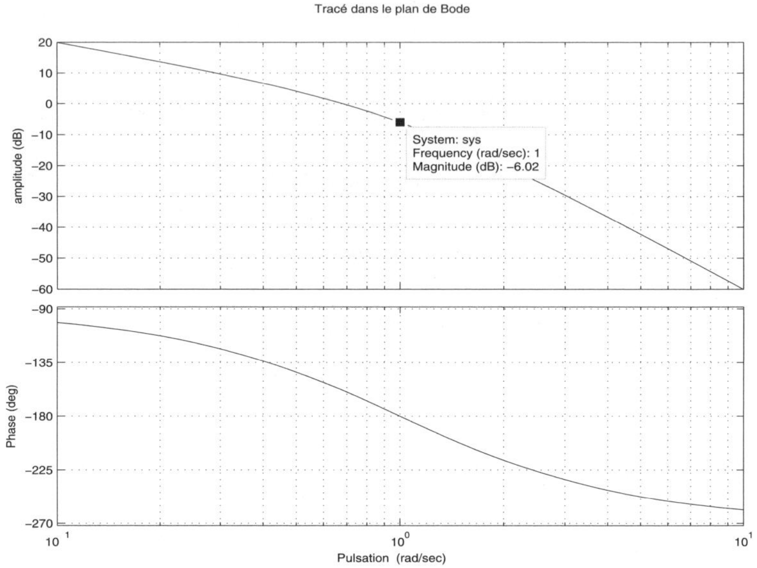

3. Si l'on veut déstabiliser le système, il faut remonter la courbe de 6dB. Donc le gain est :

$$10^{\frac{6}{20}} = 2$$

Le système en boucle fermée est stable pour :

$$0 < K < 2$$

Exercice 7 :

1. Le système est instable, un mode à 1.
2. La fonction de transfert en boucle fermée est :

$$\frac{Y(s)}{Y_c(s)} = \frac{1}{s^3 + (K-1)s^2 + (K+1)s + K - 1}$$

La table de Routh associée :

s^3	1	$K+1$
s^2	$K-1$	$K-1$
s^1	$K(K-1)$	0
s^0	K	

Le système est stable asymptotiquement si :

$$
\begin{aligned}
(K-1) &> 0 \\
(K+1) &> 0 \\
K &> 0
\end{aligned}
$$

d'où :

$$K > 1$$

Exercice 8 :

1. Les courbes dans le plan de Bode sont les suivantes :

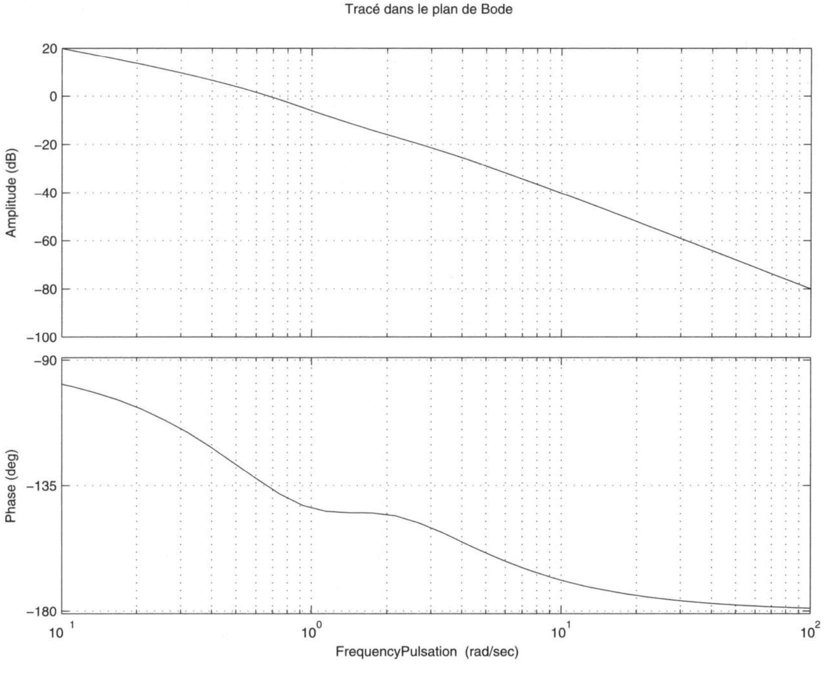

2. Le polynôme caractéristique est :

$$s^4 + 4s^3 + (5+K)\,s^2 + (2K+2)s + 2K = 0$$

La table de Routh est :

s^4	1	$5+K$	$2K$
s^3	2	$K+1$	
s^2	$K+9$	$4K$	
s	K^2+2K+9		
s^0	$2K$		

Le système est stable asymptotiquement lorsque :

$$(5+K)>0$$
$$K+1>0$$
$$2K>0$$
$$K+9>0$$

d'où :

$$K>0$$

Exercice 9 :

1. Le lieu des racines est représenté sur la figure suivante :

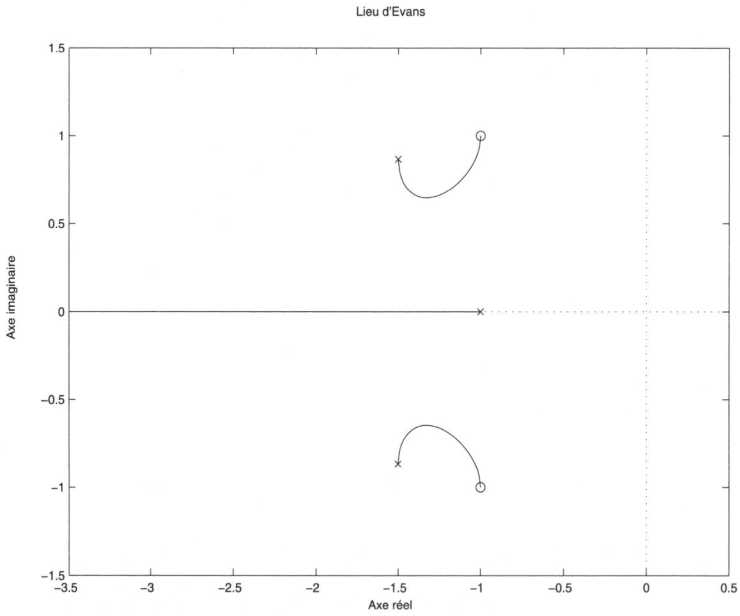

2. Le système est toujours oscillatoire, et lorsque le gain est élevé, il a tendance à se comporter comme un système du second ordre.

Exercice 10 :

1. Après calcul, on arrive à :

$$1+k\frac{2+2s+s^2}{2s+7s^2+9s^3+5s^4+s^5}=1+k\frac{2+2s+s^2}{s\left(s+2\right)\left(s+1\right)^3}=0$$

Le lieu des racines est représenté sur la figure suivante :

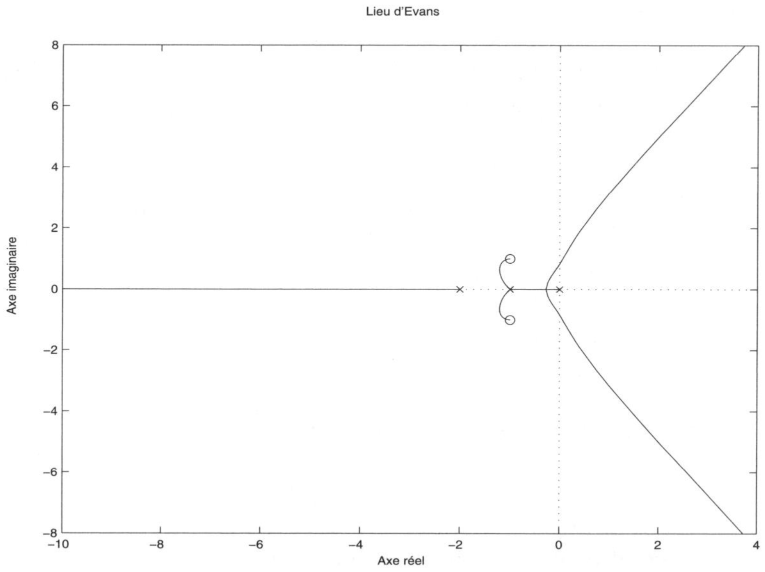

2. On obtient avec Matlab une limite de stabilité correspondant à $K \simeq 1.87$.

D-4. CORRECTION DES EXERCICES DU CHAPITRE IV

Exercice 1 : Exemple traité dans le paragraphe IV-4.2.

Exercice 2 : Reprendre le même type d'analyse que dans le paragraphe IV-4.2.

Exercice 3 :

1. La fonction de transfert du système en boucle fermée est donnée par :

$$H(s) = \frac{2k}{s^2 + 4s + 2k}$$

Pour avoir un dépassement inférieur à 5%, il faut que l'amortissement soit supérieur à $\frac{\sqrt{2}}{2}$. Le système est stable si $k > 0$. On a :

$$\omega_n = \sqrt{2k} \quad \text{et} \quad \zeta = \sqrt{\frac{2}{k}}$$

Pour obtenir un dépassement inférieur à 5%, il faut que :

$$\zeta = \sqrt{\frac{2}{k}} \geq \frac{\sqrt{2}}{2} \Rightarrow 0 < k \leq 4$$

2. Le temps d'établissement est inférieur à 4.5s si la partie réelle des pôles vérifie :

$$\zeta\omega_n \leq 1$$

Lorsque, de plus, le dépassement est inférieur à 5%, on a :

$$s^2 + 4s + 2k = (s+2)^2 + 2k - 4$$

Si $k \leq 2$ les pôles sont réels et sont : $s_{1,2} = -2 \pm \sqrt{4 - 2k}$

Si $k > 2$ les pôles sont complexes et sont : $s_{1,2} = -2 \pm j\sqrt{2k - 4}$

Dans le cas où les pôles sont réels, il faut que :

$$\sqrt{4 - 2k} \leq 1 \Rightarrow \leq \frac{3}{2} \leq k \leq 2$$

Si les pôles sont complexes, pour avoir un temps d'établissement inférieur à 4.5s il faut que :

$$\sqrt{2k - 4} \leq 2 \Rightarrow 2 < k \leq 4$$

3. En combinant les deux, il faut donc que :

$$\frac{3}{2} \leq k \leq 4$$

4. Pour avoir le temps de montée le plus faible possible, il faut trouver la valeur de k qui permet d'avoir la partie réelle des pôles la plus à gauche possible dans le demi-plan complexe gauche. Lorsque les pôles sont complexes, ils ont une partie réelle indépendante de k égale à -2. Dans le cas où ils sont réels, un pôle est à partie réelle inférieure à 2 et l'autre est systématiquement à partie réelle supérieure à -2. Pour $2 < k \leq 4$, le temps de montée est le plus petit possible.

Exercice 4 :

1. En boucle fermée, on a :

$$H(s) = \frac{K(1+\tau s)}{s^2 + K\tau s + K}$$

En identifiant, on arrive à :

$$\omega_n = \sqrt{K} \quad \text{et} \quad \zeta = \frac{K\tau}{2\sqrt{K}} = \frac{\sqrt{K}\,\tau}{2} = \frac{1}{2}$$

et donc :

$$K = 1 \quad \text{et} \quad \tau = 1$$

2. L'équation caractéristique :

$$s^2 + Ks + K = (s + \frac{K}{2})^2 + K(1 - \frac{K}{4}) = 0$$

- $0 < K < 4$, les pôles sont $s_{1,2} = -\frac{K}{2} \mp j\sqrt{K(1-\frac{K}{4})}$ et le système est oscillatoire.
- $K \geq 4$, les pôles sont $s_{1,2} = -\frac{K}{2} \mp \sqrt{K(\frac{K}{4}-1)} < 0$ et le système est apériodique.

Exercice 5 :

1. Tout d'abord, il faut repérer la pulsation pour laquelle la phase est égale à -135°. Elle correspond à :

$$-2\arctan\frac{2}{\omega} = -135° \Rightarrow \omega \simeq 4.8rd/s$$

Et on doit avoir :

$$\left.\frac{K}{\omega^2+4}\right|_{\omega\simeq 4.8} = 1 \Rightarrow K = \omega^2+4\big|_{\omega\simeq 4.8} = 4.8^2+4 \simeq 27$$

2. L'erreur de position est alors :

$$\epsilon_p = \frac{1}{1+\dfrac{27}{4}} \simeq 1.3\%$$

3. Le polynôme caractéristique est pour cette valeur de K :

$$s^2+4s+31=0$$

et :

$$\omega_n = \sqrt{31} = 5.6 \qquad\qquad \zeta = \frac{2}{\sqrt{31}} \simeq 0.36$$

Le gain à la résonance est alors :

$$Q = \frac{K}{2\zeta\sqrt{1-\zeta^2}} = 40.195 \quad \text{pour une pulsation} \quad \omega_r = \omega_n\sqrt{1-2\zeta^2} \simeq 4.8rd/s$$

4. La valeur de K conduisant à une erreur de 10% satisfait :

$$\frac{1}{1+\dfrac{K}{4}} = 0.1 \Rightarrow K = 36 \Rightarrow \text{marge de phase inférieure à } 45 \text{ degrés.}$$

Exercice 6 :

1. On peut écrire :

$$G(s) = \frac{\dfrac{k}{s^3+2s^2+s}}{1+\dfrac{k}{s^3+2s^2+s}} = \frac{G_1(s)}{1+G_1(s)}$$

Sur la courbe, on voit que la valeur du gain à la résonance est approximativement $9dB$. il suffit de porter $G_1(s)$ dans l'abaque de Black. Pour $k=1$, la courbe correspond à la figure suivante :

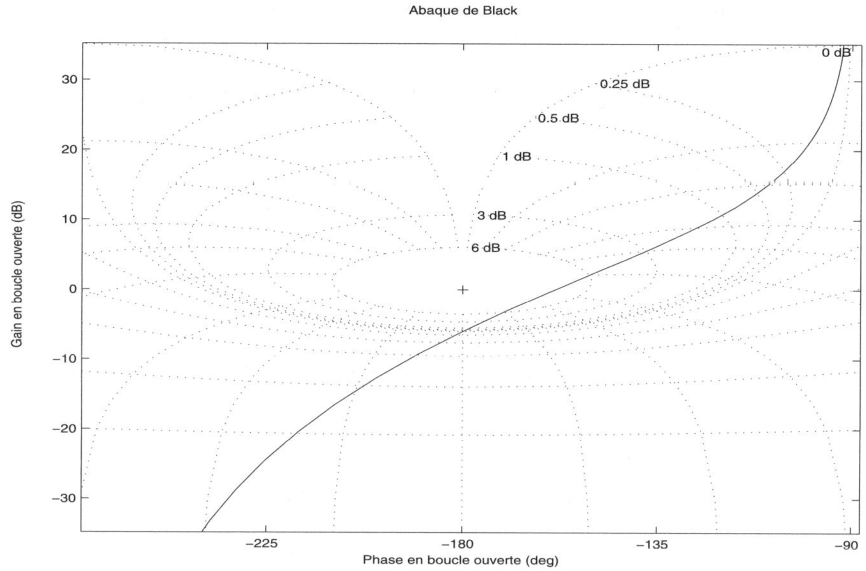

On voit qu'approximativement $k = 1$.

2. Pour $k = 0.6$, on obtient la courbe suivante :

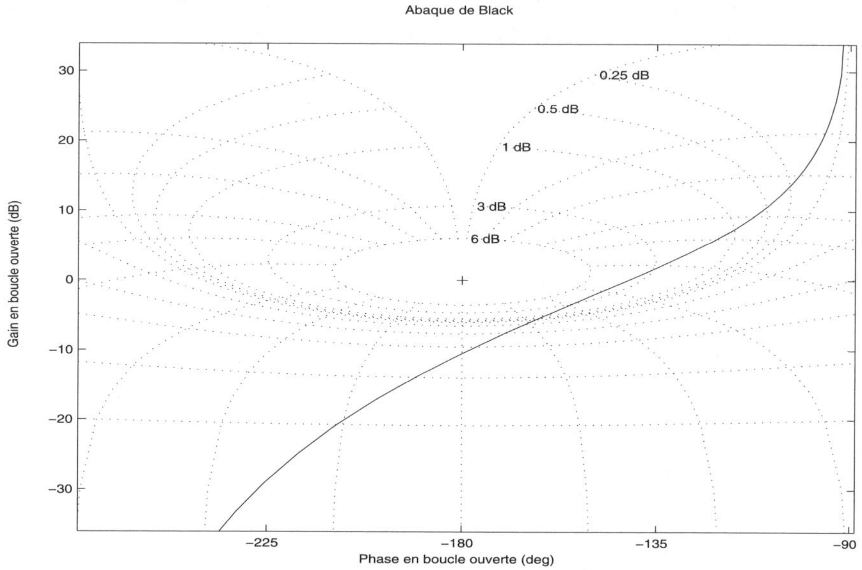

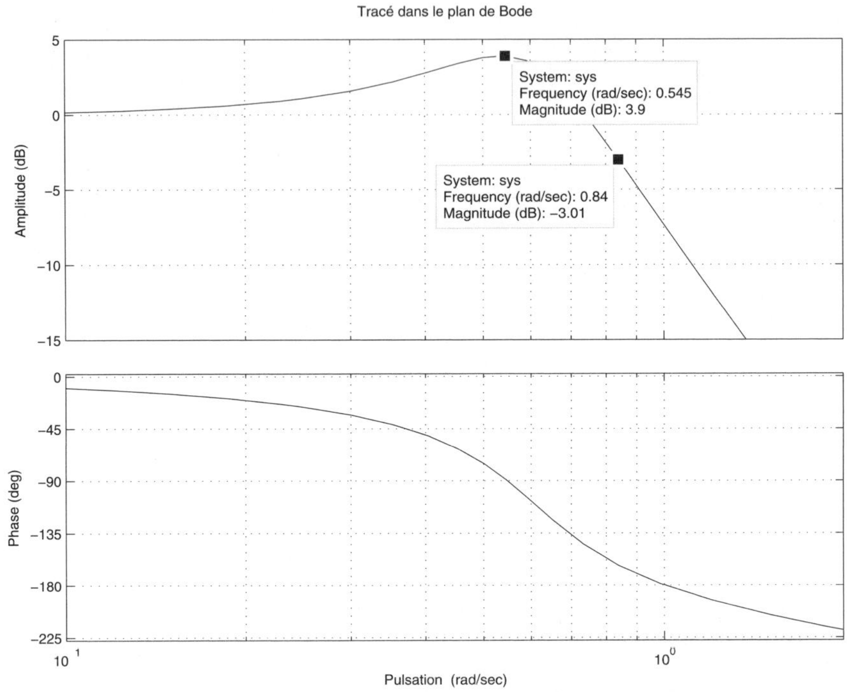

On a une fréquence de résonance $\omega_r = 0.55rd/s$ pour un gain de $4dB$. La pulsation de bande passante est $\omega_b = 0.84rd/s$. Le gain basse fréquence est $0dB$.

Exercice 7 :

1. Calculons K_2. On a :

$$\varphi(\omega) = -\frac{\pi}{2} - \arctan\left(\frac{2\zeta\omega_n\omega}{\omega_n^2 - \omega^2}\right) = -\frac{3\pi}{4} \Rightarrow \omega_\varphi = \omega_n\left(-\zeta + \sqrt{1+\zeta^2}\right)$$

On doit avoir :

$$\left.\frac{K_2}{\omega\sqrt{\left(1-\frac{\omega^2}{\omega_n^2}\right)^2 + 4\zeta^2\frac{\omega^2}{\omega_n^2}}}\right|_{\omega_\varphi} = 1$$

En développant les calculs, on a :

$$\left(1-\frac{\omega^2}{\omega_n^2}\right)=2\zeta\sqrt{1+\zeta^2}-2\zeta^2$$
$$4\zeta^2\frac{\omega^2}{\omega_n^2}-\left(2\zeta\sqrt{1+\zeta^2}-2\zeta^2\right)^2$$

Et :

$$\begin{aligned}K_2&=\omega_n\left(-\zeta+\sqrt{1+\zeta^2}\right)\sqrt{2}\left(2\zeta\sqrt{1+\zeta^2}-2\zeta^2\right)\\&=2\sqrt{2}\omega_n\zeta\left(-\zeta+\sqrt{1+\zeta^2}\right)^2\end{aligned}$$

On calcule K_1 par une méthode similaire.

2. Soit :

$$G_1(s)=\frac{K}{(s+a)\,(s+b)}=\frac{K}{s^2+(a+b)s+ab}$$

On a :

$$\omega_n=\sqrt{ab}\quad et\quad \zeta=\frac{a+b}{2\sqrt{ab}}$$

On peut déduire alors :

$$K_1=\sqrt{2}\frac{a+b}{\sqrt{ab}}\left(\sqrt{\frac{(a+b)^2}{4ab}+1}+\frac{a+b}{2\sqrt{ab}}\right)$$

Soit maintenant :

$$G_2(s)=\frac{K}{s\,(s+a)\,(s+b)}=\frac{K}{s\left[s^2+(a+b)s+ab\right]}$$

On a :

$$K_2=\sqrt{2}\,(a+b)\left(\sqrt{\frac{(a+b)^2}{4ab}+1}+\frac{a+b}{2\sqrt{ab}}\right)^2$$

D-5. CORRECTION DES EXERCICES DU CHAPITRE V

Exercice 1 :

1. On calcule la matrice de commandabilité de Kalman :

$$Q_c = \begin{bmatrix} b_1 & -a_1 b_1 + b_0 \\ b_0 & -a_0 b_1 \end{bmatrix}$$

Le système est commandable si et seulement si $\det Q_c \neq 0$, soit :

$$-a_0 b_1^2 + a_1 b_0 b_1 - b_0^2 \neq 0$$

2. En divisant par $-b_1^2$, on arrive à :

$$\left(-\frac{b_0}{b_1}\right)^2 + a_1\left(-\frac{b_0}{b_1}\right) + a_0 \neq 0$$

Ce qui signifie que le système est commandable si les polynômes :

$$\begin{aligned} s^2 + a_1 s + a_0 &= 0 \\ b_1 s + b_0 &= 0 \end{aligned}$$

n'ont pas de racine commune, autrement dit, s'il n'y a pas de simplification pôle-zéro dans la fonction de transfert du système qui s'écrit :

$$G(s) = \frac{b_1 s + b_0}{s^2 + a_1 s + a_0}$$

Remarquer que la matrice d'observabilité s'écrit :

$$Q_o = \begin{bmatrix} 1 & 0 \\ -a_1 & 1 \end{bmatrix}$$

et donc, le système décrit par la représentation d'état de l'énoncé de l'exercice 1 est toujours observable, c'est pourquoi on parle de forme canonique d'observation. Si l'on considère maintenant la représentation d'état :

$$\begin{aligned} \frac{dz}{dt} &= \begin{bmatrix} 0 & 1 \\ -a_0 & -a_1 \end{bmatrix} z + \begin{bmatrix} 0 \\ 1 \end{bmatrix} \\ y &= \begin{bmatrix} b_0 & b_1 \end{bmatrix} z \end{aligned}$$

Il s'agit de la forme canonique de commande car ce système est toujours commandable. En effet :

$$Q_c = \begin{bmatrix} 0 & 1 \\ 1 & -a_1 \end{bmatrix} \text{ dont le déterminant est non nul.}$$

Par contre, il est observable si :

$$\det \begin{bmatrix} b_0 & b_1 \\ -b_1 a_0 & b_0 - a_1 b_1 \end{bmatrix} = b_0^2 - a_1 b_0 b_1 + a_0 b_1^2 \neq 0$$

En divisant par b_1^2, on obtient :

$$\left(-\frac{b_0}{b_1}\right)^2 + a_1 \left(-\frac{b_0}{b_1}\right) + a_0 \neq 0$$

Et on conclut que pour que le système soit observable, les polynômes :

$$\begin{aligned} s^2 + a_1 s + a_0 &= 0 \\ b_1 s + b_0 &= 0 \end{aligned}$$

ne doivent pas avoir de racine commune.

Exercice 2 : voir paragraphes VII-1.3 et VII-4.4.

Exercice 3 :

1. Pour le premier système, on a :

$$Q_c = \begin{bmatrix} 0 & 1 & -3 \\ 0 & -1 & 1 \\ 1 & 0 & 0 \end{bmatrix} \Rightarrow \det Q_c = -2 \Rightarrow \text{système commandable}$$

$$Q_o = \begin{bmatrix} 1 & 0 & 0 \\ -2 & 1 & 1 \\ 4 & -3 & -3 \end{bmatrix} \Rightarrow \det Q_o = 0 \Rightarrow \text{système non observable}$$

La forme diagonale est obtenue avec la matrice de passage :

$$M = \begin{bmatrix} 1 & 1 & 0 \\ 0 & 1 & -1 \\ 0 & 0 & 1 \end{bmatrix}$$

et elle s'exprime :

$$\frac{dz}{dt} = \begin{bmatrix} -2 & 0 & 0 \\ 0 & -1 & 0 \\ 0 & 0 & 0 \end{bmatrix} z + \begin{bmatrix} -1 \\ 1 \\ 1 \end{bmatrix} u$$
$$y = \begin{bmatrix} 1 & 1 & 0 \end{bmatrix} z$$

Pour le deuxième système :

$$Q_c = \begin{bmatrix} 0 & -1 & -4 \\ 0 & 0 & 0 \\ 1 & 3 & 8 \end{bmatrix} \Rightarrow \det Q_c = 0 \Rightarrow \text{système non commandable}$$
$$Q_o = \begin{bmatrix} 1 & -1 & 1 \\ 2 & -3 & 2 \\ 4 & -7 & 4 \end{bmatrix} \Rightarrow \det Q_o = 0 \Rightarrow \text{système non observable}$$

La forme diagonale est obtenue avec la matrice de passage :

$$M = \begin{bmatrix} 0 & -2 & 4 \\ 1 & 0 & 0 \\ 2 & 2 & -2 \end{bmatrix}$$

et elle s'exprime :

$$\frac{dz}{dt} = \begin{bmatrix} 1 & 0 & 0 \\ 0 & 2 & 1 \\ 0 & 0 & 2 \end{bmatrix} z + \begin{bmatrix} 0 \\ 1 \\ \frac{1}{2} \end{bmatrix} u$$
$$y = \begin{bmatrix} 1 & 0 & 2 \end{bmatrix} z$$

Le mode 1 est non commandable et le mode 2 n'est pas observable.

2. La fonction de transfert du premier système est :

$$G_1(s) = \frac{1}{(s+1)(s+2)}$$

Comme on pouvait s'y attendre le mode 0 disparaît.
La fonction de transfert pour le deuxième système est :

$$G_2(s) = \frac{1}{s-2}$$

Les modes 1 et 2 disparaissent. Il est facile de déduire les formes compagnes à partir des fonctions de transfert. Mais attention, il faut le faire sans éliminer les modes non commandables et non observables.

Exercice 4 :

1. En prenant $x_1 = \theta$ et $x_2 = \dfrac{d\theta}{dt}$, on obtient :

$$\frac{dx}{dt} = \begin{bmatrix} 0 & 1 \\ 0 & 0 \end{bmatrix} x + \begin{bmatrix} 0 \\ 1 \end{bmatrix} u$$

2. Le système est commandable car :

$$\det Q_c = \det \begin{bmatrix} 0 & 1 \\ 1 & 0 \end{bmatrix} = -1 \neq 0$$

Si l'on prend la sortie :

$$y = \begin{bmatrix} 1 & 0 \end{bmatrix} x$$

alors, le système est observable car :

$$\det Q_o = \det \begin{bmatrix} 1 & 0 \\ 0 & 1 \end{bmatrix} = 1 \neq 0$$

Si l'on prend maintenant la sortie :

$$y = \begin{bmatrix} 0 & 1 \end{bmatrix} x$$

on a :

$$\det Q_o = \det \begin{bmatrix} 0 & 1 \\ 0 & 0 \end{bmatrix} = 0 \Rightarrow \text{système non observable}$$

3. On calcule le régime libre pour le premier cas. On a :

$$\begin{aligned} y(t) = Ce^{At}x(0) &= \begin{bmatrix} 1 & 0 \end{bmatrix} \begin{bmatrix} 1 & t \\ 0 & 1 \end{bmatrix} \begin{bmatrix} \theta(0) \\ \dfrac{d\theta}{dt}(0) \end{bmatrix} \\ &= \theta(0) + t\frac{d\theta}{dt}(0) \end{aligned}$$

On peut reconstruire l'état initial en observant la sortie sur un horizon de temps fini T. En effet, on peut écrire :

$$\begin{aligned} \theta(0) &= y(0) \\ \frac{d\theta}{dt}(0) &= \frac{y(t) - y(0)}{T} \end{aligned}$$

Pour le deuxième cas, on a :

$$y(t) = Ce^{At}x(0) = \begin{bmatrix} 0 & 0 \end{bmatrix} \begin{bmatrix} 1 & t \\ 0 & 1 \end{bmatrix} \begin{bmatrix} \theta(0) \\ \frac{d\theta}{dt}(0) \end{bmatrix}$$
$$= \frac{d\theta}{dt}(0)$$

On n'a aucune information sur θ et il n'est pas possible de reconstruire $\theta(0)$.

4. En considérant la commande proposée, on a :

$$x(1) = \int_0^{\alpha} -a \begin{bmatrix} 1 & t \\ 0 & 1 \end{bmatrix} dt + \int_{\alpha}^{1} b \begin{bmatrix} 1 & t \\ 0 & 1 \end{bmatrix} dt$$
$$= \begin{bmatrix} -(a+b)\alpha + (a+b)\frac{\alpha^2}{2} + \frac{b}{2} \\ -(a+b)\alpha + b \end{bmatrix} = \begin{bmatrix} -1 \\ 1 \end{bmatrix}$$

ou encore :

$$\begin{bmatrix} -\alpha + \frac{\alpha^2}{2} & -\alpha + \frac{\alpha^2}{2} + \frac{1}{2} \\ -\alpha & -\alpha + 1 \end{bmatrix} \begin{bmatrix} a \\ b \end{bmatrix} = \begin{bmatrix} -1 \\ 1 \end{bmatrix}$$

et :

$$\begin{bmatrix} a \\ b \end{bmatrix} = \begin{bmatrix} -\frac{(\alpha - 3)}{\alpha} \\ \frac{\alpha - 4}{\alpha - 1} \end{bmatrix} \quad \text{avec} \quad 0 < \alpha < 1$$

On peut vérifier qu'effectivement cette commande répond au problème. On a :

$$\begin{bmatrix} \Theta(s) \\ s\Theta(s) \end{bmatrix} = \begin{bmatrix} \frac{1}{s^2} \\ \frac{1}{s} \end{bmatrix} U(s)$$

$U(s)$ s'écrit :

$$U(s) = \frac{\frac{(\alpha - 3)}{\alpha}}{s} + \frac{-\frac{3}{\alpha(\alpha - 1)}}{s} e^{-\alpha s}$$

et donc :

$$\begin{bmatrix} \Theta(s) \\ \\ s\Theta(s) \end{bmatrix} = \begin{bmatrix} \dfrac{\dfrac{(\alpha-3)}{\alpha}}{s^3} + \dfrac{-\dfrac{3}{\alpha(\alpha-1)}}{s^3} e^{-\alpha s} \\ \\ \dfrac{\dfrac{(\alpha-3)}{\alpha}}{s^2} + \dfrac{-\dfrac{3}{\alpha(\alpha-1)}}{s^2} e^{-\alpha s} \end{bmatrix}$$

En prenant les originaux :

$$\begin{bmatrix} \theta(t) \\ \\ \dfrac{d\theta}{dt}(t) \end{bmatrix} = \begin{bmatrix} \dfrac{(\alpha-3)}{2\alpha} t^2 - \dfrac{3}{2\alpha(\alpha-1)} (t-\alpha)^2 \\ \\ \dfrac{(\alpha-3)}{\alpha} t - \dfrac{3}{\alpha(\alpha-1)} (t-\alpha) \end{bmatrix}$$

Évaluons ces expressions pour $t = 1$:

$$\begin{bmatrix} \theta(1) \\ \\ \dfrac{d\theta}{dt}(1) \end{bmatrix} = \begin{bmatrix} \dfrac{(\alpha-3)}{2\alpha} - \dfrac{3}{2\alpha(\alpha-1)} (1-\alpha)^2 \\ \\ \dfrac{(\alpha-3)}{\alpha} - \dfrac{3}{\alpha(\alpha-1)} (1-\alpha) \end{bmatrix} = \begin{bmatrix} -1 \\ \\ 1 \end{bmatrix}$$

5. On doit maintenant chercher la commande la plus intéressante d'un point de vue énergétique. On a :

$$J = \int_0^\alpha \left(\frac{(\alpha-3)}{\alpha} \right)^2 dt + \int_\alpha^1 \left(\frac{\alpha-4}{\alpha-1} \right)^2 dt = \frac{(\alpha^2-\alpha-9)}{\alpha(\alpha-1)}$$

$$\frac{dJ}{d\alpha} = \frac{9(2\alpha-1)}{\alpha^2(\alpha-1)^2} \quad \text{et} \quad \frac{d^2J}{d\alpha^2} = \frac{-54\alpha^4+108\alpha^3-72\alpha^2+18\alpha}{\alpha^4(\alpha-1)^4}$$

On annule la dérivée pour :

$$\alpha = \frac{1}{2} \text{ et pour cette valeur } \frac{d^2J}{d\alpha^2} = 288 > 0$$

Il s'agit bien d'un minimum, et la commande est alors :

$$u(t) = -5\Gamma(t) + 12\Gamma\left(t - \frac{1}{2}\right)$$

Exercice 5 :

1. Les équations d'états sont données par :

$$\frac{dx_1}{dt} = -x_1 + 2u_1$$
$$y_1 = x_1 + u_1$$

$$\frac{dx_2}{dt} = -3x_2 - 4u_2$$
$$y_2 = x_2 + u_2$$

2. Les représentations d'état correspondantes sont :

- S1 en série avec S2 :

$$\frac{dx_1}{dt} = -x_1 + 2u$$
$$\frac{dx_2}{dt} = -3x_2 - 4(x_1 + u)$$
$$y = x_2 + (x_1 + u)$$

$$\begin{cases} \dfrac{dx}{dt} = \begin{bmatrix} -1 & 0 \\ -4 & -3 \end{bmatrix} x + \begin{bmatrix} 2 \\ -4 \end{bmatrix} u \\ y = \begin{bmatrix} 1 & 1 \end{bmatrix} x + u \end{cases}$$

- S2 en série avec S1 :

$$\frac{dx_2}{dt} = -3x_2 - 4u$$
$$\frac{dx_1}{dt} = -x_1 + 2(x_2 + u)$$
$$y = x_1 + (x_2 + u)$$

$$\begin{cases} \dfrac{dx}{dt} = \begin{bmatrix} -1 & 2 \\ 0 & -3 \end{bmatrix} x + \begin{bmatrix} 2 \\ -4 \end{bmatrix} u \\ y = \begin{bmatrix} 1 & 1 \end{bmatrix} x + u \end{cases}$$

- S1 en parallèle avec S2 :

$$\frac{dx_1}{dt} = -x_1 + 2u$$
$$\frac{dx_2}{dt} = -3x_2 - 4u$$
$$y = x_1 + x_2 + 2u$$

$$\begin{cases} \dfrac{dx}{dt} = \begin{bmatrix} -1 & 0 \\ 0 & -3 \end{bmatrix} x + \begin{bmatrix} 2 \\ -4 \end{bmatrix} u \\ y = \begin{bmatrix} 1 & 1 \end{bmatrix} x + 2u \end{cases}$$

- S1 bouclé par S2 :

$$\frac{dx_1}{dt} = -x_1 + 2(u - x_2 - y)$$
$$\frac{dx_2}{dt} = -3x_2 - 4y$$
$$y = x_1 + (u - x_2 - y) \Rightarrow y = \frac{1}{2}x_1 - \frac{1}{2}x_2 + \frac{1}{2}u$$

$$\Rightarrow \begin{array}{l} \dfrac{dx_1}{dt} = -2x_1 - x_2 + u \\ \dfrac{dx_2}{dt} = -2x_1 - x_2 - 2u \end{array} \quad \left\{ \begin{array}{l} \dfrac{dx}{dt} = \begin{bmatrix} -2 & -1 \\ -2 & -1 \end{bmatrix} x + \begin{bmatrix} 1 \\ -2 \end{bmatrix} u \\ y = \begin{bmatrix} \dfrac{1}{2} & -\dfrac{1}{2} \end{bmatrix} x + \dfrac{1}{2}u \end{array} \right.$$

3. Étude de commandabilité et d'observabilité :
   - S1 en série avec S2 :

$$Q_c = \begin{bmatrix} 2 & -1 \\ -4 & 4 \end{bmatrix} \quad Q_o = \begin{bmatrix} -1 & 1 \\ -5 & -3 \end{bmatrix}$$

non commandable et observable

   - S2 en série avec S1 :

$$Q_c = \begin{bmatrix} 2 & -10 \\ -4 & 12 \end{bmatrix} \quad Q_o = \begin{bmatrix} 1 & 1 \\ -1 & -1 \end{bmatrix}$$

commandable et non observable

   - S1 en parallèle avec S2 :

$$Q_c = \begin{bmatrix} 2 & -2 \\ -4 & 12 \end{bmatrix} \quad Q_o = \begin{bmatrix} 1 & 1 \\ -1 & -3 \end{bmatrix}$$

commandable et observable

   - S1 bouclé par S2 :

$$Q_c = \begin{bmatrix} 1 & 0 \\ -2 & 0 \end{bmatrix} \quad Q_o = \begin{bmatrix} 1/2 & -1/2 \\ 0 & 0 \end{bmatrix}$$

non commandable et non observable

Exercice 6 :

1. Le système est obligatoirement observable car l'équation différentielle représente la partie observable d'un système, commandable ou pas. Par contre, il n'est pas commandable car si l'on calcule la fonction de transfert, on a :

$$G(s) = \frac{(s+1)^2}{(s+2)^2\,(s+1)^2} = \frac{1}{(s+2)^2}$$

   On a une simplification et le pôle -1 n'est pas commandable.

2. On ne peut donner que la forme compagne canonique d'observation ou tout autre forme compagne observable mais non commandable :

$$\frac{dx}{dt} = \begin{bmatrix} -6 & 1 & 0 & 0 \\ -13 & 0 & 1 & 0 \\ -12 & 0 & 0 & 1 \\ -4 & 0 & 0 & 0 \end{bmatrix} x + \begin{bmatrix} 0 \\ 1 \\ 2 \\ 1 \end{bmatrix} u$$
$$y = \begin{bmatrix} 1 & 0 & 0 & 0 \end{bmatrix} x$$

3. Non, car le système n'est pas commandable. Même si la forme canonique de commande est une réalisation de la fonction de transfert ci-dessus, elle représente un système commandable - alors que le système ne l'est pas - et non observable - alors que le système l'est.

4. Oui, car le système est observable.

D-6. Correction des exercices du chapitre VI

Exercice 1 :

Partie I

1. Le lieu d'Evans de :

$$1 + \frac{50k}{s(s+50)} = 0$$

est représenté sur la figure suivante :

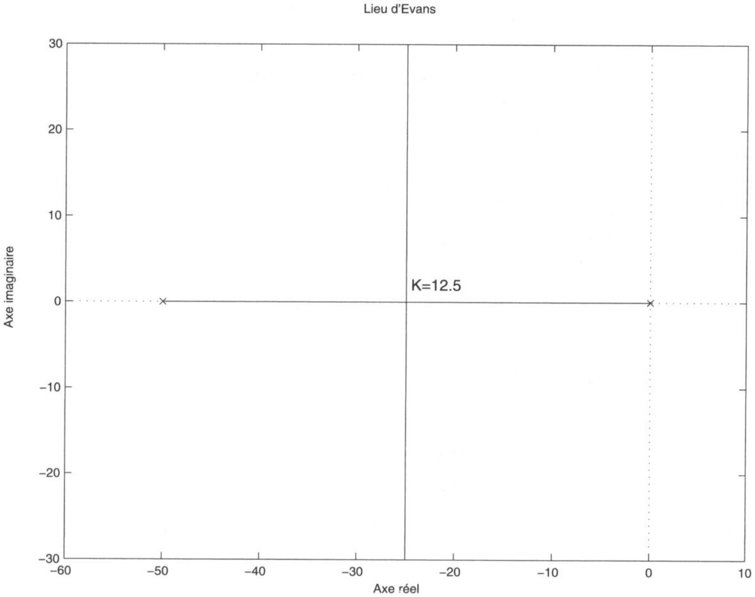

2. On obtient une marge de phase de 45 degrés pour :

$$k = \frac{\sqrt{2}}{T} = \frac{\sqrt{2}}{0.02} = 50\sqrt{2}$$

3. On peut appliquer la condition des modules sur les branches imaginaires du lieu. Soit M, un point sur une branche imaginaire, P_0 le point à l'origine et P_1le point de coordonnées $(-50, 0)$. On a :

$$P_0M \times P_1M = P_0M^2 = 50k \text{ et } \zeta = \frac{25}{P_0M} = \frac{25}{\sqrt{50k}} = 0.42$$

Le système est de type 1, donc :

$$\epsilon_v = \frac{1}{k} = 1.4\%$$

4. $\epsilon_v = 0.8\% \Rightarrow K = 125$ et :

$$\zeta = \frac{25}{P_0 M} = \frac{25}{\sqrt{50k}} = 0.32$$

La marge de phase correspond à :

$$|kG(j\omega)| = \frac{k}{\omega\sqrt{1+4.10^{-4}\omega^2}} = 1 \Rightarrow \omega \simeq 71.6rd/s$$

et :

$$\arg kG = -90^\circ - \arctan 0.02 \times 71.6 = -145^\circ \Rightarrow \varphi_M = 35^\circ$$

PARTIE II

1. On a vu qu'une erreur de vitesse de 0.8% conduisait à une valeur de $K = 125$. On repère la pulsation pour laquelle la phase vaut -135°, soit :

$$\omega_c = 50rd/s$$

Le gain à cette fréquence vaut :

$$|kG(j50)| = \frac{125}{50\sqrt{2}} = 1.77$$

Le réseau correcteur doit atténuer de :

$$b = \frac{50\sqrt{2}}{125} = 0.57$$

Pour s'affranchir de l'effet de phase , on choisit :

$$\frac{1}{bT} = \frac{\omega_c}{10} = 5rd/s \Rightarrow bT = 0.2 \Rightarrow T = 0.35s$$

et le réseau correcteur est :

$$R(s) = \frac{1+0.2s}{1+0.35s}$$

2. Le lieu des racines du système corrigé correspond à :

$$1 + 28k\frac{s+5}{s\,(s+2.8)\,(s+50)} = 0$$

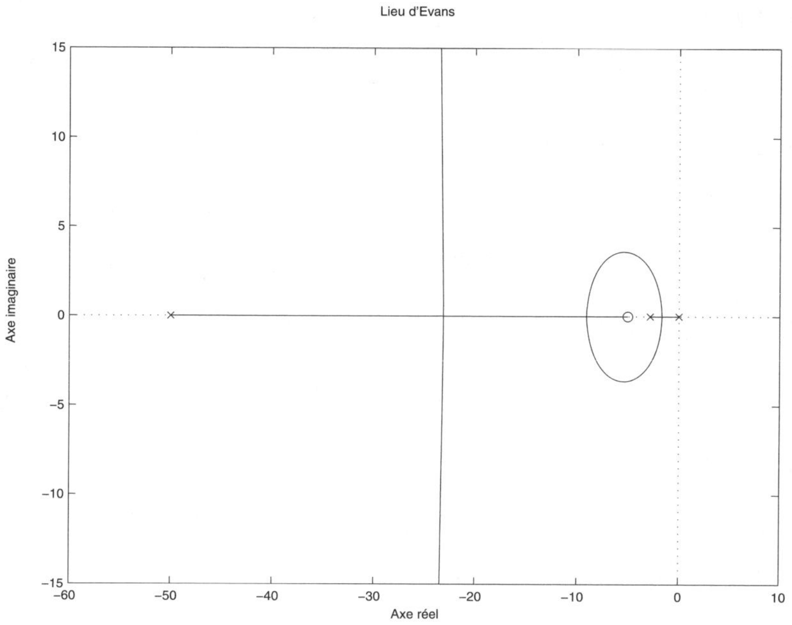

PARTIE III

1. On choisit $T = 0.02s$. On a :

$$kR(s)G(s) = \frac{ak}{s\,(1 + 0.02as))}$$

et donc :

$$\epsilon_v = 0.8\% \Rightarrow ak = 125$$
$$\varphi_M = 45^\circ \Rightarrow 0.02a^2k = \sqrt{2}$$

On obtient :

$$a = \frac{\sqrt{2}}{125 \times 0.02} = 0.57 \qquad k = 221$$

2. Le lieu des racines a une allure similaire à celle de la question I.1. Seules changent les valeurs.
3. On vérifie sans peine que pour la valeur de k obtenue en III.1, le coefficient d'amortissement est égal à 0.42.

Exercice 2 :

PARTIE I

1.

$$G(p) = \frac{1}{s^2+s+1},\ \omega_n = 1,\ \zeta = \frac{1}{2},\ K_s = 1$$

2.

$$D_1 = \exp(-\zeta\pi/\sqrt{1-\zeta^2}) = \exp(-\frac{\pi}{2}\sqrt{1-\frac{1}{4}}) = 25.657\%$$

PARTIE II

1.

$$\varphi = -\arctan(\frac{2\zeta\omega_n\omega}{\omega_n^2-\omega^2}) = -\frac{\pi}{4} \Rightarrow \omega = \omega_n(-\zeta+\sqrt{1+\zeta^2})$$

$$\frac{K}{\omega\sqrt{(1-\frac{\omega^2}{\omega_n^2})^2+4\zeta^2\frac{\omega^2}{\omega_n^2}}} = 1$$

$$(1-\frac{\omega^2}{\omega_n^2}) = (1-\frac{\omega_n^2(-\zeta+\sqrt{1+\zeta^2})^2}{\omega_n^2}) = 2\zeta\sqrt{\zeta^2+1}-2\zeta^2$$

$$4\zeta^2\frac{\omega^2}{\omega_n^2} = 4\zeta^2\frac{\omega_n^2(-\zeta+\sqrt{1+\zeta^2})^2}{\omega_n^2} = 4\zeta^2+8\zeta^4-8\zeta^3\sqrt{\zeta^2+1}$$
$$= (2\zeta\sqrt{\zeta^2+1}-2\zeta^2)^2$$

$$K = 2\sqrt{2}\zeta\omega_n(-\zeta+\sqrt{1+\zeta^2})^2$$

$$K = 2\sqrt{2}\,0.5(-0.5+\sqrt{1+0.5^2})^2 = 0.54019$$

2.

$$H(s) = \frac{\frac{0.54}{s(s^2+s+1)}}{1+\frac{0.54}{s(s^2+s+1)}} = \frac{0.54}{s^3+s^2+s+0.54}$$

$$\text{pôles} \Rightarrow \begin{cases} -0.68770 \\ -0.15615+0.87227i \\ -0.15615-0.87227i \end{cases},\ \varepsilon_v = \frac{1}{K} = 1.8519$$

On ne peut pas satisfaire les spécifications.

PARTIE III

1. En remplaçant dans l'équation différentielle, on a :

$$\theta'' + (1 - k_2)\theta' + (1 - k_1)\theta = l_c y_c$$

d'où :

$$k_1 = -1010024, \quad k_2 = -1999$$

2. Oui les spécifications sont atteintes car les pôles en boucle fermée sont :

$$s^2 + 2000s + 1010025 = 0, \text{ pôles } \begin{cases} 5i\sqrt{401} - 1000 \\ -5i\sqrt{401} - 1000 \end{cases}$$

$$L(s) = 1, \; M(s) = l_c, \; T(s) = k_1 + k_2 s$$

3. L'erreur de position est :

$$\varepsilon_p = 1 - \frac{l_c}{1010025} \Rightarrow \varepsilon_p = 0 \text{ pour } l_c = 1010025$$

4.

$$\frac{\Theta(s)}{Y_c(s)} = \frac{1010025}{s^2 + 2000s + 1010025}$$

PARTIE IV

1. Les valeurs de b et c sont :

$$c = 2020050000$$
$$b = 5010025$$

2. On voit que $H(s)/G(s)$ est propre, donc on peut trouver un correcteur réalisable.
3.

$$H(s) = \frac{5010025s + 2020050000}{s^3 + 4000s^2 + 5010025s + 2020050000}$$

$$M(s) = 5010025s + 2020050000$$

$$\begin{pmatrix} 1 & 1 & 0 & 0 \\ 1 & 0 & 1 & 1 \\ 1 & 0 & 1 & 0 \\ 0 & 0 & 1 & 0 \end{pmatrix} \begin{pmatrix} a_0 \\ m_0 \\ a_1 \\ m_1 \end{pmatrix} = \begin{pmatrix} 2020050000 \\ 5010025 \\ 4000 \\ 1 \end{pmatrix}$$

$$L(s) = s + 3999$$
$$T(s) = 5006\,025s + 2020\,046\,001$$

Exercice 3 :

1. On obtient la représentation d'état :

$$\frac{dx}{dt} = \begin{bmatrix} 0 & 1 \\ 4 & 0 \end{bmatrix} x + \begin{bmatrix} 0 \\ 1 \end{bmatrix} u$$
$$y = \begin{bmatrix} 1 & 0 \end{bmatrix} x$$

2. La fonction de transfert correspondante est :

$$G_F(s) = \frac{8}{s^2 + 4s + 8}$$

En effet, elle permet d'avoir une erreur de position nulle, car les coefficients constants au numérateur et au dénominateur sont égaux. Les pôles sont :

$$-2 - 2i$$
$$-2 + 2i$$

Ils correspondent à un amortissement :

$$\zeta = \frac{\sqrt{2}}{2} \Rightarrow D \leq 5\%$$

Leur partie réelle est telle que :

$$-2 \leq -\frac{4.5}{t_r} = -\frac{4.5}{2.5} = -1.8$$

3. Pour le critère donné, et pour une entrée en échelon de position, la factorisation spectrale conduit à :

$$-s^2(s^2 - 4)^2 + q = D_0(s)D_0(-s)$$

avec :

$$D_0(s) = \left(d_0 + d_1 s + d_2 s^2 + d_3 s^3\right)$$

La fonction de transfert optimale est d'ordre 3 avec un numérateur constant. La fonction de transfert $G_F(s)$ n'est pas optimale pour le critère donné.

4. On a :

$$\frac{G_F(s)}{N(s)} = \frac{N_p(s)}{D_p(s)} = \frac{8}{s^2 + 4s + 8}$$

On choisit un polynôme $\overline{D_p}(s)$ d'ordre 1 stable, par exemple $\overline{D_p}(s) = s + 1$. On a alors :

$$M(s) = N_p(s)\overline{D_p}(s) = 8(s + 1)$$

et on doit résoudre :

$$L(s)D(s)+T(s)N(s)=\psi(s)=(s+1)\left(s^2+4s+8\right)$$
$$=s^3+5s^2+12s+8$$

Les polynômes $L(s)$ et $T(s)$ sont de degré égal à 1. D'où :

$$\begin{bmatrix} -4 & 1 & 0 & 0 \\ 0 & 0 & -4 & 1 \\ 1 & 0 & 0 & 0 \\ 0 & 0 & 1 & 0 \end{bmatrix}\begin{bmatrix} l_0 \\ t_0 \\ l_1 \\ t_1 \end{bmatrix}=\begin{bmatrix} 8 \\ 12 \\ 5 \\ 1 \end{bmatrix}$$

et :

$$L(s)=s+5 \qquad T(s)=4(4s+7)$$

5. La fonction de transfert en boucle fermée s'écrit :

$$G_F(s)=\frac{l_c}{s^2+k_1s+k_0-4}=\frac{8}{s^2+4s+8}\Rightarrow \begin{array}{c} l_c=8 \\ k_0=12 \\ k_1=4 \end{array}$$

6. Il suffit de prendre :

$$M(s)=8 \qquad L(s)=1 \qquad T(s)=4(s+3)$$

7. La différence entre les deux correcteurs est la suivante : le correcteur ci-dessus nécessite la mesure de la dérivée de la sortie. Si on ne la mesure pas, il faut dériver la sortie. Et alors le correcteur n'est pas réalisable. Cet inconvénient n'existe pas avec le premier correcteur.

Exercice 4 :

PARTIE I

1. La représentation d'état est donnée par :

$$\frac{dx}{dt}=\begin{bmatrix} 0 & 1 \\ -1 & -10.1 \end{bmatrix}x+\begin{bmatrix} 0 \\ 1 \end{bmatrix}u$$
$$y=\begin{bmatrix} 1 & 0 \end{bmatrix}x$$

2. La fonction de transfert est alors :

$$\frac{\Theta(s)}{I(s)}=\frac{1}{s^2+10.1s+1}$$

soit :

$$\omega_n=1rd/s \quad \text{et} \quad \zeta=5.05$$

3. On a :

$$\Theta(s) = \frac{1}{s^2 + 10.1s + 1}\frac{1}{s} = \frac{1}{s} + \frac{-100/99}{s+0.1} + \frac{1/99}{s+10}$$

d'où :

$$\theta(t) = 1 - \frac{100}{99}e^{-0.1t} + \frac{1}{99}e^{-10t}$$

Le pôle -0.1 est dominant, le système est apériodique.

PARTIE II

1. Voir exercice 8, chapitre IV.
2. En utilisant la formule de la question II.1, on obtient $K = 145.66$. L'erreur de vitesse est :

$$\epsilon_p = \frac{1}{1+K} = 0.0068$$

3. La fonction de transfert en boucle fermée est :

$$G_F(s) = \frac{145.66}{s^2 + 10.1s + 146.6}$$

et, par identification avec un polynôme du second ordre, on a $\omega_n = 12.11rd/s$ et $\zeta = 0.417$.

4. Le gain en basse fréquence est obtenu par :

$$20\log\frac{145.6}{146.6} = -0.0594dB$$

La fréquence de résonance est $\omega_R = \omega_n\sqrt{1-2\zeta^2} = 9.78rd/s.$, et le gain à la résonance :

$$A(\omega_R) = 20\log\frac{K/(K+1)}{2\zeta\sqrt{1-\zeta^2}} = 20\log 1.31 = 2.35dB$$

PARTIE III

1. On a :

$$R(s)G(s) = \frac{0.1K}{a}\frac{1+10s}{\left(1+\frac{s}{a}\right)(s^2+10.1s+1)}$$

Système de type 0, donc :

$$\epsilon_p = \frac{1}{1+\frac{0.1K}{a}} = \frac{1}{1001} \Rightarrow K = 10000a$$

La fonction de transfert en boucle fermée s'écrit :

$$G_F(s) = \frac{K}{s^2 + (10+a)s + 10a + K}$$

et donc :

$$\omega_n = \sqrt{10+a} \qquad \zeta = \frac{10+a}{2\sqrt{10+a}} = \frac{\sqrt{2}}{2}$$

En utilisant ce qui précède, on arrive à :

$$a^2 - 20000a + 100 = 0$$

On a deux solutions :

$$\left\{ \begin{array}{l} a_1 = 0.005 \\ a_2 = 20000 \end{array} \right. \Rightarrow \left\{ \begin{array}{l} K_1 = 50 \\ K_2 = 200000000 \end{array} \right.$$

2. Le réseau correcteur prend la forme :

$$R(s) = \frac{0.1K}{a} \frac{1+10s}{\left(1+\frac{s}{a}\right)} = K' \frac{1+bTs}{1+Ts} \text{ avec } T = 1/a \text{ et :}$$

$$b = 10a = \left\{ \begin{array}{l} 0.05 \Rightarrow \text{ retard de phase} \\ 200000 \Rightarrow \text{ avance de phase} \end{array} \right.$$

3. En identifiant la fonction de transfert avec celle d'un système du second ordre, on a :

$$\omega_n = \sqrt{10a} = \left\{ \begin{array}{l} 0.224 \\ 447.21 \end{array} \right. \text{ et } \zeta = \frac{10+a}{2\omega_n} = \left\{ \begin{array}{l} 22.37 \\ 22.37 \end{array} \right.$$

$$\Rightarrow K = 2832.7 > 145 \text{ La marge de phase a diminué.}$$

4. On choisit le réseau correcteur avec la meilleure marge de phase.

Exercice 5 :

1. Voir exercice 8, chapitre IV.
2. La représentation d'état s'écrit :

$$\frac{dx}{dt} = \left[\begin{array}{cc} 0 & 1 \\ -2 & -3 \end{array} \right] x + \left[\begin{array}{c} 0 \\ 2 \end{array} \right] u$$

$$y = \left[\begin{array}{cc} 1 & 0 \end{array} \right] x$$

3. On a :

$$\omega_n = \sqrt{2} \quad \text{et} \quad \zeta = \frac{3}{2\sqrt{2}}$$

et donc :

$$K = 2\sqrt{2}\frac{3}{2\sqrt{2}}\sqrt{2}\left(\sqrt{1+\left(\frac{3}{2\sqrt{2}}\right)^2} - \frac{3}{2\sqrt{2}}\right)^2 = 0.668\,9$$

L'erreur de position est nulle.

4. Pour avoir une erreur de vitesse de 10%, il faut que $K = 10$. Le polynôme caractérisque s'écrit :

$$s^3 + 3s^2 + 2s + 20 = 0$$

On peut conclure par le critère de Routh ou en calculant les pôles, soit :

$$-3.\,837\,1 \qquad 0.418\,57 - 2.\,244\,3i \qquad 0.418\,57 + 2.\,244\,3i$$

Le système est instable.

5. La fonction de transfert en boucle ouverte :

$$R(s)G(s) = \frac{2K}{s\,(s+a)^2} = \frac{2K}{s\,(s^2 + 2as + a^2)}$$

d'où :

$$\omega_n = a \quad \text{et} \quad \zeta = 1$$

On doit avoir :

$$\frac{a^2}{2K} = \frac{1}{10} \qquad \frac{2K}{a^2} = 2\sqrt{2}a\left(\sqrt{2}-1\right)^2$$

et donc :

$$a = \frac{5}{\sqrt{2}\,(\sqrt{2}-1)^2} = 20.\,607 \qquad K = 5a^2 = 2123.\,2$$

6. Le réseau correcteur est composé d'un intégrateur en cascade avec deux avances de phase.

Exercice 6 :

1. Le polynôme caractéristique à atteindre est :

$$\psi(s) = s^3 + 4s^2 + 6s + 4$$

Comme l'ordre du système est égal à 2, le correcteur sera d'ordre 1. On l'obtient en résolvant :

$$\begin{bmatrix} 2 & 1 & 0 & 0 \\ -2 & 0 & 2 & 1 \\ 1 & 0 & -2 & 0 \\ 0 & 0 & 1 & 0 \end{bmatrix} \begin{bmatrix} l_0 \\ m_0 \\ l_1 \\ m_1 \end{bmatrix} = \begin{bmatrix} 4 \\ 6 \\ 4 \\ 1 \end{bmatrix} \Rightarrow \begin{bmatrix} l_0 \\ m_0 \\ l_1 \\ m_1 \end{bmatrix} = \begin{bmatrix} 6 \\ -8 \\ 1 \\ 16 \end{bmatrix}$$

2. Une analyse directe permet de conclure que l'on a :

$$t_r \leq 4.5s \quad \text{et} \quad D \leq 5\%$$

En boucle fermée, on a :

$$G_F(s) = \frac{s+6}{s^3 + 4s^2 + 6s + 4}$$

et donc :

$$\epsilon_p = \left| 1 - \frac{6}{4} \right| = \frac{1}{2}$$

3. Il suffit de mettre en série avec la structure bouclée un gain de :

$$l_c = \frac{4}{6}$$

4. Oui, à condition de mettre en série avec la structure bouclée un terme :

$$\frac{6s+4}{s+6}$$

Exercice 7 :

PARTIE I

1. Le lieu des racines est représenté sur la figure suivante :

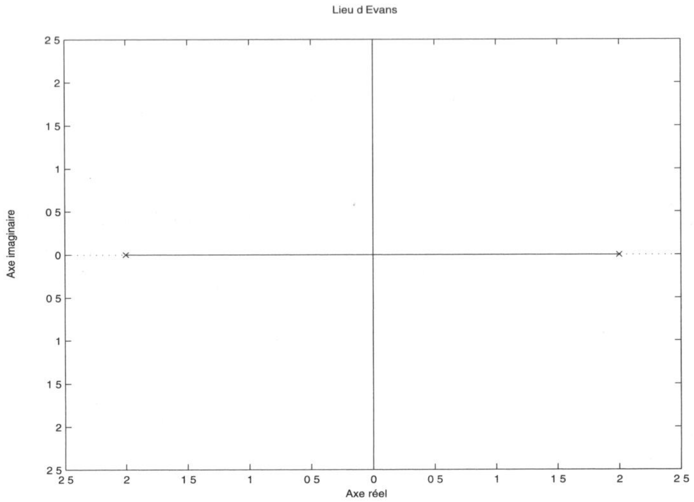

2. Non, il n'est pas possible d'atteindre les spécifications. Le système est instable pour tout $K > 0$.
3. On peut penser au placement de pôles ou à des techniques de compensation directe de termes stables.

PARTIE II

1. $K = 10$.
2. Le polynôme caractéristique en boucle fermée est :

$$s^2 + KTs + K - 4 = 0$$

Si $K = 40$, on a :

$$1 + T\frac{40s}{s^2 + 36} = 0$$

Le lieu des racines est un demi-cercle caractérisé par :

$$y \neq 0 \Rightarrow \begin{cases} x^2 + y^2 = 36 \\ T = -\dfrac{x}{20} \end{cases}$$

$$y = 0 \Rightarrow T = -\frac{1}{40x}\left(x^2 + 36\right) > 0 \Rightarrow x < 0$$

Et donc pour satisfaire les spécifications, il faut :

$$T \in \left[\frac{\sqrt{5}}{10}, \frac{37}{40}\right]$$

3. Il faut que la partie réelle des pôles soit la plus petite possible, soit :

$$T = \frac{3}{10}$$

PARTIE III

1. Le polynôme caractéristique s'écrit :

$$\alpha s^3 + s^2 + (KT - 4\alpha)s + K - 4 = 0$$

Le critère de Routh conduit aux conditions suivantes :,

$$\begin{aligned} \alpha &> 0 \\ (KT - 4\alpha) &> 0 \\ K - 4 &> 0 \\ K(T - \alpha) &> 0 \end{aligned}$$

2. En divisant la dernière par αK, on a :

$$\frac{T}{\alpha} > 1$$

et le réseau correcteur est un avance de phase car :

$$R(s) = K \frac{\left(1 + \frac{T}{\alpha}\alpha s\right)}{1 + \alpha s} \text{ avec } a = \frac{T}{\alpha}$$

3. Si $\alpha = 0.1,\ K = 44$ et $KT = 44$,

$$\frac{T}{\alpha} = 10 \text{ et l'apport de phase est : } \arcsin\left(\frac{10}{11}\right) = 65.38^\circ$$

à la pulsation $\dfrac{1}{\alpha\sqrt{\dfrac{T}{\alpha}}} = \sqrt{10} rd/s$. Les pôles sont les racines de :

$$0.1s^3 + s^2 + 43.6s + 40 = 0$$

et les spécifications ne sont pas satisfaites.

4. L'erreur de position est alors :

$$\epsilon_p = \frac{1}{1 - 11} = -\frac{1}{10}$$

PARTIE IV

1. Le polynôme caractéristique est donné par :

$$(s+3)^3 = s^3 + 9s^2 + 27s + 27$$

On a :

$$\begin{bmatrix} -4 & 1 & 0 & 0 \\ 0 & 0 & -4 & 1 \\ 1 & 0 & 0 & 0 \\ 0 & 0 & 1 & 0 \end{bmatrix} \begin{bmatrix} l_0 \\ m_0 \\ l_1 \\ m_1 \end{bmatrix} = \begin{bmatrix} 27 \\ 27 \\ 9 \\ 1 \end{bmatrix} \Rightarrow \begin{bmatrix} l_0 \\ m_0 \\ l_1 \\ m_1 \end{bmatrix} = \begin{bmatrix} 9 \\ 63 \\ 1 \\ 31 \end{bmatrix}$$

L'erreur de position est :

$$\epsilon_p = 1 - \frac{63}{27} = -1.333\,3$$

2. On a :

$$-s^2(s^2-4)^2 + 9 = D_0(s)D_0(-s)$$

avec :

$$\begin{aligned} D_0(s) &= \left(d_0 + d_1 s + d_2 s^2 + d_3 s^3\right) \\ &= -d_3^2 s^6 + (d_2^2 - 2d_1 d_3)s^4 + (2d_0 d_2 - d_1^2)s^2 + d_0^2 \end{aligned}$$

soit :

$$-s^6 + 8s^4 - 16s^2 + 9 = -d_3^2 s^6 + (d_2^2 - 2d_1 d_3)s^4 + (2d_0 d_2 - d_1^2)s^2 + d_0^2$$

On doit avoir :

$$d_3 = 1, \;\; d_0 = 3$$

et :

$$\begin{cases} d_2^2 - 2d_1 = 8 \\ 6d_2 - d_1^2 = -16 \end{cases}$$

$$d_1 = \sqrt{13} + 3 \quad \text{et} \quad d_2 = \sqrt{13} + 1$$

La fonction de transfert optimale est alors :

$$G_F(s) = \frac{qN(0)}{D_0(0)} \frac{N(s)}{D_0(s)} = \frac{3}{s^3 + (\sqrt{13}+1)s^2 + \left(\sqrt{13}+3\right)s + 3}$$

Le correcteur à deux degrés de liberté est obtenu en appliquant la procédure. Dans ce cas, on a $\overline{D_p}(s) = 1$, $M(s) = 3$ et :

$$\begin{bmatrix} -4 & 1 & 0 & 0 \\ 0 & 0 & -4 & 1 \\ 1 & 0 & 0 & 0 \\ 0 & 0 & 1 & 0 \end{bmatrix} \begin{bmatrix} l_0 \\ t_0 \\ l_1 \\ t_1 \end{bmatrix} = \begin{bmatrix} 3 \\ \sqrt{13}+3 \\ \sqrt{13}+1 \\ 1 \end{bmatrix}$$

d'où :

$$\begin{bmatrix} l_0 \\ t_0 \\ l_1 \\ t_1 \end{bmatrix} = \begin{bmatrix} \sqrt{13}+1 \\ 4\sqrt{13}+7 \\ 1 \\ \sqrt{13}+7 \end{bmatrix}$$

Exercice 8 :

PARTIE I

1. Le lieu des racines est simple, c'est celui d'un système du second ordre très similaire à celui de la question I.1 de l'exercice 7.
2. Le système n'est pas stabilisable par cette commande, on ne peut donc pas définir l'erreur.
3. On peut choisir le placement de pôles. Le système n'est pas adapté pour une synthèse directe de correcteur avance ou retard de phase.

PARTIE II

1. L'application du critère de Routh conduit aux conditions suivantes :

$$b < a < Kb$$
$$a > 0$$
$$K > 1$$

La fonction de transfert du réseau correcteur s'écrit :

$$R(s) = \frac{Kb}{a} \frac{1 + \frac{a}{b}\frac{s}{a}}{1 + \frac{s}{a}} \text{ avec } \frac{a}{b} > 1 \Rightarrow \text{avance de phase}$$

2. L'erreur de position est donnée par :

$$\epsilon_p = \left| \frac{1}{1 - \frac{Kb}{a}} \right| \leq \frac{1}{10} \Rightarrow Kb \geq 11a$$

3. Le lieu des racines est défini par les équations suivantes :

$$1 + a\frac{s-1}{(s-\frac{1}{2})^2+\frac{39}{4}} = 0$$

$$\text{Si } y \neq 0 \text{ alors } (x-1)^2+y^2 = 10 \text{ et } a = 1-2x$$
$$\text{Si } y = 0 \text{ alors } x \leq 1 \text{ et } a = \frac{1}{x-1}\left(-x^2+x-10\right)$$

   Le système est asymptotiquement stable si :

$$1 < a < 10$$

4. On doit avoir les pôles dans le secteur correspondant à des pôles d'amortissement supérieur à $\sqrt{2}/2$ et de partie réelle inférieure à -1. C'est le cas si :

$$\sqrt{19} \leq a \leq 6$$

   Mais on ne peut pas obtenir la spécification sur l'erreur car il faut que :

$$a \leq \frac{10}{11}$$

   ce qui est incompatible avec la condition de stabilité.

PARTIE III

1. Il faut que $hc = 2$ et $h = 4$, donc $c = 2$. Les pôles sont dans la bonne région du plan complexe.
2. On peut prendre $\overline{D_p}(s) = 1$ et alors on obtient :

$$M(s) = 4s+2 \qquad L(s) = s+3 \qquad T(s) = 5(s+1)$$

Exercice 9 :

1. On a :

$$\varphi(\omega) = -2\arctan\left(\frac{\omega}{2}\right) = -135° \Rightarrow \omega = 5rd/s$$

$$\left|\frac{K}{4+\omega^2}\right|_{\omega=5} = 1 \Rightarrow K = 28$$

2. L'erreur est :

$$\epsilon_p = \frac{1}{1 + \frac{K}{4}} = \frac{1}{8}$$

3. Les pôles sont racines de :

$$s^2 + 4s + 32 = 0$$

soit :

$$\begin{array}{l} -2 - 2i\sqrt{7} \\ -2 + 2i\sqrt{7} \end{array} \Rightarrow \omega_n = 4\sqrt{2} \text{ et } \zeta = \frac{\sqrt{2}}{4}$$

En basse fréquence le gain vaut $|G_F(0)| = 7/8$ et le gain à la résonance :

$$|G_F(\omega_R)| = \frac{K}{2\zeta\sqrt{1-\zeta^2}} = \frac{112}{\sqrt{7}}$$

La surtension vaut :

$$\frac{|G_F(\omega_R)|}{|G_F(0)|} = \frac{112}{\sqrt{7}} \times \frac{8}{7} = \frac{128}{\sqrt{7}}$$

4. Pour $K = 36$, l'erreur de position vaut $1/10$ et $\varphi_M < 45°$.
5. On a $K = 36$ et pour $\omega = 5rd/s$, on a une phase qui vaut $\varphi(\omega) = -135°$. Le gain est :

$$\left.\frac{36}{4 + \omega^2}\right|_{\omega=5} = \frac{9}{7}$$

L'atténuation du correcteur par retard de phase doit valoir :

$$b = \frac{7}{9}$$

On choisit :

$$\frac{1}{bT} = \frac{5}{10} \Rightarrow T = \frac{18}{7}$$

et la fonction de transfert du réseau correcteur est :

$$R(s) = \frac{1 + 2s}{1 + \frac{18}{7}s}$$

6. On a :

$$R(s)G(s) = \frac{\frac{K}{2}}{s\left(s + \frac{1}{2}s\right)}$$

et pour avoir une marge de phase de 45° il faut que :

$$\frac{K}{2} = 2\sqrt{2} \Rightarrow K = 4\sqrt{2}$$

L'erreur de position vaut 17,68%.

Exercice 10 :

PARTIE I

1. La représentation d'état est :

$$\frac{dx}{dt} = \begin{bmatrix} 0 & 1 \\ 0 & 0 \end{bmatrix} x + \begin{bmatrix} 0 \\ 1 \end{bmatrix} u$$
$$y = \begin{bmatrix} 1 & 0 \end{bmatrix} x$$

2.

$$G(s) = \frac{1}{s^2}$$

3.

$$s^2Y(s) - s - 1 = \frac{1}{s} \Rightarrow Y(s) = \frac{1}{s} + \frac{1}{s^2} + \frac{1}{s^2} \Rightarrow y(t) = 1 + t + \frac{t^2}{2}$$

PARTIE II

1.

$$G_F(s) = \frac{K}{s^2 + K}$$

2. Le système ne peut pas être stabilisé. Si $K < 0$ il est instable, si $K > 0$, il est simplement stable.

3.

$$G_F(s) = \frac{K(1 + Ts)}{s^2 + KTs + K}$$

4. Le système est stable asymptotiquement pour $K > 0$ et $T > 0$.

5.

$$\omega_n = \sqrt{K} \text{ et } \zeta = \frac{T\sqrt{K}}{2}$$

6. C'est un double intégrateur.

7. Le terme $1 + Ts$ apporte 45° de déphasage pour la pulsation $\omega = 1/T$. Donc il faut que :

$$\left.\frac{K\sqrt{1+T^2\omega^2}}{\omega^2}\right|_{\omega=\frac{1}{T}} = 1 \Rightarrow K = \frac{1}{T^2\sqrt{2}}$$

8. On a :

$$\zeta = \frac{T\sqrt{K}}{2} = \frac{1}{\sqrt{\sqrt{2}}}$$

9. Les pôles du système bouclé sont les racines de :

$$s^2 + 2\zeta\sqrt{K}s + K = 0 \Rightarrow \text{pôles} \begin{cases} -\sqrt{K}\left(\zeta + j\sqrt{1-\zeta^2}\right) \\ -\sqrt{K}\left(\zeta - j\sqrt{1-\zeta^2}\right) \end{cases}$$

On obtient l'erreur demandée pour $K = 100$.

PARTIE III

1.

$$G_F(s) = \frac{K(1+Ts)}{\alpha s^3 + s^2 + KTs + K}$$

2. En appliquant le critère de Routh, on arrive aux conditions :

$$\alpha > 0 \quad K > 0 \quad T > 0 \quad T > \alpha$$

Comme on pouvait le prévoir, il s'agit d'un réseau avance de phase.

3. Il faut que l'apport de phase du réseau correcteur soit de 45°. Ceci est réalisé si :

$$\frac{\sqrt{2}}{2} = \frac{\frac{T}{\alpha} - 1}{\frac{T}{\alpha} + 1} \Rightarrow \delta = \frac{T}{\alpha} = \frac{1 + \frac{\sqrt{2}}{2}}{1 - \frac{\sqrt{2}}{2}} = 5.828\,4$$

La pulsation pour laquelle on a cet apport de phase est donnée par :

$$\omega_\delta = \frac{1}{\alpha\sqrt{\delta}}$$

4. Si $K = 100$, il faut pour avoir une marge de phase de 45, ° que :

$$\left.\frac{100\sqrt{1+T^2\omega^2}}{\omega^2\sqrt{1+\alpha^2\omega^2}}\right|_{\omega=\omega_\delta} = 1$$

On peut encore écrire l'expression précédente comme :

$$\frac{100\sqrt{1+\delta}}{\frac{1}{\alpha^2\delta}\sqrt{1+\frac{1}{\delta}}} = \frac{100\alpha^2\delta\sqrt{1+\delta}}{\sqrt{1+\frac{1}{\delta}}} = 1$$

d'où on déduit :

$$\alpha = \frac{1}{10}\sqrt{\frac{\sqrt{1+\frac{1}{\delta}}}{\delta\sqrt{1+\delta}}} = 2.6659 \times 10^{-2}$$

et :

$$T = \alpha\delta = 0.156$$

Exercice 11 :

1. L'équation du lieu des racines est :

$$\text{Si } y \neq 0 \text{ alors } (x+1)^2 + y^2 = 4 \text{ et } K = -2x$$
$$\text{Si } y = 0 \text{ alors } x \leq -1 \text{ et } K = \frac{-x^2}{x+1}$$

Pour satisfaire les spécifications sur l'erreur, il faut $K \geq 27$. Pour le dépassement et le temps d'établissement, il faut que $K \geq 1 + \sqrt{7}$.

2. $K = 27$. Les pôles du système bouclé sont les racines de :

$$s^2 + 27s + 30 = 0$$

soit :

$$\begin{array}{c} -25.839 \\ -1.161 \end{array}$$

Le système est apériodique avec un pôle proche d'un zéro.

3. La fonction de transfert en boucle fermée qui répond à ces exigences peut être :

$$G_F(s) = \frac{2s+1}{s^2+2s+1}$$

On applique la procédure et on obtient avec $\overline{D_p}(s) = 1$:

$$\begin{bmatrix} 3 & 1 & 0 & 0 \\ 0 & 1 & 3 & 1 \\ 1 & 0 & 0 & 1 \\ 0 & 0 & 1 & 0 \end{bmatrix} \begin{bmatrix} l_0 \\ t_0 \\ l_1 \\ t_1 \end{bmatrix} = \begin{bmatrix} 1 \\ 3 \\ 3 \\ 1 \end{bmatrix}$$

$$M(s) = 2s+1 \qquad L(s) = s+1 \qquad T(s) = 2(s-1)$$

Exercice 12 :

PARTIE I

1. Le lieu d'Evans est très proche de celui tracé pour l'exercice 1, question I.1.
2. Aucune valeur de k ne permet de satisfaire les spécifications.
3. La meilleure valeur est la plus grande permettant de rester dans le secteur correspondant aux spécifications. La partie réelle des pôles pour $k \geq \frac{1}{4}$ vaut $-\frac{1}{2}$. On prendra $k = \frac{1}{2}$.

PARTIE II

1.
$$\frac{T(s)}{L(s)}G(s) = \frac{k}{s\,(s+a)} = \frac{k/a}{s\,(1+s/a)}$$

2. On obtient une marge de phase de 45° pour :
$$\frac{k}{a} = a\sqrt{2} \Rightarrow k = a^2\sqrt{2}$$

3. Les pôles sont les racines de :
$$(s+1)\left(s^2 + as + a^2\sqrt{2}\right) = 0$$
et il n'y a pas de valeur de a permettant d'atteindre les spécifications.

4. Le polynôme caractéristique est donné par :
$$(s+1)\left(s^2 + as + k\right) = 0$$
Pour les valeurs du coefficient d'amortissement et de pulsation ω_n souhaitées, il n'est pas possible d'avoir un système qui se comporte comme un système du second ordre. Le pôle -1 domine.

D-7. CORRECTION DES EXERCICES DU CHAPITRE VII

Exercice 1 :

1. On a :
$$Q_c = \begin{bmatrix} 1 & 1 & 0 \\ 1 & 2 & 0 \\ -1 & -1 & 1 \end{bmatrix} \Rightarrow \det Q_c \neq 0 \Rightarrow \text{système commandable}$$

2. On souhaite obtenir le polynôme en boucle fermée :

$$\psi(s) = \left[(s+2)^2+2\right](s+4) = s^3+8s^2+22s+24$$

On calcule la forme canonique de commandabilité. Le polynôme caractéristique de la matrice est :

$$s^3-s^2+s-1=0$$

et donc :

$$M = Q_c \begin{bmatrix} a_1 & a_2 & 1 \\ a_2 & 1 & 0 \\ 1 & 0 & 0 \end{bmatrix} = \begin{bmatrix} 1 & 1 & 0 \\ 1 & 2 & 0 \\ -1 & -1 & 1 \end{bmatrix} \begin{bmatrix} 1 & -1 & 1 \\ -1 & 1 & 0 \\ 1 & 0 & 0 \end{bmatrix}$$
$$= \begin{bmatrix} 0 & 0 & 1 \\ -1 & 1 & 1 \\ 1 & 0 & -1 \end{bmatrix}$$

La matrice compagne horizontale s'écrit :

$$A_c = \begin{bmatrix} 0 & 1 & 0 \\ 0 & 0 & 1 \\ 1 & -1 & 1 \end{bmatrix}$$

Le gain dans la base correspondante est :

$$\widetilde{L} = \begin{bmatrix} \alpha_1 - a_1 & \alpha_2 - a_2 & \alpha_3 - a_3 \end{bmatrix}$$
$$= \begin{bmatrix} 25 & 21 & 9 \end{bmatrix}$$

Le gain dans la base initiale est :

$$L = \widetilde{L}M^{-1} = \begin{bmatrix} 25 & 21 & 9 \end{bmatrix} \begin{bmatrix} 0 & 0 & 1 \\ -1 & 1 & 1 \\ 1 & 0 & -1 \end{bmatrix}^{-1} = \begin{bmatrix} 34 & 21 & 46 \end{bmatrix}$$

3. On a :

$$\begin{bmatrix} y \\ \dfrac{dy}{dt} \\ \dfrac{d^2y}{dt^2} \end{bmatrix} = \begin{bmatrix} 1 & 0 & 1 \\ 0 & 1 & 1 \\ 1 & 0 & 0 \end{bmatrix} x \Rightarrow x = \begin{bmatrix} 1 & 0 & 1 \\ 0 & 1 & 1 \\ 1 & 0 & 0 \end{bmatrix}^{-1} \begin{bmatrix} y \\ \dfrac{dy}{dt} \\ \dfrac{d^2y}{dt^2} \end{bmatrix}$$
$$= \begin{bmatrix} \dfrac{d^2y}{dt^2} \\ -y + \dfrac{dy}{dt} + \dfrac{d^2y}{dt^2} \\ y - \dfrac{d^2y}{dt^2} \end{bmatrix}$$

Donc :

$$u = -\begin{bmatrix} 34 & 21 & 46 \end{bmatrix} \begin{bmatrix} \dfrac{d^2y}{dt^2} \\ -y + \dfrac{dy}{dt} + \dfrac{d^2y}{dt^2} \\ y - \dfrac{d^2y}{dt^2} \end{bmatrix} + l_c y_c$$
$$= -25y - 21\frac{dy}{dt} - 9\frac{d^2y}{dt^2} + l_c y_c$$

4. La fonction de transfert en boucle fermée est donnée par :

$$G_F(s) = \frac{l_c}{s^3 + 8s^2 + 22s + 24} \Rightarrow l_c = 24$$

Exercice 2 :

1. Le polynôme caractéristique :

$$D(s) = s^2 - 3s + 2 = 0 \Rightarrow \text{système instable}$$

2. La matrice dynamique du système bouclé est :

$$\begin{bmatrix} 2 & 1 \\ -3L & 1-L \end{bmatrix}$$

et son polynôme caractéristique :

$$s^2 + (L-3)\,s + (L+2) = 0$$

Le système bouclé sera stable si :

$$L > 3$$

3. L'amortissement s'écrit :

$$\zeta = \frac{(L-3)}{2\sqrt{(L+2)}} = \frac{1}{2} \Rightarrow L = \frac{7+\sqrt{21}}{2}$$

4. L'amortissement doit être nul et donc $L = 3$. La pulsation des oscillations est $\sqrt{5}rd/s$.

5. Pour $L = 10$, la matrice dynamique du système bouclé qui s'écrit :

$$\begin{bmatrix} 2 & 1 \\ -30 & -9 \end{bmatrix} = \begin{bmatrix} 1 & 1 \\ -6 & -5 \end{bmatrix} \begin{bmatrix} -4 & 0 \\ 0 & -3 \end{bmatrix} \begin{bmatrix} -5 & -1 \\ 6 & 1 \end{bmatrix}$$

d'où :

$$\begin{aligned} y(t) &= \begin{bmatrix} 3 & 1 \end{bmatrix} \begin{bmatrix} 1 & 1 \\ -6 & -5 \end{bmatrix} \begin{bmatrix} e^{-4t} & 0 \\ 0 & e^{-3t} \end{bmatrix} \begin{bmatrix} -5 & -1 \\ 6 & 1 \end{bmatrix} \begin{bmatrix} 0 \\ 1 \end{bmatrix} \\ &= 3e^{-4t} - 2e^{-3t} \end{aligned}$$

Exercice 3 :

1. On a :

$$x(t) = \begin{bmatrix} 1 & t \\ 0 & 1 \end{bmatrix} \begin{bmatrix} 1 \\ 0 \end{bmatrix} = \begin{bmatrix} 1 \\ 0 \end{bmatrix}$$

La condition initiale est un état d'équilibre. Donc le système sans action extérieure s'y maintient.

2. Le système est sous forme de Jordan. On peut facilement voir qu'il est commandable et observable.

3. En boucle fermée, le modèle d'état du système est :

$$\frac{dx}{dt} = \begin{bmatrix} 0 & 1 \\ -l_1 & -l_2 \end{bmatrix} x + \begin{bmatrix} 0 \\ 1 \end{bmatrix} y_c$$

L'équation caractéristique est alors :

$$s^2 + l_2 s + l_1 = 0 \Rightarrow \text{ système stable si } l_1 > 0 \text{ et } l_2 > 0$$

4. Pour avoir une pulsation propre non amortie égale à 1, il faut que $l_1 = 1$. On a :

$$J = \int_0^\infty y^2(t)dt = \int_0^\infty x^T(t) \underbrace{\begin{bmatrix} 1 & 0 \\ 0 & 0 \end{bmatrix}}_{Q} x(t)dt = x^T(0)Px(0)$$

où P est la solution de l'équation de Lyapunov suivante :

$$A^T P + PA + Q = 0$$

En partitionnant P :

$$P = \begin{bmatrix} p_1 & p_2 \\ p_2 & p_3 \end{bmatrix}$$

l'équation de Lyapunov conduit à :

$$-2p_2 = -1$$
$$p_1 - l_1 p_2 - p_3 = 0$$
$$p_2 - l_2 p_3 = 0$$

et :

$$p_1 = \frac{1}{2}\left(l_2 + \frac{1}{l_2}\right) \qquad p_2 = \frac{1}{2} \qquad p_3 = \frac{1}{2l_1}$$

Si le système est asymptotiquement stable ($l_2 > 0$), le critère vaut :

$$J = \frac{1}{2}\left(l_2 + \frac{1}{l_2}\right)$$

et :

$$\frac{dJ}{dl_2} = \frac{l_2^2 - 1}{2l_2^2} \quad \text{et} \quad \frac{d^2J}{dl_2^2} = \frac{1}{l_2^3}$$

Le minimum est atteint pour $l_2 = 1$ conduisant à un critère $J = 1$.

5. Le gain de l'observateur est calculé en imposant à la dynamique de l'erreur des modes égaux à -1. On a :

$$A - HC = \begin{bmatrix} -h_2 & 1 \\ -h_1 & 0 \end{bmatrix}$$

Le polynôme caractéristique est :

$$s^2 + h_2 s + h_1 = s^2 + 2s + 1$$

d'où :

$$H = \begin{bmatrix} 2 \\ 1 \end{bmatrix}$$

6. La fonction de transfert en boucle fermée est :

$$G_F(s) = \frac{1}{s^2 + s + 1}$$

Exercice 4 :

1. Le système est commandable et observable car :

$$\det Q_c = \det \begin{bmatrix} 0 & 0 & 1 \\ 0 & 1 & -1 \\ 1 & 0 & 0 \end{bmatrix} \neq 0 \text{ et } \det Q_o = \det \begin{bmatrix} 1 & 0 & 0 \\ 1 & 1 & 0 \\ 1 & 0 & 1 \end{bmatrix} \neq 0$$

2. Comme $\det A = 0$, il existe une infinité de points d'équilibre caractérisée par :

$$x_1 + x_2 = 0 \quad \text{et} \quad -x_1 + x_3 = 0$$

Le système est instable car les valeurs propres de A sont : 1, -1, 0. En se ramenant à la forme diagonale, si z est le nouveau vecteur d'état, les trajectoires sont :

$$\begin{aligned} z_1(t) &= e^t z_1(0) \\ z_2(t) &= e^{-t} z_2(0) \\ z_3(t) &= z_3(0) \end{aligned}$$

Il s'agit de ce qu'on appelle un point selle dans le plan (z_1, z_2).

3. Le système bouclé s'écrit :

$$\frac{dx}{dt} = \begin{bmatrix} 1 & 1 & 0 \\ 0 & -1 & 1 \\ -k & 0 & 0 \end{bmatrix} x + \begin{bmatrix} 0 \\ 0 \\ 1 \end{bmatrix} y_c$$

Le polynôme caractéristique est : $s^3 - s + k = 0$. Il est impossible de stabiliser le système car un coefficient est toujours égal à 0.

4. En boucle fermée, le système est donné par :

$$\frac{dx}{dt} = \begin{bmatrix} 1 & 1 & 0 \\ 0 & -1 & 1 \\ -k_1 & -k_2 & -k_3 \end{bmatrix} x + \begin{bmatrix} 0 \\ 0 \\ 1 \end{bmatrix} y_c$$

Le polynôme caractéristique est alors :

$$s^3 + l_3 s^2 + (l_2 - 1)s + (l_1 - l_2 - l_3)$$

Si on souhaite fixer le polynôme caractéristique en boucle fermée $s^3 + a_2 s^2 + a_1 s + a_0$, on doit résoudre le système :

$$\begin{bmatrix} 0 & 0 & 1 \\ 0 & 1 & 0 \\ 1 & -1 & -1 \end{bmatrix} \begin{bmatrix} l_1 \\ l_2 \\ l_3 \end{bmatrix} = \begin{bmatrix} a_2 \\ a_1 + 1 \\ a_0 \end{bmatrix}$$

Ce système possède toujours une solution.

5. On a, à partir de ce qui précède :

$$\begin{bmatrix} l_1 \\ l_2 \\ l_3 \end{bmatrix} = \begin{bmatrix} 0 & 0 & 1 \\ 0 & 1 & 0 \\ 1 & -1 & -1 \end{bmatrix}^{-1} \begin{bmatrix} 3 \\ 4 \\ 1 \end{bmatrix} = \begin{bmatrix} 8 \\ 4 \\ 3 \end{bmatrix}$$

6. En dérivant la sortie deux fois, on montre que :

$$x = \begin{bmatrix} y \\ \frac{dy}{dt} - y \\ \frac{d^2y}{dt^2} - y \end{bmatrix}$$

et :

$$\begin{aligned} u &= -\begin{bmatrix} 8 & 4 & 3 \end{bmatrix} \begin{bmatrix} y \\ \frac{dy}{dt} - y \\ \frac{d^2y}{dt^2} - y \end{bmatrix} + y_c \\ &= -y - 4\frac{dy}{dt} - 3\frac{d^2y}{dt^2} + y_c \end{aligned}$$

7. Il faut dériver la sortie pour réaliser la loi de commande, ce qui est délicat en pratique, car les signaux sont perturbés. Toutefois, il existe des dispositifs électroniques qui réalisent l'opération de dérivation approchée.

Exercice 5 :

Partie I

1. La fonction de transfert du système est égale à :

$$G(s) = \frac{1}{s(s+1)}$$

Pour avoir une marge de phase de 45°, il faut que $K = \sqrt{2}$.

2. Pour avoir une erreur de vitesse de $\sqrt{2}/2.10^{-2}$, il faut que $K = 10\sqrt{2}$. Le polynôme caractéristique est alors :

$$s^2 + s + K \Rightarrow \omega_n^2 = 1 \text{ et } \zeta = \frac{1}{2\sqrt{K}} = 0.13$$

3. En terme de retour d'état, on a :

$$u = -\begin{bmatrix} K & 0 \end{bmatrix} x + K y_c$$

PARTIE II

1. On obtient une phase de -135° pour $\omega = 1rd/s$. Le gain vaut pour cette pulsation :

$$\frac{10\sqrt{2}}{1\sqrt{1+1}} = 10 \Rightarrow b = 0.1$$

D'autre part, on choisit :

$$\frac{1}{b\tau} = \frac{1}{10} \Rightarrow \tau = 100$$

d'où :

$$R(s) = \frac{1+10s}{1+100s}$$

2. Le lieu d'Evans est représenté sur la figure suivante :

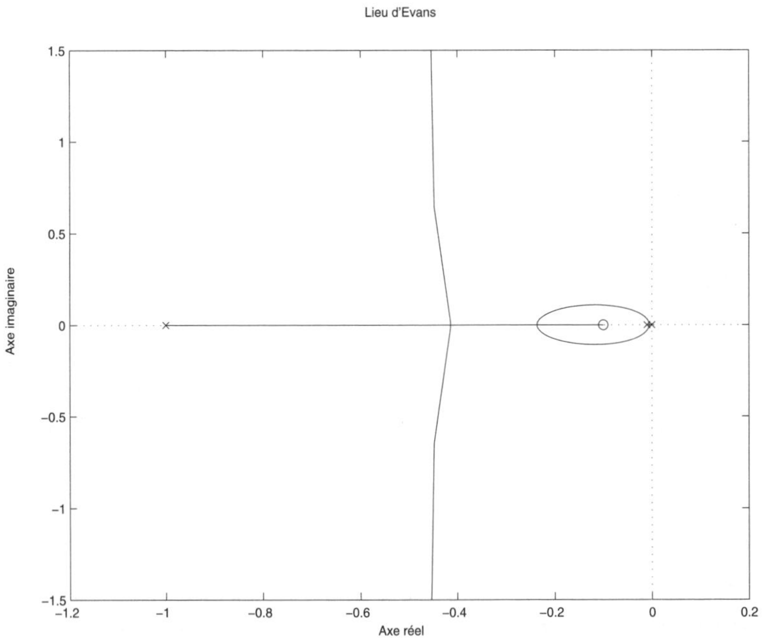

PARTIE III

1. La fonction de transfert demandée est donnée par :

$$\frac{K}{s\,(1+\mu K+s)} = \frac{\dfrac{K}{1+\mu K}}{s\left(1+\dfrac{K}{1+\mu K}s\right)}$$

2. Pour avoir une marge de phase de 45°, il faut :

$$\frac{K}{1+\mu K} = \frac{\sqrt{2}}{\frac{K}{1+\mu K}} \Rightarrow \left(\frac{K}{1+\mu K}\right)^2 = \sqrt{2}$$

Pour avoir l'erreur de vitesse souhaitée, il faut :

$$\left(\frac{K}{1+\mu K}\right)^{-1} = \frac{1}{10\sqrt{2}}$$

On obtient :

$$K = 100\sqrt{2} \text{ et } \mu = \frac{9}{100\sqrt{2}} = 0.064$$

3. En terme de retour d'état, cette commande correspond à :

$$u = -\begin{bmatrix} K & K\mu \end{bmatrix} x + K y_c$$

PARTIE IV

1. On a :

$$\left(M_o^{-1}\right)^T = Q_o^T \begin{bmatrix} 1 & a_1 \\ 0 & 1 \end{bmatrix} = \begin{bmatrix} 1 & 0 \\ 0 & 1 \end{bmatrix} \begin{bmatrix} 1 & 1 \\ 0 & 1 \end{bmatrix} = \begin{bmatrix} 1 & 1 \\ 0 & 1 \end{bmatrix}$$

Et donc :

$$M_o = \begin{bmatrix} 1 & 0 \\ -1 & 1 \end{bmatrix}$$

2. La matrice dynamique de l'erreur de reconstruction s'écrira :

$$A - HC = \begin{bmatrix} -h_2 & 1 \\ -h_1 & -1 \end{bmatrix}$$

3. Le polynôme caractéristique est donné par :

$$s^2 + (1+h_2)\, s + (h_1 + h_2) = s^2 + 4s + 4$$

et :

$$H = \begin{bmatrix} 3 \\ 1 \end{bmatrix}$$

4. La représentation de l'ensemble s'écrit :

$$\frac{dX}{dt} = \begin{bmatrix} 0 & 1 & 0 & 0 \\ 0 & -1 & -K & -K\mu \\ 3 & 0 & -3 & 1 \\ 1 & 0 & -1-K & -1-K\mu \end{bmatrix} X + \begin{bmatrix} 0 \\ K \\ 0 \\ K \end{bmatrix} y_c$$
$$y = \begin{bmatrix} 1 & 0 & 0 & 0 \end{bmatrix} X$$

5. La fonction de transfert est donnée par :

$$G_F(s) = \frac{K}{s^2 + (1 + K\mu)\, s + K}$$

Le système global n'est pas commandable, il est observable.

Exercice 6 :

1. Le système bouclé a pour matrice dynamique :

$$\begin{bmatrix} a & 1 \\ -k_1 & -2-k_2 \end{bmatrix}$$

Le polynôme caractéristique est alors :

$$s^2 + (k_2 - a + 2)\, s + (k_1 - a\,(k_2 + 2)) = 0$$

Pour que le système bouclé soit stable, il faut que :

$$k_2 - a + 2 > 0 \Rightarrow k_2 > a - 2 \Rightarrow k_2 > 4$$
$$k_1 - a\,(k_2 + 2) > 0 \Rightarrow k_1 > a\,(k_2 + 2) > 36$$

Par exemple, si on prend $k_1 = 36$ et $k_2 = 4$, alors le polynôme caractéristique s'écrit :

$$s^2 + (6 - a)\, s + (36 - 6a) = 0$$

et on voit que pour $a < 6$ le système est bien stable.

2. Pour $a = 3$, en choisissant pas exemple $k_1 = 37$ et $k_2 = 5$, les pôles du système bouclé sont :

$$-2i\sqrt{3} - 2$$
$$2i\sqrt{3} - 2$$

Exercice 7 :

PARTIE I

1. La fonction de transfert en boucle ouverte est :

$$G(s) = \frac{s+4}{s\,(s+1)\,(s-1)} \Rightarrow 1 + K\frac{s+4}{s\,(s+1)\,(s-1)} = 0$$

Le lieu d'Evans est représenté sur la figure suivante :

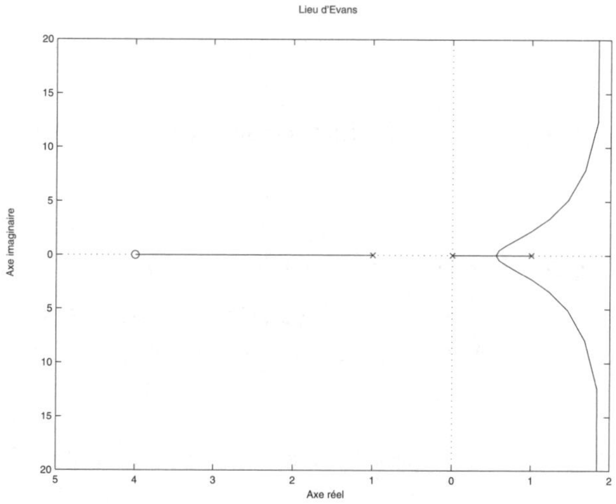

2. Pour des valeurs de K importantes, le système se comporte comme un système du second ordre.

PARTIE II

1. On trace le lieu d'Evans du système corrigé, soit :

$$1 + K\frac{s+4}{s\,(s^2+s+3)} = 0$$

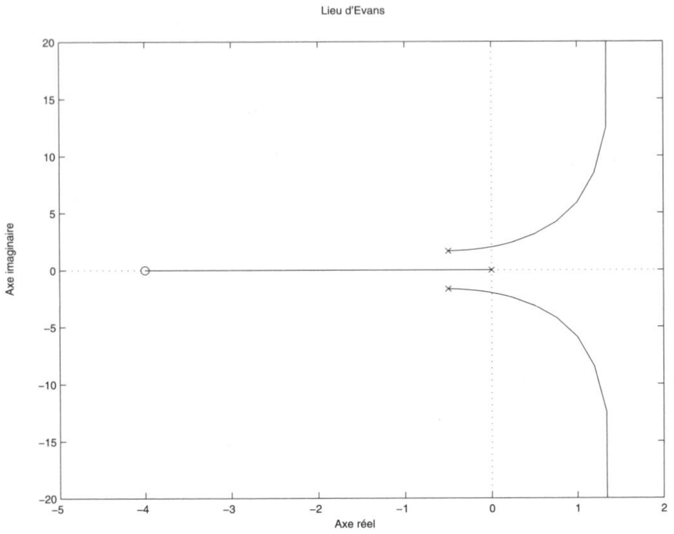

Les modes correspondant aux modes dominants souhaités s'écrivent :

$$-1 \mp j\sqrt{3}$$

Il n'existe pas de valeur de K permettant de les atteindre.

2. Pour $K = 0$, le système est en limite de stabilité (1 intégrateur). Pour $K = 1$, on a un mode imaginaire pur et un mode réel stable. Le système est en limite de stabilité.

PARTIE III

1. Le calcul du gain L peut se faire de différentes façons. On trouve :

$$L = \begin{bmatrix} 8 & 9 & 4 \end{bmatrix}$$

2. En dérivant la sortie plusieurs fois, on arrive à :

$$\begin{aligned} x_1 &= \frac{1}{3}y + \frac{1}{24}y'' - \frac{1}{24}y_c \\ x_2 &= -\frac{1}{3}y - \frac{1}{6}y'' + \frac{1}{6}y_c \\ x_3 &= \frac{4}{3}y + y' + \frac{2}{3}y'' - \frac{2}{3}y_c \end{aligned}$$

d'où :

$$u = -5y - 4y' - \frac{3}{2}y'' + \frac{5}{2}y_c$$

3. En régime permanent :

$$y' = y'' = u = 0 \Rightarrow y_c = 2$$

PARTIE IV

1. La dynamique de l'erreur est caractérisée par :

$$(s+2)^3 = s^3 + 6s^2 + 12s + 8 = 0$$

On a :

$$A - HC = \begin{bmatrix} -4h_1 & 1-h_1 & 0 \\ -4h_2 & -h_2 & 1 \\ -4h_3 & 1-h_3 & 0 \end{bmatrix}$$

Le polynôme caractéristique est donné par :

$$s^3 + (4h_1 + h_2)s^2 + (h_3 + 4h_2 - 1)s + 4h_3 - 4h_1 = 0$$

En identifiant, on obtient :

$$\begin{bmatrix} 4h_3 - 4h_1 = 8 \\ h_3 + 4h_2 - 1 = 12 \\ 4h_1 + h_2 = 6 \end{bmatrix}$$

$$\begin{bmatrix} h_1 \\ h_2 \\ h_3 \end{bmatrix} = \begin{bmatrix} \frac{13}{15} \\ \frac{38}{15} \\ \frac{43}{15} \end{bmatrix}$$

2. On déduit la représentation globale comme dans l'exercice 5.

Exercice 8 :

PARTIE I

1. Les états d'équilibre sont caractérisés par $x_2 = 0$. Les valeurs propres de A sont : 0 et 1. Le système est instable.
2. On a :

$$x(t) = \begin{bmatrix} -1 \\ 0 \end{bmatrix} = x(0)$$

La condition initiale étant un point d'équilibre, le système s'y maintient.

3.

$$Q_c = \begin{bmatrix} 0 & 1 \\ 1 & 1 \end{bmatrix} \quad \text{et} \quad Q_o = \begin{bmatrix} 1 & 0 \\ 0 & 1 \end{bmatrix}$$

Le système est commandable et observable.

PARTIE II

1. Les nouvelles équations d'état sont :

$$\frac{dx}{dt} = \begin{bmatrix} 0 & 1 \\ -l_1 & 1-l_2 \end{bmatrix} x + \begin{bmatrix} 0 \\ 1 \end{bmatrix} y_c$$
$$y = \begin{bmatrix} 1 & 0 \end{bmatrix} x$$

2. Le système est asymptotiquement stable pour $l_1 > 0$ et pour $l_2 > 1$.
3. Pour avoir $\omega_n = 1$, il faut $l_1 = 1$. On trouve la valeur du critère en résolvant l'équation de Lyapunov suivante :

$$\begin{bmatrix} 0 & 1 \\ -l_1 & 1-l_2 \end{bmatrix}^T \begin{bmatrix} p_1 & p_2 \\ p_2 & p_3 \end{bmatrix} + \begin{bmatrix} p_1 & p_2 \\ p_2 & p_3 \end{bmatrix} \begin{bmatrix} 0 & 1 \\ -l_1 & 1-l_2 \end{bmatrix} = -\begin{bmatrix} 1 & 0 \\ 0 & 0 \end{bmatrix}$$

On obtient :

$$P = \begin{bmatrix} \frac{1}{2}(l_2 - 1 + \frac{1}{l_2 - 1}) & \frac{1}{2} \\ \frac{1}{2} & \frac{1}{2\,(l_2-1)} \end{bmatrix}$$

Et :

$$J = \frac{1}{2}(l_2 - 1 + \frac{1}{l_2 - 1})$$

On a :

$$\frac{dJ}{dt} = \frac{1}{2}\left(-\frac{1}{(l_2-1)^2} + 1\right) \quad \text{et} \quad \frac{d^2J}{dt^2} = \frac{1}{2\,(l_2-1)^3}$$

Les valeurs qui annulent la dérivée sont $l_2 = 0$ ou $l_2 = 1$. Seule $l_2 = 2$. C'est bien un minimum car $\frac{d^2J}{dt^2} > 0$ pour cette valeur.

PARTIE III

1. On a :

$$\left\{ \begin{array}{l} \dfrac{dz}{dt} = -z + y + hu = -m^T x + c^T x + hu \\ \dfrac{dz}{dt} = m^T \dfrac{dx}{dt} = m^T A x + m^T b u \end{array} \right. \Rightarrow \left\{ \begin{array}{l} m^T A = -m^T + c^T \\ h = m^T b \end{array} \right.$$

d'où :

$$m^T = c^T(A+I)^{-1} = \begin{bmatrix} 1 & 0 \end{bmatrix} \begin{bmatrix} 1 & 1 \\ 0 & 2 \end{bmatrix}^{-1} = \begin{bmatrix} 1 & -\frac{1}{2} \end{bmatrix} \text{ et } h = -\frac{1}{2}$$

2. On en déduit que :

$$\frac{dz}{dt} = -z + y + -\frac{1}{2}u$$

$$\widehat{x} = N^{-1} \begin{bmatrix} z \\ y \end{bmatrix} = \begin{bmatrix} 1 & -\frac{1}{2} \\ 1 & 0 \end{bmatrix}^{-1} \begin{bmatrix} z \\ y \end{bmatrix} = \begin{bmatrix} y \\ 2y - 2z \end{bmatrix}$$

Exercice 9 :

1. Les états d'équibre sont caractérisés par $x_2 = 0$. On a une valeur propre nulle double $\Rightarrow$ système instable. Le régime libre s'écrit :

$$x(t) = e^{At}x(0) = \begin{bmatrix} 1 & t \\ 0 & 1 \end{bmatrix} \begin{bmatrix} x_1(0) \\ x_2(0) \end{bmatrix} = \begin{bmatrix} x_1(0) + x_2(0)t \\ x_2(0) \end{bmatrix}$$

On voit que si $x_2(0) \neq 0$, la réponse diverge.

2. En bouclant le système, on obtient :

$$\frac{dx}{dt} = \begin{bmatrix} 0 & 1 \\ -1 & -m \end{bmatrix} x$$

Le seul état d'équilibre est l'origine. La condition de stabilité asymptotique est $m > 0$.

3. En remplaçant la commande dans le critère, on peut écrire :

$$J = \frac{1}{2} \int_0^\infty x^T \begin{bmatrix} 2 & m \\ m & m^2 + 1 \end{bmatrix} x dt$$

Le critère vaut :

$$J = \frac{1}{2} x^T(0) P x(0)$$

avec :

$$P = \begin{bmatrix} p_1 & p_2 \\ p_2 & p_3 \end{bmatrix}$$

solution de l'équation de Lyapunov suivante :

$$\begin{bmatrix} 0 & 1 \\ -1 & -m \end{bmatrix}^T \begin{bmatrix} p_1 & p_2 \\ p_2 & p_3 \end{bmatrix} + \begin{bmatrix} p_1 & p_2 \\ p_2 & p_3 \end{bmatrix} \begin{bmatrix} 0 & 1 \\ -1 & -m \end{bmatrix} + \begin{bmatrix} 2 & m \\ m & m^2 + 1 \end{bmatrix} = 0$$

La solution s'écrit :

$$P = \begin{bmatrix} \dfrac{m^2+3}{2m} & 1 \\ 1 & \dfrac{m^2+3}{2m} \end{bmatrix}$$

Et compte-tenu de la condition initiale, le critère devient :

$$J = p_1 + p_2 = \frac{m^2+3}{2m} + 1$$

En dérivant, on a :

$$\frac{dJ}{dt} = \frac{m^2-3}{2m^2} \quad \text{et} \quad \frac{d^2J}{dt^2} = \frac{3}{m^3}$$

Compte-tenu de la condition de stabilité asymptotique, la seule solution envisageable est $m = \sqrt{3}$. Il s'agit bien d'un minimum, car la dérivée seconde est positive pour cette valeur de m.

Exercice 10 :

1. On peut interpréter le critère en terme énergétique. Il s'agit d'un critère qui pondère l'énergie de la sortie et l'énergie de la commande.
2. On résout l'équation de Riccati en cherchant :

$$P = \begin{pmatrix} p_1 & p_2 \\ p_2 & p_3 \end{pmatrix} > 0$$

On a :

$$\begin{aligned} p_2^2 &= r^2 \\ r^2 p_1 &= p_2 p_3 \\ p_3^2 &= 2r^2 p_2 \end{aligned}$$

et donc :

$$P = \begin{pmatrix} \sqrt{2r} & r \\ r & r\sqrt{2r} \end{pmatrix}$$

qui est définie positive pour tout r. Le gain de retour d'état est donné par :

$$K = r^{-2} \begin{pmatrix} r & r\sqrt{2r} \end{pmatrix} = \begin{pmatrix} \dfrac{1}{r} & \dfrac{\sqrt{2r}}{r} \end{pmatrix}$$

En boucle fermée :

$$\dot{x} = \begin{pmatrix} 0 & 1 \\ -\frac{1}{r} & -\frac{\sqrt{2r}}{r} \end{pmatrix} x + \begin{pmatrix} 0 \\ l_c \end{pmatrix} y_c$$
$$y = \begin{pmatrix} 1 & 0 \end{pmatrix} x$$

d'où :

$$H(s) = \frac{l_c}{s^2 + \frac{\sqrt{2r}}{r}s + \frac{1}{r}}, \quad l_c = \frac{1}{r}$$

3. L'équation caractéristique en boucle fermée est :

$$s^2 + \frac{\sqrt{2r}}{r}s + \frac{1}{r} = 0$$

4. En identifiant à l'équation caractéristique d'un second ordre, on obtient :

$$\omega_n = \frac{1}{\sqrt{r}}, \; z\omega_n = \frac{1}{\sqrt{2r}}, \quad z = \frac{\sqrt{2}}{2}$$

$$t_r = \frac{4.5}{z\omega_n} = 4.5\sqrt{2r}$$

Plus r est grand (on pondère la commande), plus le temps de réponse est grand. Plus r est petit (on dépondère la commande), plus le temps de réponse est petit.

Le lieu d'Evans est composé de deux droites partant de l'origine ($r = \infty$) et allant vers l'infini ($r = 0$), avec un angle de 45° par rapport à l'axe imaginaire.

5.

$$\dot{x} = \begin{pmatrix} 0 & 1 \\ -\frac{1}{r} & -\frac{\sqrt{2r}}{r} \end{pmatrix} x + \begin{pmatrix} 0 \\ \frac{1}{r} \end{pmatrix} y_c$$
$$u = \begin{pmatrix} -\frac{1}{r} & -\frac{\sqrt{2r}}{r} \end{pmatrix} x + \frac{1}{r} y_c$$

$$\frac{U}{Y_c} = \frac{\frac{1}{r}s^2}{s^2 + \frac{\sqrt{2r}}{r}s + \frac{1}{r}}$$

6.
$$u(0_+) = \frac{e_0}{r} \leq 5 \Rightarrow r \geq \frac{e_0}{5} \Rightarrow t_r \geq 4.5\sqrt{\frac{2e_0}{5}}$$

Si l'on ne veut pas saturer l'actionneur, plus l'amplitude de l'échelon est importante, plus le temps de réponse est important. On voit également qu'il faut que r (pondération de la commande) soit suffisamment grand si l'on ne veut pas saturer l'actionneur.

7. On résout l'équation de Riccati en cherchant :
$$S = \begin{pmatrix} s_1 & s_2 \\ s_2 & s_3 \end{pmatrix} > 0$$
et on obtient :
$$S = \begin{pmatrix} s\sqrt{2s} & s \\ s & \sqrt{2s} \end{pmatrix}$$
$$L' = s^{-2} \begin{pmatrix} s\sqrt{2s} & s \end{pmatrix} = \begin{pmatrix} \frac{\sqrt{2s}}{s} & \frac{1}{s} \end{pmatrix} \Rightarrow L = \begin{pmatrix} \frac{1}{s} \\ \frac{\sqrt{2s}}{s} \end{pmatrix}$$
$$\dot{\widehat{x}} = A\widehat{x} + Bu + L(y - C\widehat{x})$$

8. La fonction de transfert est alors :
$$H(p) = \frac{\frac{1}{r}}{p^2 + \frac{\sqrt{2r}}{r}p + \frac{1}{r}}$$

BIBLIOGRAPHIE

[1] B.D.O Anderson and J.B. Moore. Optimal filtering. Prentice Hall, Englewood Cliffs, New Jersey, 1979.
Ce livre présente le filtrage optimal (en rapport avec le paragraphe 'Observateur Optimal'). Difficile dans une première lecture, mais excellent livre.

[2] B.D.O Anderson and J.B. Moore. Optimal control : linear quadratic methods. Prentice Hall, Englewood Cliffs, New Jersey, 1990.
Ce livre présente la commande optimale, en particulier tout ce qui concerne les systèmes linéaires et les coûts quadratiques. Fantastique livre, clair et complet.

[3] P. Antsaklis and A.N. Michel. Linear Systems. McGraw-Hill, NewYork, 1997.
Un livre très complet balayant les principales approches pour les systèmes linéaires multivariables. Un peu difficile en première lecture. À lire plus tard en complément.

[4] K.J. Astrom and T. Hagglund. Automatic tuning of PID controllers. Instrument Society of America, Research Triangle Park, 1988.
Après la lecture de cet ouvrage, les régulateurs PID n'auront plus de secret pour le lecteur.

[5] K.J. Astrom and L. Rundqwist. Integrator windup and how to avoid it. In Proceedings of the American Control Conference, Pittsburgh, PA, 1989.
Un article parmi tant d'autres qui traite du problème de saturation due à la présence d'un intégrateur dans le correcteur.

[6] M. Athans. The role and use of the stochastic linear-quadratic-gaussian problem in control system design. IEEE Transactions on Automatic Control, 16(6) :529--552, 1971.
Un article sur 'comment utiliser la commande LQG pour résoudre des problèmes pratiques'.

[7] M. Athans and P.L. Falb. Optimal Control : an introduction to the theory and its applications. McGraw-Hill, 1966.
Un autre livre sur la commande optimale très complet. On y trouvera des éléments sur la théorie des systèmes linéaires en rapport avec le premier chapitre. Difficile.

[8] R. Bellman. Dynamic Programming. Science, 1966.
Cet ouvrage introduit la programmation dynamique, outil de base en optimisation dynamique et le fameux principe d'optimalité.

[9] H.W. Bode. Network analysis and feedback amplifier design. Van Nostrand, NewYork, 1945.
Un livre quasi mythique, on y trouve l'essentiel sur les corrections avance et retard de phase. La lecture n'est pas facile.

[10] A.E. Bryson and Y.C. Ho. Applied optimal control. Wiley, NewYork, 1969.
Un livre sur la commande optimale très intéressant car l'exposé est accompagné de nombreux exercices résolus. Un bon complément pour la commande et le filtrage optimaux.

[11] C.T. Chen. Control system design : conventional, algebraic and optimal methods. Pond Woods Press, NewYork, 1987.
Ce livre est une version complétée d'un livre du même auteur 'Analysis and synthesis of linear control systems' édité par Holt, Rinehart & Winston en 1975. Il est intéressant car il présente de nombreuses techniques reprises en partie dans notre ouvrage. La partie commande optimale par une approche entrée-sortie lorsque la consigne est un échelon de position est traitée, mais aucune démonstration n'est proposée dans ce livre sur cette partie.

[12] D.H. Chyung. Optimal tracking controller. In Proceedings of the American Control Conference, pages 1211--1212, June 1987.
Cet article présente une méthode simple pour traiter le problème de poursuite optimale.

[13] L. Cirka, J. Mikleš, and M. Kikar. A deterministic LQ tracking problem : parametrisation of the controller. Kybernetica, 38(4) :469--478, 2002.
Le problème de commande optimale dans le cas d'une consigne donnée a priori traitée dans le cadre d'une approche entrée-sortie.

[14] J.J. D'Azzo and C.H Houpis. Linear control system analysis and design ; conventional and modern approaches. McGraw-Hill, NewYork, 1995 (quatrième édition).
Première publication en 1960. Autour de 800 pages. De nombreux exercices.

[15] R.C. Dorf and R.H. Bishop. Modern control systems. Prentice Hall, Upper Saddle River, 2001 (neuvième édition).
Première publication en 1967. Autour de 800 pages. De nombreux exercices et neuvième édition qui en dit long sur la qualité de cet ouvrage. Lecture recommandée.

[16] J. Doyle and G. Stein. Robustness with observers. IEEE Transactions on Automatic Control, 24(4) :607--611, 1979.
Cet article montre à partir d'un exemple simple, comment un observateur synthétisé a priori sans précaution particulière peut détruire les bonnes propriétés (en particulier les marges de stabilité garantie) de la commande par retour d'état.

[17] E.F. Beckenbach (editeur). Mathématiques modernes pour l'ingénieur. Dunod, Paris, 1968.
Un livre très intéressant sur les mathématiques dédiées aux problèmes de modélisation. De grands noms ont écrit les chapitres (Bellman, Dantzig, Pólya...).

[18] W.R. Evans. Control systems dynamics. McGraw-Hill, NewYork, 1954.
Un vieux livre certainement pas facile à trouver. Y a-t-il eu des rééditions ? nous ne savons pas.

[19] P. Faurre and M. Robin. Eléments d'Automatique. Dunod, Paris, 1984.
Un des seuls ouvrages en français que nous donnons en référence pour la largeur des thèmes, couverts en 450 pages environ, et pour un style rigoureux.

[20] G.F. Franklin and D.J. Powell. Feedback control of dynamic systems. Prentice Hall, Upper Saddle River, 2002 (quatrième édition).
Première publication dans les années 1980. Autour de 850 pages. De nombreux exercices. Fait partie des excellents ouvrages de base.

[21] F.R. Gantmacher. Théorie des matrices, 2 tomes. Dunod, Paris, 1966.
La référence concernant la théorie des matrices.

[22] G. Garcia, B. Pradin, and F. Zeng. Stabilization of discrete time systems by static output feedback. IEEE Transactions on Automatic Control, 46(12) :1954--1958, 2001.
Cet article présente une méthode de synthèse de retour de sortie statique en exploitant les propriétés asymptotiques des équations de Riccati.

[23] G. Garcia, S. Tarbouriech, J.M. Gomes da Silva Jr., and E.B. Castelan. Pole assignment in a disk for linear systems by static output feedback. IEE Proceedings : control theory and applications, 151(6) :706--712, 2004.
Cet article présente une méthode de placement de pôles par retour de sortie statique.

[24] G. Garcia, S. Tarbouriech, and M. C. Turner. Output feedback control design for linear systems subject to amplitude and dynamics saturating actuators and sensors. International Journal of Robust and Nonlinear Control, 1ère révision, 2009.
Cet article présente une méthode pour faire la synthèse d'une loi de commande par compensation dynamique qui tient compte des saturations sur les actionneurs et les capteurs.

[25] J.C. Gille, M. Pélegrin, and P. Decaulne. Théorie et technique des asservissements. Dunod, Paris, 1956.
De nombreuses rééditions en plusieurs tomes qui constituent un ouvrage incontournable en France.

[26] W. Hahn. Stability of motion. Springer Verlag, Berlin, 1967.
Un ouvrage très cité, une 'bible' sur la théorie de la stabilité de Lyapunov.

[27] R.E. Kalman. A new approach to linear filtering and prediction problems. Journal of basic Engineering, 1960.
Article fondateur pour le filtre de Kalman discret. Le pendant pour les systèmes continus est dû à Kalman et Bucy en 1963. Comme tout article fondateur, il est intéressant.

[28] R.E. Kalman. Canonical structure of linear dynamical systems. Prooceedings of the National Academy of sciences, 1962.
Un des nombreux articles de Kalman sur l'espace d'état. Kalman a eu un impact indiscutable sur la vision moderne de l'automatique.

[29] R.E. Kalman and J. Bertram. Control system analysis and design via the second method of lyapunov. IRE Transactions on Automatic Control, 1959.
Un des premiers articles, sinon le premier, à présenter l'utilisation de la théorie de la stabilité de Lyapunov pour l'analyse et la commande des systèmes dynamiques.

[30] B.C. Kuo. Automatic control systems. John Wiley, NewYork, 2003 (huitième édition).
Un autre livre intéressant largement diffusé.

[31] D.G. Luenberger. An introduction to observers. IEEE Transactions on Automatic Control, 16(6) :596--602, 1971.
Le superbe article de Luengerger sur la théorie des observateurs pour les systèmes linéaires.

[32] H. Nyquist. Regeneration theory. Bell System Tech. Journal, 11 :126--147, 1932.
Cet article présente le critère de Nyquist et le critère du revers.

[33] K. Ogata. Modern Control engineering. Prentice Hall, Upper Saddle River, 2001 (quatrième édition).
Première publication en 1967. Autour de 850 pages. De nombreux exercices. Un classique.

[34] V.M. Popov. Hyperstability of control systems. Springer verlag, Berlin, 1973.
Les idées de cet ouvrage ont largement été diffusées et reprises.

[35] E.J. Routh. A treatise on the stability of a given state of motion. MacMillan, London, 1877.
Il existe des références plus récentes sur le critère de Routh, mais celle-ci est l'originale.

[36] M. Safonov and M. Athans. Gain and phase margin for multiloop LQG control. IEEE Transactions on Automatic Control, 1977.
Une caractérisation dans le cas multivariable des marges de stabilité de la commande linéaire quadratique et la commande LQG. Difficile.

[37] V. Syrmos, C.T. Abdallah, P. Dorato, and K. Grigoriadis. Static output feedback : a survey. Automatica, 33 :125--137, 1997.
Cet article donne un aperçu des techniques de calcul de commande par retour de sortie statique publiées avant 1997.

[38] J. Willems. Least squares stationary optimal control and the algebraic Riccati equation. IEEE Transactions on Automatic Control, 16(6) :621--634, 1971.
Cet article donne un aperçu général sur le problème de commande optimale et ses liens avec l'équation de Riccati algébrique. Très difficile pour une première lecture.

[39] L.A. Zadeh and C.A. Desoer. Linear system theory : The state space approach. McGraw-Hill Education, 1963.
Ce très bon livre présente une approche axiomatique de la notion de système dynamique. Difficile pour une première lecture.

[40] J.G. Ziegler and N.B. Nichols. Optimum settings for automatic controllers. Transactions on ASME, 64 :759--768, 1942.
Cet article présente la méthode originale de Ziegler et Nichols.

INDEX

messages
IMPRIMERIE

Achevé d'imprimer en janvier 2010
chez Messages SAS
111, rue Nicolas-Vauquelin • 31100 Toulouse
Tél. : 05 61 41 24 14 • Fax : 05 61 19 00 43
imprimerie@messages.fr